心智升维

思考力跃迁的
底层逻辑

How to Think

[加] 约翰·保罗·明达 著
John Paul Minda
林敏 译

天地出版社 TIANDI PRESS

图书在版编目（CIP）数据

心智升维 / (加) 约翰·保罗·明达著；林敏译.
成都：天地出版社, 2025. 5. — ISBN 978-7-5455
-8598-8

Ⅰ. B842.1-49
中国国家版本馆CIP数据核字第2024U3D002号
Copyright © John Paul Minda, 2021
First published in the United Kingdom in the English language in 2021 by Robinson, an imprint of Little, Brown Book Group.
Simplified Chinese language edition © Beijing Huaxia Winshare Books Co., Ltd.
All rights reserved.
著作权登记号 图进字：21-25-049

XINZHI SHENG WEI
心智升维

出 品 人	杨　政
作　者	［加］约翰·保罗·明达
译　者	林　敏
责任编辑	杨金原
责任校对	张月静
封面设计	司刘大伟
内文排版	挺有文化
责任印制	王学锋

出版发行	天地出版社
	（成都市锦江区三色路238号 邮政编码：610023）
	（北京市方庄芳群园3区3号 邮政编码：100078）
网　　址	http://www.tiandiph.com
电子邮箱	tianditg@163.com
经　　销	新华文轩出版传媒股份有限公司

印　　刷	北京天宇万达印刷有限公司
版　　次	2025年5月第1版
印　　次	2025年5月第1次印刷
开　　本	710mm×1000mm 1/16
印　　张	23.75
字　　数	339千字
定　　价	68.00元
书　　号	ISBN 978-7-5455-8598-8

版权所有◆违者必究

咨询电话：（028）86361282（总编室）
购书热线：（010）67693207（营销中心）

如有印装错误，请与本社联系调换。

ACKNOWLEDGMENTS　　致　谢

　　致谢部分出现在开头，但往往写在最后。它的特别之处在于，既要体现出真心诚意，又要避免夸夸其谈；既要完整，又要简洁。

　　欲感谢者众多。从最初的书稿提案到最后的定稿，都离不开安德鲁·麦卡勒（Andrew McAleer）编辑的指导和支持。他全力保障出版工作，给我吃了一颗"定心丸"，促使我安心创作。写作期间我从未感到匆忙，也从不担心进度，这样写作是一种享受。安德鲁是一位出色的编辑。他的想法、建议和见解为本书增色不少，对提升我的写作水平也大有助益。

　　我还要感谢西安大略大学（简称"西大"，现已更名为韦仕敦大学，Western University）的学生和同事。自2003年以来，我一直在教授心理学及思维相关课程，本书中的许多观点都是多年讲授这些主题的成果。这些工作经历让本书的观点读起来生动有趣、通俗易懂、令人愉悦。衷心感谢我教过的每一位学生，同时也感谢我系的同事，感谢全校师生在西大创造了这样一个充满支持、启发思考的环境。

　　此外，我要感谢当地的一家咖啡馆——Las Chicas del Cafe coffee，这是一家位于安大略省圣托马斯的小型家族自营咖啡烘焙店。店里的咖啡豆来自尼加拉瓜的家庭农场，他们又对其进行了完美的烘焙。多年来，我们一直青睐他家的咖啡。若是没有这源源不断的咖啡供应，我恐怕完不成此书。

　　最值得感谢的是我的家人。于我个人而言，爱人伊丽莎白（Elizabeth）和两个女儿娜塔莉（Natalie）和西尔维（Sylvie）就是最有趣、最可爱的伴侣和朋友。我们一直激励彼此，对她们的感谢难以言尽。最后，还要感谢我们的猫

Peppermint（简称"Pep"），本书和其他书的几则逸事中都有它的身影。在写作过程中，Pep几乎一直陪伴着我。我打字或阅读时，它经常趴在我的腿上；我工作时，它就趴在书桌的角落里。Pep会盯着屏幕，虽然它看不懂我写的任何东西，但我对它仍非常喜爱。

PREFACE　前　言

本书简介

  2003年，我受聘为西大助理教授。7月到任后，我便与系主任詹姆斯·奥尔森（James Olson）见面商谈要教授的课程。作为终身教职制度下的新聘教师，我第一年可享受学术假期，只需教授一门课程。我应该教什么呢？当时课程目录中列有一门间歇开设的课程，通常由兼职教师或研究生教授。该课程名为"思维心理学"，内容涉及推理、决策和其他复杂认知，似乎很是有趣。

  获聘助理教授得益于我在概念心理学领域的专长，这一课程似乎很适合我。因此，我决定教授这门课程。我对心理学的概念和类别了解颇多，对记忆和决策也多少了解一些，但对一些主题却不甚了解，只得像许多新教师那样，为此做充分的准备。我阅读了大量有关高阶复杂认知的书籍和论文，还准备了讲义和高射投影仪透明胶片。可能有些人并不记得高射投影仪，这是一种带有透镜、灯和镜头的投影设备，可以将塑料透明胶片（类似透明的纸）投射到屏幕上，供人观看。高射投影仪透明胶片类似于手写的幻灯片。当然，如今已采用后者进行数字化投影，但二者原理相同。透明胶片的一个好处是可以边上课边写，但胶片也可能散落在地，乱了顺序，这便不是什么好事了。

  2004年，我带着一小沓讲义和稍厚的一叠高射投影仪透明胶片，走上西大社会科学学院一间小教室的讲台，准备讲授我教师生涯的第一门课程。第一堂课的效果还可以，只是一些内容讲得有些许磕绊。某些环节本可以更加顺畅，但好在学生很喜欢这堂课，并且大家都学到了关于认知的有趣知识。第一年末，一名学生在课程评价中写道，这门课"不像我想的那样无聊"。我深受鼓舞！

自那时起我便一直教授思维心理学，至今超过15年。在校内，我也积极投身科研项目，但教学——尤其是这门课程的教学——给我带来极大满足。思维心理学从一门仅30名学生的课程发展到现在的三门课（两门线下课和一门线上课），每一门课均有学生百余人。一年中的大部分时间（有时暑假也开课），我每周都在思考如何将认知心理学的新兴理论和经典研究结合起来，以及这些研究如何看待思考、行为、行动与生而为人的意义。

我投入了大量时间思考"思维"这一主题，并设法将研究和概念变得通俗易懂，使其学起来轻松愉快，所以决定为我的课程和其他类似课程编写一本教科书，书名为《思维心理学》。这本书于2015年首次出版，2020年刊印第二版。它的受众为本科生，是一本为高等教育课程设计的教科书，假定读者对心理学有一定程度的了解。《思维心理学》是本好书，一直颇受学生欢迎。但我还想写一本教科书以外的书——一本人们暑假期间会翻开阅读或者在飞机上阅读的书；一本适合那些心存好奇，想了解思维和大脑如何运作、心理学家如何研究思维和大脑，以及科技如何助推人类产生新认识、新发现之人的书。

这本书的主要目的是让读者轻松愉快地了解人类如何思考。你是否想了解大脑的不同区域如何工作，世界万物如何辨别？而你又如何利用记忆来指导自己的行为？本书将讨论上述话题。你是否想了解人们如何运用理性对事物进行预测和推理？本书也将对此进行阐述。在本书中，我将论及认知心理学的历史、感知、语言、决策、认知错误和大脑，讲述我们如何使用语言来指导自己的行为并影响他人的行为。坦率地说，我已尽可能涵盖更多内容，但我认为目前这些也只是触及一些皮毛。

尽管如此，我仍想在本书中提出两个广泛的观点。第一，我发现人类天生对人们（包括自身）的行为方式及其背后的原因感兴趣。人类是社会动物，也是认知动物。我们想了解自己和他人的行为，想知道人们为什么会做出某些举动，想预测他们下一步可能会做什么。但要了解人们的行为方式及其背后的原因，就必须了解他们的思维方式；而要了解人们的思维方式，则需要了解一些认知心理学的知识。

我想提出的第二点更为微妙。我们经常犯错，我们会忘记事情、记错事情、以偏概全、心怀成见，有时甚至无法看清自己眼前的情况。我们还会受到各种认知偏见和错觉的影响，从而表现得过度自信、无法考虑到与认知相左的证据。我们经常深受这些错误困扰，但这些错误往往是一个实际上运行良好的系统产生的副产物。我们的认知架构让我们能够快速做出决定，做出基本准确的判断，甚至随机应变地做出明智的决定，这一结构对我们而言是行之有效的。但是，我们认知架构中那些帮助我们快速思考的特质，有时也会产生错误。这些错误可能相当烦人，我们也可以学会如何减少犯这类错误，但它们仍然是思维运转的产物。产生记忆错误的认知过程，让我们能够学习和归纳；产生判断错误的认知过程，同样也让我们能够快速做出准确评估。我们很可能无法消除认知错误和认知偏见，但我们可以学会识别这些错误，减少其影响。换而言之，我们所有人都会时不时掉入认知陷阱。

避免掉入陷阱的最好方法之一，就是搞清楚陷阱在哪里、陷阱是什么、为什么会有陷阱。犯错乃人之常情，是人性的体现，我们不可避免地会犯错，而这些错误就是在让我们有学习、思考和记忆能力的认知过程中发生的。

了解的重要性

了解事物如何运作于我们大有裨益。"知识就是力量"这个说法最常见不过，但这并不意味着它不准确。让我用另一个领域的故事来阐明这个观点，另外，在本书中我会频繁使用类比手法。我经常用另一领域的类比来说明一个观点，这可能是我从教多年形成的习惯。我会尽量展示概念和不同例子之间的联系，这种方法有助于理解。在本书中，我将讨论类比如何发挥作用，以及这一手法为何能产生这样的效果。我对类比的依赖可以说是一个恼人的习惯。

此处我使用的类比是洗碗机。我仍记得第一次弄明白如何修理厨房洗碗机时的情景。洗碗机的工作原理是个谜，因为你从未见过它工作的过程。你只需装入餐具，加入洗涤剂，关上门，接下来启动机器即可。洗碗机的运行过程看不见，清洗周期结束时，餐具便清理干净了。换句话说，这一过程包含输入，机器按程序运行，还有输出。我们知道发生了什么，但不知道具体方式。我们对心理学和认知的研究亦是如此。我们能够了解许多关于输入（感知）和输出（行为）的信息，但由于无法直接观察，我们对内部原理知之甚少。但我们可以根据功能来推断过程。

既如此，我们便遵循这一思路，称之为"洗碗机隐喻"。洗碗机隐喻假设，我们可以观察到心理过程的输入和输出，但无法观其内部状态。我们可以根据对输入和输出的观察，猜测洗碗机如何实现清理餐具这一主要功能；也可以查看非工作状态的洗碗机并检查其部件，以此进行猜测。或者，我们可以观察洗碗机工作异常时出现的情况，甚至可以尝试改变输入来猜测洗碗机的功能。例如，改变装入餐具的方式，并观察此举对输出的影响。但这大多是严谨、系统的猜测。实际上，我们无法观察洗碗机的内部运行机制，其运行多隐于视线之外，无法透视。为了解洗碗机如何工作，需要设计巧妙的方法来推断其运行过程。事实上，心理学科学与洗碗机工作原理的探究十分相似，通常需要严谨、系统的猜测。若是足够审慎，就能做出可靠的科学推论。

我家的洗碗机是2005年前后的标准型号，多年来运行情况良好。但不知从何时起，我发现餐具洗得不如以前干净了。当时不知他法，我便试着让洗碗机空转进行清理。这一方法并无效果，水似乎没有流到最上层餐具架。事实上，若在洗碗机运行时将它打开，就能一探过程。门一开，水流便会停止，但可以瞥见喷水处，可是最上层的喷淋臂几乎没有水喷出。现已推断出问题可能出在哪里，这时可以开始检验关于如何修复它的各种假设。此外，检验假设这一过程还有助于增进对洗碗机实际工作原理的理解。

我查阅参考了YouTube和一些自己动手（DIY）教程的网站。浏览后得知，有几样东西会影响水的循环能力，水泵就是其中之一。水泵将水注入洗碗机，并以适当的速度向四周喷水来清洗餐具。若水泵工作异常，水就无法喷射，也就无法清洗餐具。但维修水泵并不容易。此外，若失灵的是水泵，洗碗机根本无法进水或排水。因此，我推断一定是其他原因。

也可能是其他装置和步骤出现故障，从而限制了洗碗机内的水流。可能性最高的原因是异物堵塞了过滤器——过滤器的作用是防止颗粒进入水泵或排水道。原来，在一些喷淋臂下方装有一个小的金属丝滤网，有一小刀片与之相连，用于切碎和浸软食物颗粒，以免堵塞滤网。但时间一长，小颗粒就会堆积在周围，阻止刀片旋转。食物颗粒无法切碎，于是越积越多，最终限制了水流。这就意味着压力不够，致使水流无法到达最上层，用于清洗最上层餐具的水量不足，导致洗碗机故障。这些就是我观察的结果。了解原因后，我便可以清洗、维修刀片和滤网，甚至还安装了替换件。

了解了洗碗机的工作原理，我就能更密切地关注滤网，更频繁地进行清洗。经此一事，我便知道如何将餐具洗得更干净，这也为我省了些钱。如此看来，知识的力量是无穷的。

这也是我想借"洗碗机隐喻"表达的意思。要判断洗碗机的工作状态或使用洗碗机，并不需要了解它如何运作。且我们由于观察不到内部状态，要弄清其工作原理并非易事。然而，了解洗碗机如何运作，并参考他人是如何知晓其工作原理的，可以让你更深入地了解洗碗机的真实工作过程。这也能帮助你了解如何优化洗碗机的运作，如何避免餐具清洗不净。

当然，这只是一个例子，一个简单的隐喻。但这个例子说明了对于看不见的事物如何进行研究。有时，了解某样东西的工作原理有助于其操作和使用。更重要的是，洗碗机隐喻有助于说明另一个理论，展示我们解释和研究事物的方法。在收起这一隐喻之前，我要稍加变换，再用一番。这就像我将洗碗机里洗净的餐具收起来，把它们放在橱柜里。它们依然保留着清洗过程的效果，随时可取出再用。餐具的干净状态是洗碗过程的物理记忆。

我们都知道，清洗餐具的方法、洗碗机的种类、洗碗的步骤均有不同。对于洗碗，可以从三个不同的层次来解释和研究。首先是我们想要实现的基本功能，即餐具清洗功能。这样说来比较抽象，并没有详述这一功能的实现方式，只能说餐具确实清洗了。这种功能，本质上我们可以将其视为一种计算。我们甚至不需要实际的餐具来理解这一功能，只需获取一些输入（脏餐具），指定输出（干净餐具），并描述将输入转化为输出所需的计算：清除食物残渣和碎屑。

不过，我们也可以用更具体的细节来描述清洗过程。例如，在洗碗过程中，应首先冲洗食物残渣，接着用洗涤剂去除油脂，然后将洗涤剂冲洗干净，最后还需擦干餐具。这是完成前文所述计算的一系列具体步骤。这并非唯一可能的清洗步骤，但却可行。这便是一种算法，就好像一份食谱，遵循这些步骤，就能得到预期结果。若是想从这一层次研究洗碗，就要重点关注步骤。这一层次的分析有助于了解每个步骤的重要性，并详细研究每个步骤的过程，从而建立一个简单的过程模型，或者画出每个步骤，如此便可以设计出一个洗碗机。这一算法层次可能足以创建一个洗碗蓝图。

若真想刨根问底，可能得从更具体的层次研究洗碗机。毕竟，构建一个系统来执行算法中的这些步骤，所需计算的方式有多种。我这台洗碗机就是实施这些步骤的其中一种方式，但另一型号的洗碗机执行步骤的方式可能略有不同。同样的步骤也可能由完全不同的系统来执行。比如，我的孩子手洗餐具，功能相同——脏餐具 → 干净餐具，步骤也一样——冲洗 → 清洁 → 再

冲洗 → 烘干。但这些步骤是由不同的系统执行的,一个是机械系统,另一个是生物系统。

我们可以从上述各个层次研究洗碗机和洗碗系统,每个层次强调的是整个系统的不同方面。也就是说,洗碗是一项简单的任务,但有三种方式可用于其理解和解释:计算层、算法层与表达层。洗碗机隐喻非常简单,甚至略带几分傻气。对于理解和解释心理学与思维的不同方式,也有理论家进行了更为严肃的探讨,行为就是其中可观察的一个方面。就像洗碗机洗净盘子一样,我们的行为会促使世界发生一些事情,这是一种功能。如同洗碗机那样,实现行为功能的方式有多种,建立行为实施系统的方式也不止一种。已故的杰出视觉科学家大卫·马尔(David Marr)认为,在试图理解行为、思维和大脑时,科学家可从三个层次设计解释和理论。我们称之为马尔的"分析三层次"。

马尔致力于理解视觉。第三章将详细讨论视觉,可从三个不同层次开展研究。马尔将计算层描述为抽象的分析层次,用于研究过程的实际功能。可从计算层研究视觉的作用,如导航、识别物体,甚至提取世界的规律特征。这一层次或无须太关注视觉的实际步骤和生物学知识。但在马尔的算法层,则需确定过程中的步骤。例如,若想研究如何从视觉上识别物体,则需明确边缘的初始提取、边缘和轮廓的组合方式,以及系统的这些视觉输入与储存的信息如何关联。像洗碗机隐喻那样,在算法层,我们研究的是一系列步骤,但还未阐明如何实施这些步骤。步骤实施将在实现层进行,这一层次研究的是视觉系统的生物工作原理。与洗碗机隐喻一样,相同的步骤可由不同的系统实现(例如,生物视觉与计算机视觉)。马尔关于如何解释事物的理论,对我的思想和整个心理学均产生了巨大影响,为我们提供了一种了解事物的方法。从不同的抽象层次研究某些事物时,马尔的理论将有助于形成对生物、认知和行为的见解。

了解思维和大脑如何运作,以及两者如何与环境相互作用以产生行为,有助于做出更明智的决定，更高效地解决问题。了解大脑和思维的运作方式，有助于理解为何有些事情能轻易记住，有些事情却难以记住。简而言之，若想了解人们以及自己为何会以某种方式行事，了解其思维方式将有所帮助；而若要了解人们的思维方式，那么了解认知心理学、认知科学和认知神经科学的基本原理会有助益。

这些便是本书的内容。

个人简介

约翰·斯坦贝克（John Steinbeck）在《横越美国》（*Travels with Charley: In Search of America*）一书中指出，人们除非对作者有所了解，否则不会太认真地对待一本书。这是他早年还未成为知名作家时便学到的一课。对此，我颇为赞同。作者简介有助于提供一些背景信息和个性化阅读体验。此书虽然并非关于我本人，但却是从个人经历产生的某种视角编写的。著书视角是多年逐渐形成的，无论我的背景看起来多么平凡，它都为这些想法的萌发和成长提供了思想土壤。此处便分享一些个人信息，以及我对认知感兴趣的原因。

我对我的童年故事不作赘述，只简单介绍一下自己的学术背景。20世纪七八十年代，我在宾夕法尼亚州西南部长大，那儿离匹兹堡不远。后在俄亥俄州东北部一所名叫希拉姆学院的学校获得学士学位。希拉姆是一所历史悠久、规模较小的文理学院，如今这类学校已濒临消亡。过去，这类学校在美国东北部地区十分普遍，但在北美和世界其他地区很少见到。学校一年级到四年级的学生仅约1000人，所以我的同级——1992届毕业生——仅几百人。当时学习心理学，我最初感兴趣的是心理学的人类行为分支，而非临床或咨询。我开展过一个关于道德推理以及人们如何利用道德观念指导决策的荣誉项目。当时研究成果一般，并未发表。我不知道项目后续如何。但它促使我开始思考行为问题，以及我们如何利用记忆和概念提供指导，这最终成为个人的研究重点。

毕业后我没有立即读研深造，而是决定先工作一年，赚些钱，思考自己在这世上的立身之处。一年过后，我开始怀念大学的学术环境，想更深入地了解人类行为和思维方式。也许我可以将其作为一项业余爱好，自己研究。但我想接受正规的课程培训，所以选择读巴克内尔大学的实验心理学硕士课程。这期间，我在一个研究音乐认知的实验室工作。我对音乐认知本身并不感兴趣，但所在实验室研究的是人们如何记住熟悉的曲调，这进一步激发了我对人们如何利用对熟悉事物的记忆来指导未来决策的兴趣。然而，仅一点知识远远不够。攻读硕士不到一年，我便确信，想要理解人们的思维方式和行为原因，需要接受更大规模的课程培训。于是，我又攻读了博士学位。

1995年至2000年，我就读于布法罗大学，该校系纽约州立大学系统的旗舰校区。这是一所大型的研究型高校，拥有规模庞大、多元化的心理学系，以及美国历史最悠久的跨学科认知科学课程之一。就读期间，我在一个实验室工作，这次似乎终于满足了我的求知欲。这是一个认知科学实验室，研究重点是理解人们学习新概念的方式。在本书后续的章节，我会谈及博士学习期间开展的一些研究，以及我是如何发现：人们在学习由少量事物组成的类别时，往往会依赖对单个事物的记忆；而在学习更庞大、更多样的类别时，则倾向于形成抽象概念。特别是，我发现当人们通过具体例子学习一个概念时，会首先学习关于概念的内容，然后才学习具体的例子。这似乎与直觉相反，这一发现也十分有趣，发表后被广泛引用。

取得博士学位后，我在伊利诺伊大学厄巴纳-香槟分校的贝克曼先进科学技术研究所任博士后研究员。2003年以来，我一直在加拿大一所最大的研究型高校——西大——担任心理学教师。虽说做过很多其他事情，也从事过很多其他工作，但我可以很肯定地说，近30年，我一直沉迷于心理学研究，尤其是对认知心理学的研究。也可以说，我几乎不可能对这一课题失去兴趣。同大多数人一样，我对人们的行为、思考和行动方式十分着迷，所以决定将这一领域的研究作为自己的全职工作。

在西大这样一所大型研究型高校，教师通常既要从事教学工作，又要从事研究工作。作为一名大学教师，我给本科生和研究生讲授认知心理学；作为一名科学家和研究者，我积极开展研究项目，其中包括培养博士生、硕士生和本科生。我的主要研究方向是了解大脑和思维如何运作以学习新的概念和类别，以及人们如何利用概念进行思考、计划和决策。

在本书中，我无意过多谈论自己的研究，因为这只是心理学研究的冰山一角。相反，我将阐释认知科学，描述何为认知、如何研究认知、大脑如何形成认知，并介绍如何通过研究大脑和认知来解释思想、行为和行动。我还将展示心理学家和科学家对认知的了解，说明为何进一步了解思考与行为方式既有用又有趣，以及为何有些事情能够轻易记住，而有些事情却难以记住。

本书将论及你是如何学会阅读的；为何你永远不会忘记怎么骑自行车；为何无论你认为自己多擅长多项任务工作，一心多用总会出错。本书将揭示你如何决策，如何解决问题，而帮助你快速做出明智决定的一般过程又如何导致犯错。最重要的是，本书将阐述科学家如何研究这些课题和想法，以及他们如何在思维、大脑和行为方面有新发现。简而言之，我希望能提供一份内部指南，帮助你了解思维如何运作。

我将主要从认知心理学家（研究思维过程的心理学家）的角度来阐述大脑和思维的运作方式。但正如上文所述，了解心理学、认知科学、知觉科学和神经科学的一些基本原理确有必要。让我们探究一下，这些不同的思维科学方法是如何形成的。为此，需要先回顾心理学这门科学的历史，盘点20世纪及更早时期心理学和哲学的一些见解和观点。这本就是一段饶有趣味的历史，对于理解当下的心理学至关重要。

CONTENTS 目 录

第一章 / 认知心理学的历史　　001

第二章 / 探秘大脑　　025

第三章 / 感觉可信吗　　055

第四章 / 注意力：为何总有代价　　087

第五章 / 记忆：一个不完美的过程　　119

第六章 / 工作记忆：思维系统　　147

第七章 / 知识：求知与解释的欲望　　173

第八章 / 概念与类别　　201

第九章 / 语言和思维　　229

第十章 / 对认知偏差的思考　　253

第十一章 / 预测未来　　277

第十二章 / 推断真相　　301

第十三章 / 如何决策　　325

第十四章 / 如何思考　　355

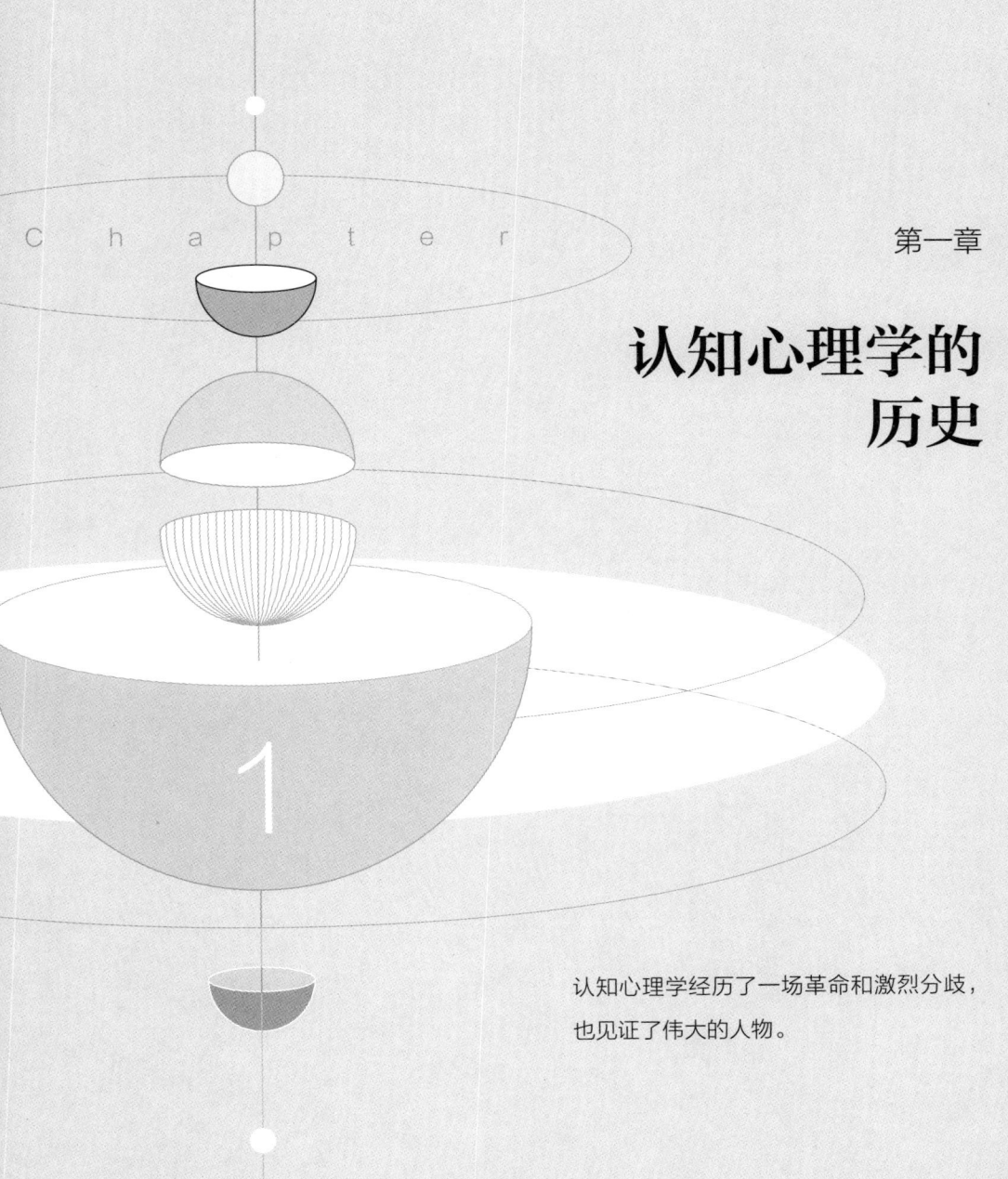

第一章

认知心理学的历史

认知心理学经历了一场革命和激烈分歧,也见证了伟大的人物。

今日讨论的每一本书、每一个概念、每一个政治观点和每一个想法都有其背景故事。新思想可见旧思想的背景。前言简要介绍了个人背景故事，以及我如何发现自己对概念和类别、人类行为等感兴趣，又如何开始教授思维这门课。这些是我的个人背景。由其背景可知其人，同样，了解一个想法的背景和来龙去脉可使其更容易理解。毕竟，我们通过往昔记忆对未来做出判断和决定，借助记忆及对有关背景的了解来安排与感知当下。本章将介绍认知心理学的背景，以助我们进一步理解本书中的理论和观点。认知心理学的历史比你想象的更有趣些，这段历史可追溯至启蒙运动时期之前。它经历了一场革命和激烈分歧，也见证了伟大的人物。随着大脑成像新技术的诞生，如今的发现也将成为未来科学发展的背景。

是什么让心理学成为一门科学？心理学能够回答哪些问题，它又是如何成为一门现代科学的？让我们一探究竟。

研究领域

理解思维运作方式的方法众多。本书观点和我所从事的研究与教学工作，均属于认知心理学的范畴。认知心理学是一门传统学科。这意味着对于重要课题是什么、有哪些已知和未知、可以研究哪些内容等，早已形成一定的共识。认知心理学的研究领域包括记忆、注意力、感知、语言和思维，但不包括对神经递质、霸凌的心理影响和抑郁症治疗的直接研究——这些属于心理学的其他分支学科。你若访问大多数高校的网站，就会发现心理学系可能开设了"认知心理学"课程，或者围绕这一课题设立了完整的研究方向。这些设置显得条理分明，给人的印象是认知心理学领域具有一定的组织性和内部一致性，且在研究内容上达成了共识。

若真如此简单，便好了！

事实证明，要对这些研究领域进行分类并非易事。一方面，许多认知心理学家受其他领域和学科的影响，反之也影响着其他领域和学科。一些心理学家研究认知和行为的生物学方向；另一些研究如何将心理学研究应用于提升学习；还有一些研究如何测量行为和认知。也有一些认知心理学家从事商业领域的工作，试图了解我们的行动、行为以及对新产品的反应。与此同时，技术和思想的变化与进步创造出新的领域，新旧领域相互重叠、相互影响。许多认知心理学的课题可划入其他领域。例如，有些心理学家和视觉科学家专门研究感知，他们并不认为自己的研究本质上属于认知心理学；一些研究思维、推理和决策的心理学家可能更适合称为行为经济学家；还有许多研究动机对认知影响的心理学家认为自己是社会心理学家。智力和智商似乎与认知有关，但该领域的研究者几乎全出自测量心理学领域，而非认知心理学。

划分这些领域应为易事，实则却一点也不简单。为方便著书，我必须划定一些界限。本书将重点关注三个广义的领域：认知科学、认知心理学和认知神经科学。这三个领域都致力于了解大脑和思维的作用，了解大脑如何支持思考和认知，以及这一过程反过来又如何影响并驱动行为。这些领域与上文所述三个分析层次大致对应。认知科学是一个跨学科领域，往往注重计算层次的分析。当然，并非全然如此。之所以强调这一点，部分原因在于认知科学从多个传统学科的角度，对认知进行高层次的研究（详见后文）。第二个领域为认知心理学，强调对过程和功能的研究，类似算法层次的分析。第三个领域是认知神经科学，致力于了解大脑如何形成认知。三个领域相互重叠，也并非只有上述区别。此处之意为，这三个领域划分最适合本书的讨论，且从许多方面来看，它们都是古老学科的派生领域，这些古老学科甚至先于心理学科学研究。

那么，我的研究领域是什么？我所学专业为认知心理学，即研究记忆如何工作，大脑如何做出决定，我们如何对事物进行分类，以及我们如何关注某些事物却忽略其他。我主要借助行为学和室内实验来完成以上工作，并使用计算模型进行补充研究——这些计算模型可描述不同的过程和算法如何工作。认知心理学关注人类思维，然而我们并不总是使用"思维"（mind，又译心智、心灵等）一词。大多数认知心理学家并非临床专家，因此不一定研究精神病理行为、精神健康或精神疾病的诊断和治疗。

有时我会将个人研究描述为认知科学，特别是想强调这些研究与其他领域和学科联系的时候。其余时候，我会将其描述为认知神经科学，因为我可能要为某些研究结果寻求基于大脑的解释，又或是我正采用一种基于大脑的技术。但我通常不会称之为"神经科学"。神经科学是一门非常宽泛的学科，自有其传统和培养方式，而我并未接受过相关培训。我也不会使用"神经心理学"或"认知神经心理学"此类术语，因为这些领域虽然相似，但往往涉及大脑研究的临床应用。这些领域的科学家通常从事临床工作，面对的是大脑疾病患者。

这些术语的真正含义是什么，是否存在区别？我们是否都在研究同一事物，只不过使用的术语不同？尽管许多人（例如我）使用多个术语来描述自己的工作，但这些领域实际上并不相同。这些问题的答案可能要追溯到几年前，或者几个世纪前。

心理学的先驱

认知心理学、认知科学和认知神经科学均为相对年轻的学科，但这并不意味着早期科学家忽视了这些领域的研究对象（大脑、思维和行为），事实远非如此。早期的探索更多采取内省和直觉的形式。内省即"自我观察反省"。若无任何其他技术方法或工具可用于衡量思维和行为，自省不失为一个好的开始。这些早期的内省传统产生了有趣的见解和思想，但内省法缺乏科学严谨性。然而，这些早期研究仍值得仔细研究一番，探究它们如何影响后期研究。此举有助于确定我们应该对思维运作方式提出哪些问题。现代科学以及对大脑和思维的现代理解，都带有这些早期发现的痕迹。自人类开始思考，人们就一直对思维感兴趣。但直到最近100年，人类才得以用现代科学的方式研究思维和认知。

现代心理科学的先驱有哪些？我不想追溯得太远，就简单从欧洲启蒙运动时期的一些哲学家开始说起吧。例如，约翰·洛克（John Locke）是一位英国哲学家，其重要著作完成于17世纪晚期。洛克著作颇丰，影响深远，对政治学、经济学和哲学均有贡献。他也是最早对思维如何运作提出彻底的现代观点的思想家之一。洛克对心理学的重大贡献在于"知识并非与生俱来"这一观点。人类的观念、思想和概念并非天生。相反，我们必须从对世界的直接感觉体验中获取知识。洛克认为，人出生时心灵就是一块"白板"（tabula rasa，拉丁文短语，意为空白的石板或写字板）。当然，我们不在石板上写字，所以这一常见隐喻可能不易引起共鸣。但写字板可能只是一块小巧便携的黑板，从前是用真正的石板制成的，就像一台只有一种功能且屏幕分辨率非常低的Surface Pro（微软平板电脑）。如今，这一隐喻可表述为"心灵是一张'白纸''空白表格'，甚至'新文档'"。

我们称洛克的观点为"经验论"。人生来对世界一无所知，但我们都有感觉系统，不过存在一些基本限制。通过经验和观察，我们了解世界如何运转，学会如何说话、阅读以及获取新知识。我们通过注意事物之间的联系、观察事件之间的自然关联，以及推断原因来进行学习。大卫·休谟（David Hume）及其关于联想和归纳的著作，进一步发展了洛克关于如何获取新知识，并将知识扩展迁移到新场景的观点。关于休谟和归纳法，本书后续章节将做进一步论述，但其主要贡献在于解释了"白板说"的一些限制。洛克认为人的推理能力与生俱来，而休谟却认为我们无此能力。这就产生了一个悖论：倘若没有推理和概括的能力，我们如何学习？也就是说，我们如何知道在白板上写字呢？休谟声称，我们在归纳过程中学习对世界做出预测、推理和结论。借助归纳，我们可根据过往经历预测未来。根据休谟的观点，人类有这样的本能或习惯。换句话说，心灵并非完全空白，它是一块有规则、有记忆，可以根据过去进行归纳的白板。

尽管我们如今已更深入地了解大脑的本质、遗传的作用，以及认知和感觉系统的限制，但对思维和大脑的现代理解基本上仍是一种经验论的观点。现在，我们将这种观点视为理所当然，但过去并非如此。在休谟和洛克之前，人们也可能认为观念、思想和概念是与生俱来或天赐的。"观念皆为天赋"这一观点的影响力远超我们从父母那里继承天赋能力的假设。真正的先天论者认为，概念和观念本就存在，等待着我们去发现。法国哲学家勒内·笛卡尔（René Descartes）被视为现代启蒙运动的奠基人，他认为，概念和观念皆为天赋，我们生来便有。笛卡尔的观点——我想他甚至认为自己这些关于"观念"的观点也是天生的——是，我们的灵魂与身体半分离，灵魂可直接从上帝那里获取已形成观念的知识；随着时间推移，我们可以通过反思来揭示这些事实。笛卡尔的思想本质上是二元的，换言之，他认为身体和心灵存在联系却又不同；他认为心灵并不完全属于物质世界，它与神的世界也有联系。

第一次接触这个观点时我还在上大学，当时并不理解。对我来说，这似乎并无道理。但从更广泛的历史背景来看，这一观点确实能说通。笛卡尔出生于16世纪末，当时欧洲正在经历"探索时代"（又称"地理大发现"或"大航海时代"）和宗教改革。笛卡尔是天主教徒，考虑到这一点，更容易想象他在二元论另一边的挣扎。他试图对心灵进行现代理解，但这种理解仍需符合早先的中世纪思想框架——在这个框架中，上帝无处不在，事事皆有其影响。笛卡尔横跨这条界限，因此，我认为他的二元论是这条界限的自然产物。界限的一边是过去神奇、超自然、受上帝启发的观念，另一边是未来理性、符合自然法则、受人世启发的科学。

尽管"思想源于内在"这一观点听起来颇有些道理，但经验论的基本观点我们早已习以为常，因此要理解笛卡尔（Cartesian[①]）的"天赋观念"并不容易。然而，笛卡尔观点的某些方面仍影响着现代心理学对思维过程的理解。我们的思想和观念似乎确实源于内心，人的内心思想和观念各式各样。此外，有关感知、关注和思考方式的基本神经生物学似乎部分由基因决定，是进化的产物。虽然进化和自然选择本身是外部环境对生物体施加压力的结果，但基因储存着人类祖先如何适应压力的记录。也就是说，从笛卡尔观点来看，即便是此类生物学解释也并非天赋。但将认知和思维的某些方面作为先天过程进行研究，仍具有一定意义。

可是，"观念、思想和知识来自外部"的观点也颇有道理。毕竟，我们依靠记忆来计划行动、做出决定，而记忆是已发生事件的再现。我们使用的语言是由周围的人和事决定的。我们透过文化看世界，所知的一切均来源于

---

① Cartesius为笛卡尔的拉丁名字。Cartesian是Cartesius的形容词形式，用于指代与笛卡尔有关的思想和著作。笛卡尔坐标系，或称"X-Y空间"，就是这样一个例子。据称，笛卡尔在看到天花板上的一只苍蝇时，获得了一种他视为神圣的顿悟。他意识到，可以用天花板和墙壁的交会线来描述苍蝇的位置，且平面上的任何位置都可以用这两个坐标进行描述。笛卡尔与苍蝇、牛顿和苹果、浴缸里的阿基米德……我们热衷于讲述人们在闲坐时恍然大悟，发现新事物的故事。显然，在互联网出现之前，闲坐发呆是常事。

处世的经验，我们通过这些经验形成的概念了解世界的新事物。

通俗地说，根据与生俱来的认知能力或后天获得的认知能力来解释思想，这二者之间的矛盾通常称为"先天与后天"的对比。根据这种对比，可以设想：心理学要么是先天赋予的产物，即笛卡尔一派先天论的派生学科；要么是思想受后天影响的产物，即经验论的派生学科。尽管这是一种对比，即先天论与经验论或先天与后天的对比，但无人当真认为两者非此即彼。相反，这种对比表明，两者在我们的心灵发展、概念和观念的形成方式以及心理学中都发挥着作用。诚然，人的心理过程和能力更多是受基因和生物限制的影响，而另一些则受经历的影响较多。这是对心灵的现代理解的主流观点。从神经生物学的角度来看，我们的心灵是一块白板，其运作方式可预测，受生物遗传原则的支配。这块白板自有其规则、限制、偏误和原则，认知心理学家致力于探究其运作的奥秘。

多个世纪以来，哲学家（包括笛卡尔、洛克、休谟和下文即将讨论的其他哲学家）、神职人员、医生和思想家一直试图了解我们的思想从何而来。尽管这些早期研究十分重要，至今仍影响着我们的世界观，但直到19世纪末，一些科学家才开始运用科学方法来回答"思想从何而来"这一问题。

19世纪末，威廉·冯特（Wilhelm Wundt）在这方面进行了首次尝试。冯特是来自德国莱比锡的一名医生，他想运用生理学家研究人体器官和系统结构的方法，来理解思维的过程。但问题在于，他人身体中的血流、内脏、骨骼和液体均可被观察和记录，并根据观察结果形成理论，而思维却无法观察（如今可通过神经影像技术进行观察，但此项技术为近期的新发展，第二章再做讨论）。冯特意识到，若想认真开展思想的科学研究，就需要某种方法来测量和记录观察结果。做好测量和记录对科学至关重要，没有测量和记录的科学只是猜测和虚构。20世纪后现代化步伐加快，科学家也开始寻找量化和测量思维的方法。得益于冯特的研究，心理学作为一门科学初具雏形。

实验心理学的起源

心理学是一个非常宽泛的术语。在流行用法中，该术语含义众多，最常见的定义为临床心理学。我们认为心理学家是与客户或病人互动，帮助他们改善心理健康与福祉的人。这当然是心理学家的一项重要工作，但还有其他类型的心理学家。临床领域之外，此类工作可称为"实验心理学"，有时亦称为"心理科学"，也包括临床工作。实验心理学的最佳定义是应用科学方法来理解人类行为。科学方法中最重要的一项便是测量，科学家希望万物皆有测量之法。无论是测量原子、孢子、身体质量、大气压力还是人类行为，必定有一种公认的测量方法。所测之物和测量方式，将决定你能从这世界收集到的数据种类。反之，这又将影响可研究的事物、可提出的问题，以及可从研究中得出的结论。实际上，科学受事物测量和记录技术的精确性及局限性影响。

然而，在实验心理学发展的早期阶段，并不存在公认的标准。科学测量从无先例，从未有人使用科学方法来研究行为。直到19世纪末，一些研究者从医学、生理学和生物学中得到启发，开始发展观察和分析行为的方法。冯特便是其中的首要代表人物，他对人类如何创造并理解感知经验尤为感兴趣。例如，假设有人要求你从一堆四种不同颜色的卡片中选出一张红色卡片，做决定时你在想什么？这看似十分简单，选一张红色卡片即可。要完成从四种不同颜色的卡片中，选出一张红色卡片这一简单的任务，需要眼睛和双手协同工作，经过以下几个步骤，对口头陈述做出反应。请稍加思考以下几个步骤：

◎ 接收指令。
◎ 理解指令。
◎ 将目光投向卡片。
◎ 把注意力集中到每张卡片上。

◎ 辨认出不同的颜色，也许是通过将其与某些记忆或内部表征进行比较来进行辨认。

◎ 决定哪张卡片与指令最为匹配。

◎ 确定一个判断标准（匹配程度应该有多接近？）。

◎ 将手伸向红色卡片。

这份清单远不完整，因为仅第一项"接收指令"，就假定了有关听觉感知和语音识别的其他信息。每个步骤都包含子步骤和子程序。根据口头要求选出一张卡片需要一长串步骤。然而，大多数人都能轻易完成这项任务，简单迅速到难以描述。所有这些步骤该如何测量仍未可知，更别提描述它们了。

由于缺乏其他测量技术，冯特发明了"训练内省法"，即自我观察反省。冯特实验室的被试[1]专注于观察自己的思想和行为。在单纯的主观内省中，我们可能会模糊地意识到心中所想。但训练内省与之不同，需要集中注意力和大量练习，如此才能在自我观察中形成内部一致性。

因此，被要求从一堆四种不同颜色的卡片中选出一张红色卡片时，你可能会首先集中注意力听指令，并发现指令中的一个词让你想起一种颜色。接下来，你可能会发现自己的眼睛几乎自动地被眼前的卡片吸引，并大致扫描寻找红色卡片。但怎么知道哪张是红色卡片呢？你需要再自省一下，思考自己如何识别颜色。这需要时间、练习和精力。

因热衷于揭示思维的结构，冯特以及后来他的学生爱德华·铁钦纳（Edward Titchener）提出了我们如今所说的"构造主义"。当时，"所有思想都发生于大脑的不同区域"这一观点还未形成明确共识。构造主义关

---

[1] 被试（subject）在心理学领域中，指的是心理学实验或心理测试中接受实验或测试的对象。——编者注

注的不是大脑结构，而是思维结构。生理学家要学习基础解剖学，化学家要培养使用移液管进行测量的能力，同样，构造主义者也要接受内省训练。

你若读过关于冥想和正念的书籍，内省可能会让你想起刚开始学习正念时进行的练习。内省与正念一样，旨在训练自己觉察大脑的所思所想。它能让人深入了解感知、记忆和思维的复杂性。遗憾的是，内省并不十分科学或可靠。研究者很快就发现，在不同的研究实验中，内省这种技术方法并不可靠。此法往往忽略许多无意识的影响因素。例如，若被要求从一堆四种不同颜色的卡片中选择一张红色卡片，那么一听到"红色"，你的手很可能就已经伸向红色卡片。这方面的行为很难自省。许多视觉引导的动作都是无意识的，眼睛看向红色卡片也是无意识的动作，无法进行自我观察。因此，对于人类认知和行为的许多基本方面来说，内省并不适用。我们无法客观地思考自己如何分配注意力、如何识别物体，以及如何从记忆中检索事物。我们通常能意识到思想的副产物、记忆和内容，但意识不到形成这些副产物的认知和神经过程。

行为主义

冯特和铁钦纳的研究都非常重要，但并不完整。内省并非了解思维方式的正确方法。此法太多变、太难控制、太有限，无法作为测量标准。心理学家欲重整旗鼓，开发出系统的方法来精确、客观地测量行为。这第二阶段通常称为"行为主义"，因为这些后来的心理学家否定冯特（以及弗洛伊德等精神分析学家）等人研究内在、主观心理状态的做法。相反，他们认为，要让心理学真正成为一门科学，应只研究那些能客观地加以测量和观察的事物。因此，约翰·华生（John Watson）和斯金纳（B. F. Skinner）以及其他心理学家开始将行为作为一项刺激输入（有机体的所见所闻）和行为输出（有机体对刺激的反应）的函数进行研究。

  当时的经典心理学实验是一项老鼠实验。箱子内的老鼠根据刺激信号按下按钮或杠杆，即可获得食物奖励。行为学家选择研究老鼠和鸽子等动物，并非对老鼠和鸽子的行为感兴趣，而是因为这通常是一种便捷的学习模型。行为学家假设，一切有机体都遵循相同的基本原则。就联想学习而言，他们的假设是正确的：老鼠、猫、猴子和人类都表现出某些相同的模式。例如，我家的猫Pep学会了早上通过一长串复杂的动作叫醒我。它会发出叫声、扒开衣柜门、拉动百叶窗、在床上打滚，有时甚至砰地把门关上。每天早晨5:00到5:30之间，在我的闹钟铃响之前，它会完成这一系列动作。Pep在脑中将这一系列行为联系起来，因为这些行为预示着我会醒来并给它喂食。它了解这一系列行为与最终反应之间的关联，并且它在小小的猫脑袋里做了因果推理，推测自己的行为会引起我的某些行为。它不知道，也不理解这些行为为何会联系在一起，只知道确实可将行为联系起来。Pep通过行为主义者所谓的"操作性条件反射"过程学会了这些联想。其抓挠、喵叫和捡东西等行为均是猫的正常举动。但如果我醒来给它喂食，它就能学会将以上一种或多种行为与食物联想起来；反之，它就学不会这种联想。这种学习是渐进式学习，但并非无意识的举动。Pep有学习的动力，它想叫醒我，是因为渴望得到食物。

  这种行为的逐步塑造，是由一位名叫爱德华·桑代克（Edward Thorndike）的早期心理学家首先发现的。和许多早期心理学家一样，桑代克对心理现象有着浓厚的兴趣，但不太清楚如何研究这些现象。起初，他尝试研究儿童的心灵感应。可想而知，尝试以失败告终，主要原因是心灵感应不可能实现。但他注意到，被研究的这些儿童可以捕捉到非常微妙的暗示，如被试不自觉、无意识的动作等，这看起来就像是心灵感应。例如，出色的扑克玩家可以读出无意识的面部动作等微妙的暗示或"马脚"。这一发现促使桑代克尝试理解环境中的强化因素如何塑造行为。他试图研究小鸡的智力，几次尝试都不太成功（公寓内不允许养鸡），后来便发明"迷笼"装置来研究猫。他将猫禁闭于装有各种杠杆和拉手的迷笼里，它们会想尽办法逃脱。猫用特定动作把迷笼的门打开，就能逃脱并获取食物。迷笼实验基本上是为猫设计的密室逃脱，但与人不同，猫并非与朋友一起玩乐。相反，猫可能感觉有些惊恐或无聊。一旦做对打开迷笼的动作，猫就会被再次关入笼内进行训练和测试。桑代克发现，猫的行为是由最终奖励塑造的。如今看来这是显而易见的事情，但在当时却是一项开创性发现，因为它证明了猫可以保留对刚刚所做之事的记忆痕迹，且这种痕迹可以强化（用桑代克的话说即"形成印记"）。进化和自然选择可选择与倾向有助于有机体长期生存的某些特征，同样，这种行为塑造也能选择与倾向有助于有机体短期生存的行为。

当然，行为塑造也适用于人类。在校园内停车时，我注意到一个很好的例子。购买停车通行证的学生和教职员工车上都放置了标签，无线传感器（RFID）读取标签即可通行。你如果在大学、医院或市区的大型办公场所工作，可能也有这样的标签，但无人真正了解其工作原理。我看到人们开车靠近，试着把车停到正确位置、确保标签进入读取范围，减速、停车、移动、停车……就像我的猫试图通过一系列行为将我叫醒，司机们也要通过一系列有时不必要的动作才能打开停车场大门。我们不知道哪些行为能将门打开，只知其中一些是通行的必要动作。停车场大门通常会打开，而此前我们所做的一切都会强化。如果开门时你恰好在来回挪车，那么尽管通行不需要这一行为，它也会得到强化。这种联想是渐进式的，看似有效的事物会得到强化，不起作用的行为则不会。一些不相关的行为可能最终也会得到强化，因为它们与结果同时出现。我们有时将这些行为称为"迷信"。

但人与动物之间的最大区别是，我们如果愿意，就可以试着理解停车场大门的工作原理。我们可以利用推理能力，使用语言提出假设并加以验证；

我们也可以上网查阅文章①，了解无线传感系统的工作原理和识别范围，然后调整自己的行为。这需要计划、语言和一种思维理论，即假定其他人了解事物如何运作，并为我们提供可靠的信息。然而，行为实施并不是渐进的。若是阅读说明并执行上述动作后，停车场大门打开了，你今后就会继续这些动作。换言之，人类有幸能够理解因果关系，但猫并无此种能力。人类的这种能力得益于语言。而事实证明，行为主义这一心理学研究方法并不适合解释我们如何以及为何使用语言。

认知心理学

1957年，行为主义心理学家斯金纳的著作《言语行为》（*Verbal Behavior*）出版。那年，斯金纳已成为全世界最著名的心理学家。他成果颇丰、幽默有趣，是一位知名人物，但也有些负面评价。研究生时期，斯金纳发明了操作性条件反射箱（又称"斯金纳箱"），这一装置可追踪老鼠在不同暗示和强化因素作用下的行为反应。曾一度有人认为，他将女儿放进操作性条件反射箱抚养，但事实并非如此。到20世纪50年代中期，他在许多方面都是心理学的权威。在斯金纳看来，一切行为都可以用强化学习的基本机制进行解释。《言语行为》提出一种理论，解释了这一机制的作用原理。该理论认为，人之所以学会交流，是因为我们在说某些话时得到强化，而说其他话时不会。例如，人类通过语言来获取自己所需之物。孩子指着玩具或食物并开口说话，就能得到玩具或食物。随着时间的推移，孩子的言语行为会因同样的强化规则和更广泛的操作性学习得到塑造。若行为主义心理学要成为

---

① 我上网搜索装有无线传感器的停车场的相关信息时，浏览器弹出大量关于"如何破解停车场系统"的网页。似乎一心破解系统、走捷径就是人类的共同特征。

一门研究人类行为的自然科学，那么学习的规则和定律就应涵盖各种人类行为，包括语言。

然而，《言语行为》一书在语言学领域遭到强烈反对。例如，诺姆·乔姆斯基（Noam Chomsky）对该书进行了长篇评论。就是那位与威廉·巴克利（William F. Buckley）辩论、参加过《Ali G个人秀》（Da Ali G Show）、投身左翼政治运动的乔姆斯基，而这些事迹可能使他声名大噪。他在书评中指出，语言是一种复杂的行为，在示例鲜少的情况下习得，无须借助太多反馈。后来，乔姆斯基将这一观点称为"刺激贫乏论"。例如，孩子会说一些自己从未听过的东西，即便说错，也会得到奖励。蹒跚学步的孩子说出"我咿呀果汁"，父母就会给他果汁。父母可能会不停地纠正，直到孩子准确地说出"我要果汁"。乔姆斯基认为，必定有一些先天行为使得语言必须学习。

乔姆斯基1959年发表的书评轰动一时。评论并未引起普通大众的热烈反响，而是受到许多心理学家和语言学家的欢迎。他们认为斯金纳和其他行为学家过于刻板，太过执着于某种特定的理论，且严重忽视了其他研究行为和思维的方法。另一些人对乔姆斯基书评的态度，就像是影评人看待迎合自己喜好的电影。这一评论让那些研究行为主义领域以外现象的人"挺直了腰杆"，不由得高呼"所言甚是，深表赞同！"。乔姆斯基的评论如今被视为"认知革命"的奠基文献之一。这不是一场秘密策划的革命，也不是一场在学术讲堂里进行的革命，而是思想的迅速转变。"这种思想转变是一场革命"这一想法成为实验认知心理学的起源。

没错，认知心理学有其自身的起源故事。根据这一略带虚构的故事版本，20世纪50年代的实验心理学系几乎全部致力于行为主义教学。但人们想要突破将行为当作强化因素作用的结果来研究的局限，乔姆斯基的书评正为此拉开了帷幕，揭示了行为主义研究的局限性。这当然是言过其实，但它已成为实验心理学起源故事的一部分。的确，对实验心理学来说，20世纪60年代是一个伟大的探索时期。无论事实如何，认知心理学在乔姆斯基书评发表后取得的成功，也许强化了书评是后来发展的促进因素或催化剂这一观点，并加强了书评与后来认知心理学学科之间的关联。

这场所谓的革命还有另一个更为实际却没那么引人注目的方面。20世纪五六十年代，大多数大型研究型高校都拥有并运行用于研究的大型计算机。计算机的普及，也给心理学家提供了机会。数字计算机的发展，使得测量和分析被试数据成为可能，结果远远超出斯金纳操作性条件反射箱测量取得的回应率。心理学家开发了测量反应时间的方法（以毫秒为单位精确测量一个人对某事的反应速度），还创造了以高精度定时向研究对象直观呈现文字和图片的方法——这一点此前也能做到，但该技术在20世纪60年代得以拓展。这些技术进步推动了实验心理学的快速发展。倘若没有计算机，这些发展也许根本无法实现。

但我认为更重要的是，计算机给思维带来了一种新的隐喻。记住，行为学家开发出这种存在局限的方法，是为了约束先前构造主义者所使用的较不科学的测量方式。行为学家的思维模型也强调机械功能和计算，但其方法忽略了对内部心理状态的观察或描述。如此，他们实则是将心理学局限于对行为输入和输出的研究。计算机有输入和输出，也有清晰可见的内部状态。早期计算机的电子电路和电子管清晰地呈现出，外部世界（输入）可用电路连接作为表征。不同的内部结构会影响系统的性能，信息处理步骤的顺序也很重要。这种表征会影响系统的输出，甚至可以作为研究和分析的对象。与强调思维过程的构造主义或研究行为规律的行为主义不同，对内部表征的研究（如对数字计算机内部的研究）提供了一些方法，可用于研究无法观察的内部状态。

计算机的发展催生了"思维是一台计算机"的隐喻，这一隐喻影响了我们对思维和大脑的看法，以及我们对其开展研究的方式。因此，认知心理学是研究心理行为和心理表征的学科，它也研究思维——大脑中发生的信息处理和计算通常称为"思维"。

如前文所述，思维的隐喻既是时代的产物，也是科学研究方式发展的驱动力。欧洲文艺复兴时期，笛卡尔看到了上帝和神的影响。对他来说，心灵并不完全是身体的一部分，也是神的一部分。因此，先天论是"心灵是上帝的手笔"这一隐喻的合理产物。启蒙运动时期，心灵被视为一块白板；达尔文时代，它被看作功能解剖学；工业革命时代，它又视为刺激-反应引擎。无论是神圣的、空白的还是机械的，这些对心灵的隐喻都构成了科学探索的框架，其局限性也促使科学思维发生转变。计算机隐喻推动了认知心理学的发展。即使我们对大脑的了解早已更进一步，甚至深入到神经元的水平，计算机隐喻似乎仍然成立。这可能是一次更为深刻的范式转换。

认知科学

科技史往往以范式转换为标志，这是世界观以及人与世界关系的根本转变。重大的范式转换有时甚至称为"一个时代"或"一场革命"。"太空时代"就是一个极佳例证。20世纪中叶，公众对太空和太空旅行的认识大为提升。不仅如此，我们如今习以为常的许多工业和技术进步，也都是太空时代的副产物。太空探索让我们以新的视角看待这个星球，思考人类在宇宙中的位置。在人类历史上，我们第一次实现一目千里，第一次在一张照片上看到整个地球，认识到人类是整个浩瀚宇宙的一小部分，而非宇宙的中心。化学、计算机科学、材料科学和通信技术的发展迎来了太空时代并使得载人航天成为现实，飞船成功抵达轨道并最终到达月球。如今我们视作理所当然的许多技术，最初的开发目的都是支持太空计划以及更广泛的军事计划。你口袋里或手中的智能手机就诞生于国防和政府承包商开发的项目，而且手机依赖的通信协议最初是为太空探索和防御而开发的。倘若没有最初于20世纪50年代发射的通信卫星，手机使用的全球定位（GPS）根本无法成形。互联网本身虽然不是太空计划的直接产物，但也随之发展起来。互联网是由美国国防部开发的计算机通信系统，也受到冷战的影响。类似的例子不胜枚举，但我认为这些足以表明，20世纪中叶的太空时代带来了思维范式转换和技术变革，大大改变了地球上的人类生活。

我认为，我们正站在新时代的潮头，处于一个重要新范式转变的开端。我们已经进入认知科学时代——虽不知是否有人像我一样称之为"认知科学时代"，但我认为这才是当前时代的最佳体现。也可能有人将其称为"计算机时代""算法时代"或者"数据时代"。我们对计算机和数据的依赖达到了前所未有的程度，而这一切大多出现于20世纪。那时，认知心理学与计算机科学、语言学和神经科学碰撞，"认知科学"这一术语由此诞生。

此外，我认为了解认知科学对于理解人与世界的关系和人类彼此的关系至关重要。之所以这样说，是因为在21世纪，人工智能、机器学习和深度学习等许多基于计算机的行为理解方法得以充分实现。计算机算法每天都在解决问题、做出决策，并对未来——包括人类未来——做出准确预测。算法决定人类行为的方式多种多样，远超我们的想象。算法决定我们在社交媒体上阅读什么内容，决定我们看到什么广告，还能将广告变成一种娱乐来吸引我们的注意力，令人难以抗拒。其中的部分原因是，我们向媒体和广告公司提供了大量数据，随后复杂而强大的计算机算法对这些数据进行了分析。

我一边写书，一边用Spotify[①]听音乐。Spotify利用算法分析我的音乐偏好并调整服务，让我继续收听并付费。网飞（Netflix）和亚马逊Prime的视频服务也是如此。当然，我的手机通过算法帮我处理各种事宜。每次使用手机，

---

① Spotify是一个正版流媒体音乐服务平台，2008年10月在瑞典首都斯德哥尔摩正式上线。——译者注

我也贡献了一些基础数据，使得谷歌、苹果、Facebook（美国社交网络服务网站）等应用程序的算法更加完善。例如，用谷歌地图搜索餐馆或零售店时，我会获得对自己有用的推荐。而我搜索的次数越多，给谷歌提供的信息就越多，谷歌便可以利用这些信息优化搜索。我还在自己的安卓手机上安装谷歌智能镜头（Google Lens）——顺便一提，这款应用程序真是值得称赞！我们只需要将相机对准想要识别的物体——通常是一只鸟、一株草或一只虫，然后开启谷歌智能镜头，该程序就能分析图像的特征，并通过谷歌在互联网上搜索匹配的图像，助我进行识别。若我想了解看到的蝴蝶或植物是什么种类，谷歌智能镜头就会派上用场。这些信息对谷歌也大有助益，可助其算法进一步了解自然世界。对用户来说，这是一次搜索；而对谷歌来说，这是算法训练的输入。

算法的应用不限于媒体公司。大家期待的自动驾驶汽车，需依赖计算机和算法等多项技术同时运行。即使是非自动驾驶汽车，也配备了传感系统和处理算法。2019年我购置了一辆新车，当时，算法辅助驾驶取得的进步便令我惊讶。这辆车不是自动驾驶汽车，但它能接管司机的部分工作。例如，有了巡航控制系统，车辆就能够感知前车的速度，并相应地减速，它还能提醒我注意侧面和后方盲区的车辆，若是认为我注意力不集中（比如未打转向灯就变换车道），它甚至还能发出警告。通过车载GPS或连接的智能手机，车辆可随时了解我的位置。此外，车辆能跟踪车速、制动、加速等数据。这些数据不仅有助于驾驶，还能帮助制造商改进算法，我自身的驾驶行为也发生了变化。如今，辅助驾驶技术不再是新鲜事物，只是日常驾驶的一部分。

计算机、机器和算法将（并且已经）成为几乎所有工作的核心。每次借助计算机算法做某件事情，比如识别物体、搜索位置或做出决策，我们都在为算法提供重要的训练数据。每次通过Siri、谷歌或亚马逊Alexa使用语音指令，我们就会为这些服务提供更多的训练数据。如果语音指令成功执行，算法就能从中学习；若执行不成功，算法也会从中吸取经验。我们正在训练这些机器、人工智能系统和机器人，帮助其了解我们的需求，并预测未来的需求。在这个过程中，我们助推技术进步，而这又加深我们对技术的依赖，如此循环往复。这是一个强化循环的过程：算法帮助我们，我们促进算法优化，于是进一步依赖算法，从而助其取得更大的进步。这一循环是令人兴奋，还是令人恐惧？

这确实是一个新时代，也确实是一种范式转换。这不仅是认知心理学和计算机科学的兴盛时期，也是广泛探索信息处理研究的多个相关领域的发展高潮。这就是认知科学。我认为，这个以数据、算法和信息为主要原材料和产业的时代，就应称为"认知科学时代"。作为认知科学家（我经常这样自称），这个新时代就是我们的观念，是我们现代的普罗米修斯[①]。让我们细细探讨认知科学，看它如何整合几个不同的领域，观其如何发展以及为何重要。

认知科学是一个跨学科领域，于20世纪50年代首次问世，意在将认知或信息处理作为其自身的学科领域——而非严格意义上的人类心理学概念——进行研究。作为一个新兴学科，认知科学汇集认知心理学、哲学、语言学、经济学、计算机科学、神经科学和人类学等学科知识。随着这一领域的发展，它有了自己的名字、研究方法和学术团体。尽管如此，大多数科学家，甚至那些自称"认知科学家"的人，仍无法脱离既有的传统学科。一些科学家（努涅斯等）甚至怀疑认知科学是否仍然存在，这可能是因为认知科学代表一种跨学科方法，其自身并非一个独立的领域。尽管人们倾向于在那些更成熟的传统学科领域工作和受训，但在我看来，整个社会都受益于认知科学

[①] 在希腊神话中，普罗米修斯是人类的创造者和保护神。他非常聪明，又具有预言能力，名字的含义就是"先知先觉者"。

的跨学科性质。虽然这是一个非常多元的领域，但我认为生物学、计算和行为之间的联系最为重要。现代科技得以发展，正是得益于这几个领域的交互影响。

生物学的影响

算法是现代生活中的主导力量，它是一种处理信息并做出预测的计算引擎。算法不仅接收信息，还具备联想能力，并根据联想做出预测，然后进行调整和改变。这便是所谓的"机器学习"，但其中的关键在于机器学习的生物学性质。

举一例子：驱动许多人工神经网络学习的算法——赫布学习理论，由麦吉尔大学的心理学家和神经科学家唐纳德·赫布（Donald Hebb）发现。赫布1949年出版的《行为的组织》（*The Organization of Behavior*）一书是该领域最重要的著作之一，书中阐释了神经元如何学习联想。认知科学家马文·明斯基（Marvin Minsky）、大卫·鲁梅尔哈特（David Rumelhart）、詹姆斯·麦克莱兰德（James McClelland）和杰弗里·辛顿（Geoff Hinton）等人利用数学方法完善了这一概念。如今机器学习和深度学习领域的进步，是认知科学家学习如何调整和构建计算机算法，来匹配神经生物学已有算法的间接结果。计算机可以学习这一点十分关键。此外，这些系统的学习和适应调整能力还可以建立在对神经科学的理解之上。这就是跨学科方法的优势。

再举一例：人工智能革命的理论基础由计算机科学家艾伦·纽厄尔（Allen Newell）和经济学家赫伯特·西蒙（Herbert Simon）共同提出。为理解人类决策和问题解决的过程，并弄清如何对其进行数学建模，他们在20世纪50年代至70年代开展相关研究，提供了一种基于对人类行为理解的计算方法。这再次证明了认知科学所提供的跨学科方法的优势。

算法的影响

想了解认知科学的影响，最明显、最直接的一种方式或许就是我们在线使用的许多产品背后的算法。谷歌功能众多，但归根结底，它是一种搜索算法、一种组织世界知识的方式，通过这种算法和方式可助用户找到所需信息。早在20世纪70年代和80年代，认知科学家埃莉诺·罗施（Eleanor Rosch）和约翰·安德森（John Anderson）等人就对知识表示的基本思想进行了探索，这些思想是谷歌知识分类的基础（第九章将讨论此项研究）。

以Facebook为例：该公司设计并运行一种复杂的算法，可以了解你看重什么，并针对你想进一步了解的内容做出推荐。更准确的说法是，算法预测哪些内容有助于扩展你的Facebook网络，让你更频繁地使用Facebook，并根据这些预测进行推送。

在谷歌和Facebook这两个例子中，算法都在学习如何将从用户（包括你）那里获取的信息与系统中的现有知识联系起来，从而做出对用户有用的适应性预测。这样一来，用户会向系统提供更多信息，系统借此完善自己的算法，再进一步获取信息，如此循环往复。随着网络的发展，它会提高自己的适应性、效率和知识储备。大脑也是如此。大脑会驱使你寻求信息，以完善其预测和适应能力。这些网络和算法就是社会的思维，它们对社会的作用与人类神经元网络对身体的作用一样。事实上，网络和算法可以改变社会，因此也引发了一部分人的担忧。

政界人士和科技公司的首席执行官都在担心人工智能的危险，我认为，这种担忧的核心是观念。我们将越来越多的决策权交给算法，就像大脑改变我们的行为以服务于自己，算法正在改变我们的行为来为其自身服务。这种观念令许多人感到不安，担心这一趋势难以阻挡。我认为这些担忧不无根据，也不可避免。但就像任何时代更替或范式转换一样，我们应该继续从科学和人文主义的角度来看待与理解这一趋势。

这是认知科学的遗产，实际上也是19世纪以来实验心理学发展的结果。20世纪和21世纪取得的突破，源于在生物学中探索学习算法的举措、这些算法在日益强大的计算机中的实例应用，以及这两个概念与行为的关系。计算机和神经科学技术的进步，使得上述观念成为现代世界的主导力量。有时，对非人类算法和智能主宰未来的恐惧或许不可避免，但了解认知科学对于生存和提高适应能力至关重要。

上文追溯了实验心理学从19世纪早期的构造主义，到行为主义和认知科学的发展历程。你可能已经注意到，有些内容我并未提及：大脑。我虽认为我们生活在认知科学时代，但相信当前时代真正的下一个前沿领域是认知神经科学，或者说是对大脑与思维的研究。上文未提及，是为了在下一章中展开广泛讨论。

现在，便开始讨论大脑。

第二章

探秘大脑

大脑是一切的源泉。大脑中的电化学活动决定你是谁、在想什么，并帮助你计划行为。

年少时，我的一位朋友惨遭车祸。事故发生在30年前，我已记不清所有的细节，只记得当时她一人开车在去学校的路上，不知为何车辆失去了控制，撞到一棵树上。冲击导致她脸上的骨头碎裂，大脑前额叶的一个重要部位破损。这一区域称为"前额叶皮层"，有时简称为"PFC"（稍后我将详细讨论大脑解剖的相关内容）。情况非常严重。她不仅面部和颅骨骨折，脑部也因撞击造成损伤。神经外科医生不得不切除她大脑前部的一小部分，这种手术名为"前额叶切除手术"。恢复过程中，她昏迷了好几周。

我和家人几次前往医院探望她。几个星期过去，情况没有任何好转，朋友毫无反应。一两个月后，她终于醒了过来，但说不出话，甚至认不出自己的父母。但对年轻人来说，即便受损，大脑也能够自愈。大脑的这种再生能够促使一些功能恢复。因此，随着时间的推移，她恢复了一些说话、听音、走动和阅读的能力，最终还能与朋友和家人交谈。她似乎会逐渐康复。

那年朋友错过了毕业典礼，而我去了几小时车程之外的大学，与她和她的家人失去了联系。那时还没有智能手机，也没有社交媒体。互联网还未普及，一些研究型大学才能联网。虽然我在20世纪80年代末就注册了电子邮箱，但其他人没有，因此我从未收到过邮件。与朋友和家人联系的方式是写信或者打电话。信件就像电子邮件，不过你需要将内容手写在信纸上，然后将信装入信封寄给收信人。几天后，收信人就会读到你写的内容，现在人们对这样的联系方式非常陌生。那时，宿舍楼里仅有一部公用电话，往往只能打电话给家里。我即使想与她联系，也确实没有办法。

几年后，朋友终于从事故中恢复过来，完成了高中学业，我和家人还参加了后来的毕业招待会。我很想跟老朋友叙叙旧，我们回顾了高中生活，讨论了她对未来的规划，还聊到她的那次事故。她看起来几乎没什么变化，声音也没变。这让我感到欣慰，因为上次见到她时，她几乎说不出话来。

但问题是：她已不再是原来的那个她。这并不是一个比喻，她与之前似乎真的完全不同，就好像身体里住进了一个新的人。她的样貌恢复到接近事故前的状态，但性格却发生了明显的变化。看清她脸上的伤疤轻而易举，但要看清她思想、行为和性格上的变化却不容易。我们都知道人的外表一直在变化，但往往很难接受一个人内在的变化。以前，她的理想是上一所常春藤大学，并从事能为社会带来贡献的工作。至于性格，她好学、友好、合群。她的同情心很强，经常为别人着想，而且与朋友关系非常亲密，是一个值得信任的人。

事故发生后，她变得令人难以理解。起初，她花了好几个月才恢复说话的能力，恢复过程很慢。她经常胡言乱语，说话有时令人困惑，有时让人发笑，有时又自相矛盾。她所说之事要么完全虚构，要么需要保密。她会编造一些假话，比如谎称她那周早些时候看了一部什么电影。跟不同的人讲述同一件事，说法也经常互相矛盾。与之前相比，她在社交中还缺乏抑制能力：经常控制不住自己，说出一些不当言论。车祸前，她是一个细心、聪明、可靠、有抱负的人；而车祸发生后，她的心理生活却很混乱。这些观察是在她康复后的一两年进行的，已经是几十年前的事了。不知她后来如何，希望她已经彻底康复，过上了充实的生活。

本章之所以以这个故事开头，是因为我可以借此说明几点。首先，这是我第一次直面大脑与行为之间的联系。当然，我知道思维、记忆和行为都是基于大脑的功能。而且那时我已经修过心理学导论这门课程，读过一些著名的案例研究。但我从未如此清晰、直接地看到大脑、思维和行为之间的联系。这是我身边的真实案例，这个人的外表和声音与几年前几乎没有变化，但行为举止却大相径庭。唯一的变化就是她的前额叶皮层受损，因此被切除。

但与本书相关度更高的是，这个案例表明，特定的行为可与特定的大脑区域联系在一起。也就是说，前额叶皮层似乎控制着她性格的某些方面，特别是她计划自己想做之事、想说之话的能力，以及抑制不当行为的能力。认知神经科学家将此观点称为"功能定位"。虽然复杂行为和思维依赖大脑的多个区域，但行为的某些组成部分可以定位到大脑皮层的特定区域。本章下文即将展示，大脑中有专门用于理解和产生语言、识别面孔以决定如何应对、协调手部和眼部动作，以及（在本案例中）实施和抑制复杂行为的区域。

这一案例也突出表明，认知神经科学领域是如何诞生的。我们当前所知及所理解的大脑、思维和行为之间的联系，最初大多是通过对中风、钝器创伤或手术治疗其他疾病的副作用等导致脑损伤的患者进行研究，才得以发现的。本章稍后将会再次提及这一案例，讨论这些损伤为何会对我的朋友产生此类影响。

本书主要讲述思维和心智，但我们需要从了解大脑开始。大脑是驱动认知处理过程的器官。本章下文将简要介绍大脑结构和认知神经科学研究中使用的方法。我将展示这一领域悠久而有趣的历史，包括一些著名的、神奇的案例研究，这些研究促进了对大脑结构如何映射到人格和认知功能方面的早期理解。由于认知神经科学研究是当今最具影响力、最令人振奋的研究之一，我也会介绍世界各地的大学和研究机构正在进行的一些突出研究，包括我所在的西大正在开展的一些有关意识本质的开创性研究，以及社会心理学家试图了解大脑如何引导政治信仰和社会行为的启发性研究。

大脑结构

首先快速了解一下大脑。想要了解人们的行为方式及其背后的原因，需进一步了解认知和信息处理。为此，则需了解大脑的工作方式。

　　大脑在头部，就在头骨下，是一个由蛋白质和脂肪组成的致密器官。大脑不与外界直接接触，但它通过眼睛、耳朵、鼻子、手指和其他感官系统与世界相连，并扩展你的认知。这些输入与其他输入相连，构成对世界的体验。这些连接也代表着过去的事情：记忆和知识。你思考、决定、记忆和有意体验的一切，都发生在这个器官中。简而言之，大脑就是你自认为的自己。

　　或许你经常听到"普通人的大脑只使用了10%"的热议，但该说法并不正确。人每时每刻都在100%地使用大脑。不知这一神经迷思①究竟源自何处，但这听起来就有些荒谬。让我们剖析一下这种说法。人类的大脑皮层是哺乳动物中生理学进化程度最高的结构之一。试想人类进化出一个复杂的大脑，但却有90%默认不可使用，这实在可笑。我们不会宣称"肝脏只使用了大约10%"或"普通人任何时候都只使用大约15%的皮肤"，为何又会相信关于大脑的这种说法呢？此外，当某人确实无法使用全部脑功能时，比如大脑部分受损，其影响往往显而易见。然而，关于人类大脑仅使用10%的说法仍在流传。

　　也许更准确的说法是，人只能有意识地注意到大脑整体活动的一小部分。但这是一种认知限制，而非生理限制。这种限制可能也是人类进化的一种适应性优势。人不可能清楚地知道大脑的每一个活动过程。世界时刻呈现出不断变化的感官信息，但许多细节与我们当下所做或所想之事无关。我们大多意识不到，为了维持呼吸、站立、感知以及日常生活等所需的各种功

---

① 神经迷思（Neuromyth）是科学家经常使用的一个术语，指的是非常普遍但未经证实或与事实不符的与大脑相关的观念。常见的神经迷思包括：大脑只使用了10%，"右脑发达"的人更具艺术天赋，而"左脑发达"的人数学天赋更高，以及存在基于大脑的"学习风格"（Dekker, Lee, Howard-Jones & Jolles，2012）。

能，我们的大脑需要持续不断地进行活动。当然，人不可能知道所有的事情。我们需要分清轻重缓急，确定哪些事情应高度关注，哪些事情可以稍加关注，哪些事情无须关注和了解也会自动发生。第五章将对此开展更详细的讨论。此处我想指出，人每时每刻都在使用大脑的全部功能，但由于认知系统的进化方式，我们只能意识到大脑活动的一小部分。这种限制或瓶颈是支配人类思考方式的最根本因素之一。

说完这一常见的神经迷思，我们继续讨论大脑。大脑约为一个大花椰菜大小。更准确地说，人类大脑的平均体积在1120到1230立方厘米之间，遗传、性别、营养和其他因素的影响会形成一些微小的差异。大脑的体积远非均匀一致。大脑外部，也就是你在看大脑图片或实际大脑时看到的部分，称为"大脑皮层"。大部分认知活动都在这里进行，这也是本书要详细讨论的区域。大脑皮层下方的其他区域对于创建记忆和理解情感十分重要。这些皮层下结构对本书的讨论同样重要，因为它们也影响我们记忆、思考和对环境中事物做出反应的方式。还有其他一些结构，称为"中脑"和"后脑"，它们有助于维持人体的基本功能：保持心脏跳动、保持呼吸和维持生命。虽说这些区域也十分重要（帮助维持生命），但本书不做过多讨论。

人的大脑皮层内部结构不同。此外，不同的人大脑皮层也有差异。一些人的大脑较大，一些人的大脑稍小。人类大脑皮层的整体大小通常与整体体形相关，但与智力或行为并无密切关系。大脑体积与智力之间存在些许关联，但还有许多其他因素发挥作用。另外，大脑还存在生物性别上的差异。2018年，英国生物银行对人类大脑进行的一项大规模研究证实，男性大脑往往只比女性大脑稍大一些。考虑到人类男性和女性体形上的普遍差异，大脑存在些许差异也在意料之中。研究人员发现，男性和女性的大脑在结构、功能区域等方面存在大量重叠，但两者的结构和功能也略有差别。例如，在研究样本中，男性大脑的平均体积略大于女性大脑，但相对于女性大脑样本，男性大脑样本内部的差异也更大。在某些区域，女性大脑的连通性水平略高。里奇及其同事谨慎地指出，这些都是微小差异，对认知处理的影响（如有）很小，不太可能对人的谋生、工作和人际交往方式产生影响。男性和女性的大脑确实不同，但在很大程度上，两者极其相似。

人的大脑大小不一，内部结构也不同。但大脑的大小并不能呈现太多关于思维和行为的信息。我们需要进一步了解大脑的结构、大脑的不同区域以及这些不同的区域如何分工。

白质和灰质

一般而言，大脑由白质和灰质组成，两者的密度不同。灰质和白质对于认知功能和行为都非常重要。说一个人"大脑功能退化"时，我们提到的往往是灰质，观察大脑时看到的也是灰质。灰质由神经元细胞体组成。在"那是人类的固有行为"等说法中，我们常常认为这些相互连接的细胞与生俱来。"思维是一种脑电活动"这一隐喻源自20世纪，反映了当时的科学技术。人类大脑皮层平均由大约160亿个神经元组成，每个神经元都与其他神经元存在多个连接。此外，大脑的其他结构以及大脑与脊髓和身体其他部分之间的连接也有数十亿个神经元。

神经元的大小和结构千差万别，令人难以置信。大脑中与高阶思维密切相关的区域——额叶皮层，稍后将进行详述——由仅几微米或几毫米长的细胞组成，这些细胞与其他神经元紧密相连。运动神经元是连接大脑中协调身体其他部位肌肉运动区域的细胞。运动神经元很长，最长可达一米，这其中大部分是连接细胞和肌肉的长纤维。我在六七岁时，曾为了这件事而感到害怕。一想到体内有一个几乎与自己一样高的细胞，我就做噩梦，梦见像巨型乌贼一样的东西住在自己的身体里。睡觉时一想到这个画面，就非常害怕！

白质是中枢神经系统的重要组成部分，主要由结缔组织和包裹部分神经元的髓鞘组成。髓鞘对学习非常重要，它包裹着神经元上与其他神经元形成连接的部分，即轴突和树突。髓鞘由组织构成，有助于隔绝与其他神经元的连接。这种绝缘对连接速度非常重要。一般来说，神经元的绝缘程度越高，电脉冲从神经元的一端传递到另一端的速度就越快，这将提高认知处理的整体速度。

观察大脑时看到的基本物质为白质和灰质。白质和灰质由密集而厚实且相互连接的神经元组成。这些还不能呈现太多关于思维的信息。更重要的是这些神经元如何分区组合，以及这些脑区如何工作。这些区域通常称为"脑叶"，人类大脑皮层有四个不同的脑叶。

四个脑叶

大脑并不是一整块，其生理和功能经过系统的组织，分为四个不同的区域，称为"脑叶"。了解大脑的基本功能结构，将大大有助于理解心智、思维和行为的组织。展开讨论之前，先谈谈讨论大脑时倾向于使用的某些隐喻。

一想到大脑，几乎不可能不使用隐喻，最常见的说法或为"大脑是一台电脑"。其中，大脑本身被视为硬件或机器，而认知操作则更像是软件。我们所说的思维就是大脑运行这一认知软件的结果。这并不意味着大脑真的在运行软件，而是一种隐喻，用于描述大脑功能和结构之间的关系。电脑是一个常见的隐喻，最初于20世纪60年代开始流行，并一直沿用至今。但还有其他更古老的隐喻。

我非常喜欢另一个关于大脑和思维的说法，称为"水流隐喻"。这一说法也许可以追溯到笛卡尔身上，他提出的大脑功能模型认为，基本的神经功能由一系列输送"精神"或生命液体的管道支配。你或许会认为"大脑管道"这一想法有些可笑，但在那个时代，这一理论似乎非常合理，因为体液是健康、疾病和生命尚存的一个最明显的标志：血液、分泌物、尿液、脓液、胆汁和其他液体都是身体状况良好或异常的标志。一旦体液停止流动，我们的生命也随之停止。在笛卡尔时代，这些是了解人体的主要途径。因此，由于缺乏关于思想和认知如何发生的其他信息，早期哲学家和心理学家初步猜测大脑中的思想也是体液的一种功能，这也合情合理。

水流隐喻的说法在我们的语言中延续了下来，这一点体现在我们讨论思想时使用的概念隐喻[①]。概念隐喻理论是语言学家乔治·拉科夫（George Lakoff）提出的一种广泛的语言和思维理论。其基本观点之一是，我们思考事物和将世界组织成概念的方式，与我们谈论事物和世界的方式相对应。不仅是语言指导思维，两者也相互联系。语言为了解我们思考事物的方式提供了一个窗口。第九章将详细论述概念隐喻理论。

谈论大脑和思维时，我们会使用隐喻，包括水流隐喻。我们常常将认知和思考视为信息的"流动"，就像液体那样。关于水流隐喻的一些常用表达包括"意识流"或"（如海浪般）阵阵焦虑""深层思考""浅层思考""（想法）浮出水面"，以及遇到老朋友时"洪水般涌现"的记忆。这些隐喻都有其根源（"根源"又是另一种不同的概念隐喻），源自一个更为古老的观念，即思维和大脑功能由流经大脑管道的重要液体控制。如下文所示，我将神经激活当作一种"信息流"进行讨论。我可能会写到信息"顺流而下"或级联（cascade[②]）神经活动。当然，此处之意并非神经激活和认知像水一样流动。但就像语言中的许多隐喻一样，描述事物离不开这些表达。此外，使用隐喻还能激活"思维是一个流动过程"这一常见的概念隐喻。

让我们从认知的源头，即外部信息汇入认知流的区域，开始此次大脑之旅。枕叶位于后脑勺，紧贴头骨（见图2.1）。枕叶的主要功能为视觉功能。

---

① 关于概念隐喻，本书下文讨论语言和概念时会进一步论述。这些例子大多与英语中的隐喻相对应，通常是美式英语中的隐喻。其他语言也会使用隐喻，这些隐喻可能重叠，也可能不重叠。
② cascade有"瀑布"之意。——译者注

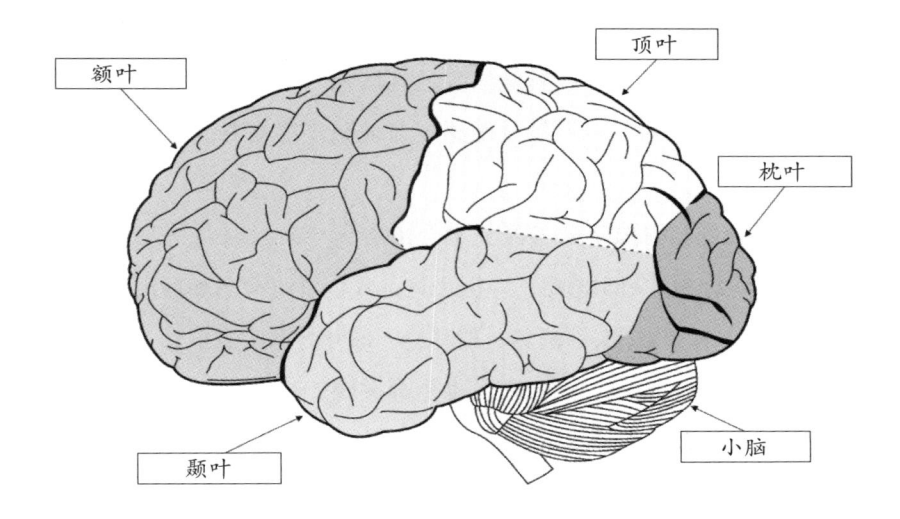

图 2.1　人类大脑皮层侧视图，分别显示额叶、颞叶、顶叶和枕叶；小脑和脑干从大脑底部向外延伸

由于人是典型的视觉动物，故枕叶确实像是信息流的源头。初看，这似乎有悖常理：眼睛在前，但视觉信息处理中心却在大脑后部。从眼睛通向大脑后部的视觉通路实际有助于处理信息，因此当眼睛接收到的视觉信息到达大脑时，已部分处理成包含位置、颜色和大致轮廓等基本信息的组块。

来自视觉通路的信息经枕叶后部进入大脑，神经信息在大脑中向前流动。此时，级联神经网络会将信息分解为边缘、轮廓、边缘和轮廓的空间位置以及运动等感知特征。信息在枕叶中继续流动，接着被处理成更加复杂的特征，如角度和连接。此类信息称为"视觉基元"，最终可进一步处理为字母、数字、形状和物体。

然而，有时信息会分流。来自视觉系统的信息分离，沿着一条通路流向大脑顶部的顶叶，而另一条通路则通向颞叶。顶叶负责感觉和空间整合，因此从枕叶到顶叶的视觉通路常称为"where通路"。顶叶也处理来自其他感官的信息，包括来自身体不同部位的触觉信息。嘴唇、舌头、指尖、腹部等身体各个部位与顶叶区域之间均有感觉神经元连接。毫不奇怪，大脑皮层中专门处理手指和嘴唇等敏感部位触觉信息的区域相对较多，而处理腰部等部位触觉信息的区域相对较少。触觉敏感度与大脑皮层在对应区域的功能分布有关。

枕叶中被视觉信息激活的神经元也会沿着另一条通路将信息传送到颞叶。该通路有时称为"what通路"，因为这是我们学习命名和标记事物并形成概念的地方。颞叶位于头部两侧，即耳后。颞叶处理听觉信息，故这一位置十分便利。这一区域对于记忆来说也十分关键。皮层下有一种名为海马体的结构，它参与信息处理，使其能够再次激活——再次激活的信息即记忆。因颞叶与听觉和记忆有关，所以它也是人类语言处理能力的主要发展区域。读者稍后将会看到，颞叶损伤会对记忆、口语表达和辨认事物的能力产生重大影响。

大脑前部，即眼睛后方的区域，有一个恰如其分的名字——额叶。这一区域负责运动活动，如移动手、嘴唇和头部等。额叶内，头顶有一名为"运动带"的区域，它紧挨着处理感官信息的顶叶部分。这两个区域相互配合，一边接收感官信息，一边向身体各个部位发送运动信息。额叶中有一块区域位于颞叶旁，可帮助发展口语。语言的使用涉及大脑的多个区域，这些区域在语言的认知方面与口语、视觉和听觉等方面进行协调。

额叶皮层的最前端便是前文提到的前额叶皮层。这一区域并非人类独有，但相对而言，我们的前额叶皮层更大，这一点是独一无二的。大脑的这一区域负责制订计划、抑制行为和选择关注事项。前额叶皮层还负责调节大脑其他区域的一些功能。如前文所述，我的朋友在车祸中受损的正是这一区域，她的行为因此改变。前额叶皮层的损伤足以改变她的性格，因为这影响了她计划、决定和选择行为的方式。大脑的其他区域并无大的损伤，因此她能够说话、记忆和感知事物。但她无法像从前那样，将一切组织起来。

皮层下结构

我还想简单讨论一些大脑皮层下结构。你若仔细观察，就会看到大脑皮层下的这些结构。稍后本章将论及部分皮层下结构，且本书下文讨论记忆时也将再次提及。

首先介绍海马体，它位于颞区表面的下方（见图2.2）。除人类以外，许多其他物种也有海马体，它负责创建和巩固记忆。发现海马体作用的是蒙特利尔神经研究所的加拿大神经心理学家布伦达·米尔纳（Brenda Milner）。1953年，她开始研究一位名叫亨利·莫莱森（Henry Molaison）[1]的患者。因癫痫发作严重，这位患者被切除了部分颞叶——这是癫痫发作的源头。神经外科医生威廉·斯科维尔（William Scoville）以大胆挑战极限著称，即使在当时，这项手术也有些激进。这项称为"颞叶切除术"的手术确实治愈了患者的癫痫，但谁都没预料到接下来发生的事。亨利无法形成新的记忆，他患上了史上最严重的顺行性遗忘症[2]。这意味着，尽管亨利仍记得自己是谁，家在何处，以及手术前学习积累的所有知识和事实，但他无法形成新的记忆。对亨利来说，每一天都基本一样。

这是一个十分奇特而完美的案例。亨利的智力高于平均水平，他的语言能力和记忆力得以保留，只缺少一项重要的能力。手术后，亨利成为许多认知神经心理学研究的对象和参与者，布伦达·米尔纳便是其中最主要的研究者。经过深入的实验研究，米尔纳证明了海马体是促使大脑形成新记忆的结构，能够建立必要的联想和连接，将现有的神经激活状态（当前发生的事

---

[1] 2008年亨利去世前，人们一直用姓名的缩写"H.M."来称呼他。他是电影《记忆碎片》（*Memento*）中盖·皮尔斯（Guy Pearce）所饰角色的灵感来源。
[2] 遗忘症可分为顺行性遗忘和逆行性遗忘两种。顺行性遗忘：忘记疾病发生后的事件，近事记忆差，远事记忆尚存，多为老年人脑功能衰退征象。——编者注

情）重新编码，以便日后重新激活。

　　此外，米尔纳发现，并非所有记忆都需要海马体——这一点将在下文关于学习和记忆的章节中详细讨论。她发现，对新动作和程序的记忆似乎并不需要海马体。米尔纳通过巧妙设计的镜像绘画任务，测试亨利改善运动记忆的能力。该测试要求被试在一张纸上描画复杂的图案，但他们看不到自己的手，只能通过镜子观察。这一测试并不容易。你如果身边有镜子，可以稍作尝试。试着一边看着镜子里的手，一边描画图案的轮廓或抄写一些单词。这根本不可能做到！

　　但关键在于，练习几分钟后稍事休息，再试着描画同样的形状，你就能做得好一些。这个测试仍有难度，但你能做得更好。连续坚持几天，效果还能再进一步增强。感觉运动系统会形成新的连接和联想，你可以依靠这种感觉运动记忆取得进步。米尔纳发现，随着时间的推移，亨利与那些没有失忆

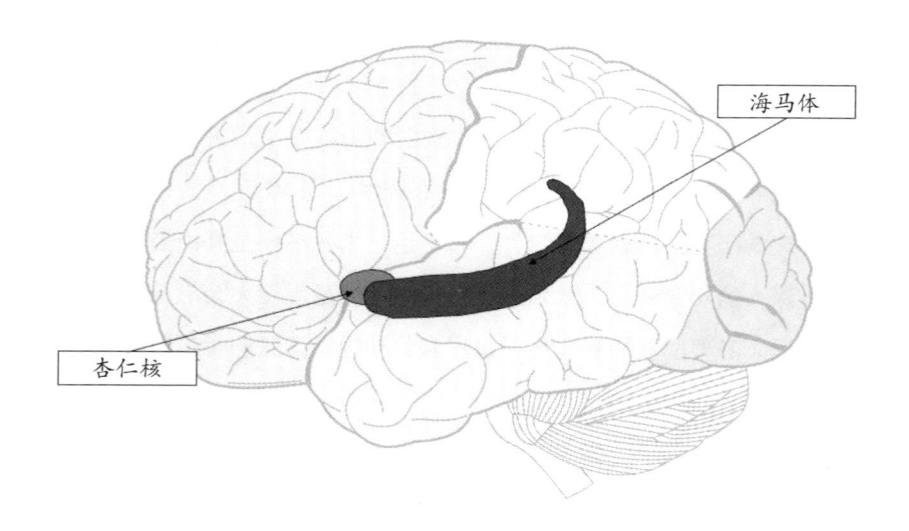

图 2.2　海马体和杏仁核在大脑皮层的位置

症、海马体完全正常的研究对象一样，能够取得不错的进步。即使当天早些时候刚进行了镜面绘画任务，亨利也记不得自己完成过这项任务。对事件的外显记忆虽然消失，但亨利还是取得了进步，这表明他仍拥有并正在使用感知记忆和运动记忆。看来，海马体对于形成事件和事实的新记忆痕迹至关重要，但对于形成如何做事的新记忆痕迹却并不重要。这一发现以及米尔纳的许多类似发现，共同塑造了我们如今对记忆的理解。

海马体及其对记忆的作用是认知心理学最伟大的发现之一。而我要讨论的另一皮层下结构——杏仁核，却没有这样精彩的故事。杏仁核与海马体同属大脑皮层下的一个复杂结构，有时称为"边缘系统"。边缘系统包括脊椎动物大脑中常见的几个结构，在许多哺乳动物中也非常相似，包括海马体、杏仁核以及丘脑、下丘脑、乳头体和其他结构。关于边缘系统的组成结构，目前尚未形成共识。一些神经科学家避免使用这一术语。然而，这些结构似乎共同协作，完成学习、记忆等目标。其中，杏仁核负责恐惧和情绪控制。

我们已简单了解大脑结构、信息传递方式以及大脑的不同区域如何专门处理不同的事情，现在可以进一步了解这些大脑区域如何协同工作。了解人的大脑系统如何协同工作的一个好法子，是研究案例。

案例研究

你是否有过这样的经历：经过一栋刚拆除的建筑，却突然想不起那里曾经是什么？你即使每天都会经过这栋建筑，也很难记住它曾经的样子。这是因为一切正常时，我们不会关注街景的细节；只有当建筑消失时，我们才会注意到少了这栋建筑，意识到它扮演的角色。直到那时，我们才会意识到这栋建筑曾是更大环境的一部分。思想和行为似乎也是如此。一切正常运转时，我们真的不会注意自己同时处理多少信息，大脑又同时执行了多少任务。这一切本该如此。但某些东西受损或缺失时，我们就会察觉，因为这有助于观察全局，看到更广泛的整体。案例研究、患者研究和其他类似设计，正是通过研究系统某一部分缺失或损坏时出现的问题，帮助解释认知的运作方式。

回想一下我那位遭遇车祸的朋友。对她大脑造成损伤的外力以严重脑震荡的形式，对整个大脑造成损害。这种一般性损伤可能会导致全身性缺陷，最初朋友也确实陷入昏迷、完全丧失意识。即使从昏迷中醒来，她也未彻底清醒，一度丧失语言能力。随着时间推移，经过一般性治疗，她的语言和交流能力得以恢复。但大脑中损伤最严重的是前额叶皮层，因此它部分被切除。更具体地说，她失去了额叶的最前端，包括左眼上方的一部分皮层，左眼也受了伤。眼眶后的区域称为"眶额皮层"。据了解，该区域影响决策、抑制力和理解社交场合中哪些行为恰当的能力。眶额皮层损伤会导致上述方面的能力发生变化。我的朋友失去了大脑中负责自我调节行为、决策和复杂社会交往的部分区域。没有了眶额皮层，她仍能学习、记忆和进行对话，看起来依旧很聪明，但她的表现确实不同以往，她与从前判若两人。

此类案例研究令人惊奇，因为这种损害和突如其来的变化凸显了大脑结构和功能之间的联系。然而，我们必须小心求证，从更大的背景解释这些影响。行为异常是否意味着眶额皮层是控制性格的大脑区域？抑或它是大脑中唯一负责计划、抑制和决策的区域？答案是：未必。损伤模式和由此产生的行为变化说明，眶额皮层是与决策和抑制行为能力有关的系统的一部分。这也表明如何看待一个人的性格，部分取决于如何理解决策和抑制等许多复杂行为的组合。若这种组合改变，平衡发生变化，我们感知的便不再是相同的性格。这既说明大脑和行为的复杂性，也揭示了性格的微妙之处和我们对性格的感知。

我高中朋友的例子是一个很好的案例，促使我们思考大脑的一个区域如何影响一系列行为。在该案例中，受影响的主要行为与抑制有关。你可能也了解，其他一些人大脑某个区域受伤后，表现出的行为变化截然不同。例如，若一个人中风导致部分颞叶受损，则其语言能力可能会受影响。患者可能说话很慢，或者很难说出完整的句子。若是枕叶和颞叶之间的通路受损，患者可能无法说出当下所看物体的名称。也就是说，他们可以"看到"物体，也可以抓握物体，甚至可以在拿起和握住物体时说出它的名称，但就是无法在注视物体时说出名称。这是因为大脑皮层中有一般性功能定位，存在专门的区域和通路，损伤部位不同，行为变化也各异。对这些案例进行更系统的研究有助于了解大脑如何工作，以及大脑结构与功能之间如何联系。

菲尼亚斯·盖奇

认知神经科学领域最著名的案例可能是菲尼亚斯·盖奇（Phineas Gage）。盖奇是19世纪美国铁路公司的一名工人，负责拆除工作，为铁路公司清理铁路建设用地。盖奇采用爆破方法进行清理。他会在岩石上钻一个洞，将炸药放入洞中，然后用一根名叫"夯铁"的重铁棒将沙子填塞进洞，把洞口夯实。这根夯铁有一米多长，直径三厘米。单是说说，这项工作听起来就十分危险。一天，盖奇在佛蒙特州的工地工作。他正将炸药填入洞中，这时炸药突然爆炸。爆炸的威力将夯铁变成一颗炮弹，向盖奇射去，直接击中他的面部。

巨大的冲击力将夯铁刺进盖奇嘴里，向上穿过左眼后方，直接从头顶穿出。铁棒刺穿盖奇的头部，带着他的部分脑组织飞至30米开外。此时，盖奇向后倒去，浑身抽搐。但令人惊讶的是，他还能动弹、说话，并且被送往医院时仍十分清醒。当时的治疗方法与现在大不相同。首先，没人真正了解大脑如何控制行为。盖奇经历了严重肿胀和脑震荡，几乎丧命。但几周后，他的病情稳定下来，脱离了死亡危险。经过一段时间的治疗，他试着恢复日常生活。但可想而知，这并非易事。和我出车祸的朋友一样，盖奇也变了。

盖奇当时的医生哈洛（Harlow）有一段非常有名的话，哈洛写道：

> 可以说，盖奇的理性和动物本能之间的平衡似乎遭到了破坏。他喜怒无常、对人无礼；时而脏话连篇、粗鄙不堪（他以前并不这样），对同伴毫不尊重，受到约束或他人建议与个人想法冲突时极不耐烦；时而顽固任性，但又反复无常、摇摆不定，制订出许多未来行动的计划，但未实施就已放弃，转而投向其他看似更可行的计划。在智力和行为表现方面，他还是个孩子，却带着成年大汉的粗犷。受伤前，虽然盖奇受教育程度不高，但他精神正常、头脑清晰。认识他的人都认为他是一个精明强干的商人，精力充沛，能坚持不懈地执行自己所有的经营计划。从这方面来看，他的心智彻底改变。朋友和熟人都表示，他已经不是盖奇了。

这可能有些言过其实，19世纪的医生有时确实如此。也有人认为，哈洛所述事故之前盖奇的样子并不十分准确。没有人真正观察和详细了解过他在事故发生前的行为。他是一名铁路工人，与"精明强干的商人"这一描述不太一致。尽管如此，他家人提供的信息足以证实大致情况：事故前的盖奇极为普通，但事故后他却判若两人，少了拘束、多了孩子气。表面上，盖奇的总体情况与上文我从高中同学身上观察到的总体变化有些相似：性格改变、不当言论与行为增多，且很难制订出计划。此外，缺乏抑制能力也与目前在额叶受损患者身上观察到的情况类似。后来，死后损伤重建似乎证实了这一点。盖奇的病史表明，大脑与某些复杂行为之间存在直接联系，但并非全部。炸药意外爆炸导致夯铁刺穿了盖奇的头部，但却无意中开启了认知神经科学领域。

尽管当时的神经心理学描述存在缺陷，且盖奇的故事本就"信不信由你"，但对于神经心理学和认知神经科学的发展而言，这个故事却意义非凡。在盖奇之前，人们普遍认为大脑负责思维、语言和计划行为，但对人类大脑皮层的组织结构几乎一无所知。盖奇的案例清楚地表明，认知和行为功能是局部的。虽说方式有些粗暴，但盖奇案例说明了大脑损伤如何引起功能性分离。

在认知神经科学中，分离现象指的是大脑某个区域受损导致某些功能丧失，但其他功能完好。盖奇的案例显示了所谓的单分离，即一个区域受损导致一个功能或一组类似功能受损，但其他功能完好无损的情况。这表明损伤和功能之间存在某种关系，但并不能完全排除功能变化的其他解释。单分离只能说明一个区域和一种功能。

比较两名不同的患者，可呈现双分离。例如，患者A连接视觉皮层和顶叶的神经通路可能受损（见图2.1），患者B连接视觉皮层和颞叶视觉通路的另一部分受损（同见图2.1）。根据对枕叶视觉皮层以及顶叶和颞叶功能的了解，你认为患者将表现出何种行为模式？也许患者A能说出眼前物体的名称，但很难抓握物体；患者B无法说出物体的名称，但却能正确地抓握物体，甚至在触摸物体时能辨认出物体，获知其名称。这便是双分离，因为患者A在一种行为上表现出一种行为的功能变化，但在另一种行为上并无变化，而患者B则完全相反。双分离通常被视为一项相当有力的神经心理学证据，因为它有助于排除两名患者之间功能差异的其他解释，还能表明某一区域如何影响一个过程却不影响另一过程。

大卫和卡普格拉妄想症

某些情况下，甚至可以在一名患者身上观察到双分离。认知神经科学中的双分离是指，某个区域受损影响一个可观察的过程，但不影响另一过程。与此同时，另一区域受损可能影响第二个可观察的过程，而第一个则不受影响。一个罕见的神经心理学案例是卡普格拉妄想症，又称"冒充者妄想症",这是一种极为罕见的症状。患者能认出自己熟悉的人,例如配偶或父母,但不相信对方就是他们自称之人。也就是说,患者承认眼前之人相貌一样,辨认起来毫不费力。患者没有视觉障碍,任何视觉区域均未受损,只是不相信自己的眼睛。因此,他们患上妄想症,说服自己别人冒充自己所爱之人。

试想一下,这对双方来说多么可怕!与一个人共同生活,却开始认为对方是相貌一样的冒充者,这一定非常可怕。而对于没有妄想症的人来说,知道目前正和一个认为自己是冒充者的人一起生活,肯定也会感到害怕。任何说服患者的尝试也许只会增加怀疑。

很长一段时间以来,人们认为这种妄想症实际是一种精神障碍。换言之,虽然妄想症可能与大脑中的某些损伤有关,但其本质是理解方面存在某些深层次的问题。或者,它可能是患者解决与对方关系中弗洛伊德式冲突的一种方法。然而,目前主要将妄想症理解为一系列特定的认知和行为冲突,是由非常特殊的损伤造成的。在一定程度上,此观点来自一项著名的案例研究。该案例涉及一名青年患者大卫(David)和他的神经科医生维莱亚努尔·拉马钱德兰(Vilayanur Ramachandran)博士。

大卫住在加利福尼亚州,年轻时因车祸导致大脑受损。与我高中同学的情况不同,大卫的脑损伤并不局限于眶额区,而是遍布整个大脑。大卫昏迷了5个星期。直到他最终恢复意识时,大部分能力才开始恢复。智力、语言使用和视觉感知等似乎并未受到车祸影响,这些功能全部恢复。康复期间,大卫与父母住在一起。他们注意到一些不寻常的事情:大卫不相信眼前的父母真的是自己的父母,开始称父母为"冒充者"。例如,吃晚餐时他跟"冒牌"母亲说,做早餐的女人才是他真正的母亲,她的厨艺更好。父亲开车送他时,他跟父亲说"你的驾驶技术比我父亲好"。这种妄想不仅针对父母,大卫认为自己家的房子也是冒牌货。据大卫的母亲回忆,大卫认为自己在"冒牌房子"里待了太久,因此感到不安,想回家。母亲无法让大卫相信那就是他的家，无奈只能带他从前门出去，开车绕了一圈，再从后门回家。大卫说："终于回家了，真好！"

大卫和父母很高兴这次车祸并未造成更严重的伤害，但对这一现象却不知如何解释。父母注意到，大卫经常认为当下和他在一起的人是冒充者，而记忆中当天早些时候的那个人才是真正的父亲或母亲。然而，大卫也并非时刻认为父母是"冒牌货"。他知道父母还在，但与他们交流时，又感到困惑。他无法相信眼前的人就是自己的父母。有一天，大卫的父母发现一件不可思议的事情：与父亲或母亲通电话时，大卫似乎从未出现过这种妄想。

起初，父母以为这只是一个巧合，但次次如此。妄想只有在大卫看着父母时才会出现，当他只是和父母通电话时从未发生过这种情况。出现妄想的前提是，大卫必须在视觉上与父母互动。但这一发现并不能解决所有问题。可以明确的是，大卫并无任何视觉障碍。尽管大卫并不总是相信照片上的人就是自己的父母，但能在照片中认出他们。他可以毫无障碍地识别视觉对象，妄想仅限于认为自己的父母或房子都是冒充的。

拉马钱德兰博士想了一个巧妙的方法，用于验证大卫的大脑受到何种损伤，损伤如何影响行为并导致他产生这种妄想的相关假设。研究人员向大卫展示一些人的照片，其中包括他的父母。同时，研究人员在他的手指上安装仪器，用于测量皮肤电反应（GSR）。皮肤电反应对情绪反应非常敏感。看到熟悉和所爱之人的照片时，皮肤温度和汗液会出现微小变化。人无法察觉这种变化，但灵敏的仪器却可以测知。相对于看到不熟悉之人的照片，大多数人看到自己所熟悉之人的照片时，会产生皮肤电反应能够检测的一种变化。研究人员想了解大卫的大脑和身体是否提供了证据，证明即使他声称父母是冒充者，但实际上认出了眼前的确实是自己的父母。

大卫看到照片时，在熟悉和不熟悉的照片之间并没有表现出太大的皮肤电反应差异。换言之，他的大脑似乎无法对熟悉的面孔做出适当的情绪反应。大卫的大脑似乎能够从事实和智力层面认出母亲，或认出照片上的人确实是自己的母亲，但大脑却不能提供适当的情绪反应。从视觉皮层中专门识别面孔的区域——梭状回面孔区——到颞叶的通路并未受损。因此，大卫能够认出父母，并获得关于他们身份的一般信息。但是，连接面孔识别区域和杏仁核（见图2.2）情绪中心的通路受损，因此熟悉和不熟悉的面孔之间没有情绪联系，也不存在情绪差异。换句话说，他的大脑能够认出母亲，但不能将这种识别与正确情绪联系起来。大卫只能面对这样一个令人不安的现实：这看起来像我的母亲，但我感觉这并不是她。这种脱节促使大卫的认知系统制造出一种妄想，以此解决冲突。研究人员还用声音进行测试，发现大卫听到父母的声音时，大脑做出了正确反应，能够被检测到适当的情绪反应。听觉皮层的通路并未受损，因此没有发生上述冲突。

你可能会想，为什么大卫不接受这种情绪反应的变化？为什么他不接受情绪反应不同这一事实？为什么他的理性思维不能像我们这样理解这种脱节的本质？为什么他的大脑决定通过制造妄想来克服冲突？原来，还存在其他损伤，导致他无法解决冲突。一部分前额叶区域受到轻微损伤，影响了大卫的一些执行控制能力，也干扰了他的决策和计划。没有这种理性能力，无法克服脱节，他的大脑便产生了妄想。

卡普格拉妄想症非常罕见，至今仍未得到完全理解。但这一案例确实有助于理解大脑的不同区域如何工作，以执行这项大多数人自动甚至不加思考就能完成的任务：认出所爱之人。损伤及伤后行为是系统损坏的结果，但可以利用这种模式补充信息，填补需要了解的整个人脸识别系统。回想上文关于信息流的讨论：来自视觉的信息进入初级视觉皮层，视觉信息与人脸结构匹配时，梭状回面孔区激活。但这一步只能告诉你那是一张脸。梭状回面孔区可激活颞叶相关区域，如此便能让人回忆起正确的记忆和名字，而且它还能激活杏仁核的情绪中心，此时可在情感层面上认出这个人。额叶（见图2.1）的执行控制区域有助于协调对上述信息及刚刚认出之人做出适当反应。①此处未提及结合声音、气味识别人脸，对大脑区域的描述也有所简化。此外，多个事件往往同时发生。在一个十人的小组中，你可能要与其中五人或更多熟人交谈，并且必须认清他们的面孔，记住他们的名字，对每个人做出不同的反应等等。前额叶区域通过注意力分配处理能力和意识——接下来的章节将会对此进行详述。系统正常工作时，我们根本注意不到所有的零部件；一旦系统受到损害或破坏，其运作方式就会呈现得更加清晰。

捕捉活动中的大脑

类似上述的案例研究有助于了解大脑如何工作，以及大脑的不同区域如何通过减法或分离的逻辑来促进行为。若患者某个大脑区域受损，我们可以观察哪些行为受影响、消失或发生变化；也可以观察哪些行为不受影响、仍然存在或并未因损伤而改变。通过对多个病例或患者的研究进行综合分析，我们开始对大脑如何参与思维模式、行动和行为形成完整连贯的认识。

然而，试图通过研究大脑损伤后的变化来了解大脑和思维，并不能了解全局，且有些弊端。首先，无论是钝器外伤、肿瘤还是中风造成的脑损伤，受伤部位并不十分精确，通常会有多个部位受损。无论何时，只要冲击力大到足以破坏大脑的某一部分，就可能引起整个区域的肿胀和脑震荡损伤。另外，这些通常为特殊、孤立的案例。像大卫的卡普格拉妄想症这样清晰的案例研究可呈现大量信息，但该案例由于十分罕见，我们难以推断出整个人群的情况。最后，多数情况下，我们并不了解患者在事故或中风造成损伤前是何模样。这一点在菲尼亚斯·盖奇的案例中十分明显。虽然知道盖奇性格上

---

① 此处为简化的人脸识别过程。

的一些变化是脑损伤的结果，但他在事故前的样子我们不甚了解。仅有的几份证言并不可靠，且在19世纪，人们通常不会追踪记录铁路工人的认知和行为模式。个人通常只有在学校期间的记录会被保存下来。

因此，即使案例研究是一大助益，我们也需要其他方法来了解大脑。到20世纪末，已有办法测量正常、健康的研究参与者在思考、感知、反应和行动时的大脑活动。这对认知神经科学领域、整个心理学领域，甚至对大众媒体都产生了深远的影响。如今科学家可以观察大脑的活动了。

测量大脑或大脑成像的方法很多，此处重点介绍两种广义的技术。第一种技术检查脑电活动，能够检测到大脑对某些反应的快速和即时变化。第二种技术测量脑血流，能够对位置进行相当精确的测量，显示在认知任务或行为中，大脑的哪些区域相对更加活跃或较不活跃。我将一一介绍这两种技术，并阐释这些技术如何彻底改变心理学和行为学研究。

测量脑电活动

如前文所述，大脑中的神经元通过电化学能量进行连接和交流。神经元之间的连接依靠化学物质——神经递质，而神经元通过发出名为"电位"的电脉冲来放电。神经元从其他神经元或感觉细胞接收到的输入超过一定阈值时，会产生短暂的电流。电流沿细胞传导，促使神经递质从另一端释放，从而传播到另一个神经元。难怪大脑的"电脑比喻"令人信服：大脑和电脑都有通过电进行交流的小单元。

测量脑电活动的技术由来已久。早在19世纪末，生理学家就认识到电极可以记录脑电活动。1924年，一位名叫汉斯·伯格（Hans Berger）的德国生理学家和精神病学家记录了第一份人类脑电图（EEG），但直到20世纪60年代后期，这项技术的研究和临床需求才逐渐增多。20世纪的脑电图通常仅限于全脑活动的长时间记录，有助于了解大脑在睡眠、做梦（REM，即快速眼动）、警觉活动和激动状态下的活动。脑电图有助于了解大脑，但并不能展示大脑如何执行认知任务的有关信息。

然而，如果将脑电图测量与刺激事件结合起来，就能提供更多信息，说明当你听到、看到或经历某事时，大脑如何做出反应。这种测量被称为"事件相关电位（ERP）"，因电位与事件相关，故得此名。早在20世纪中叶，事件相关电位技术就已为人所知。但直到20世纪八九十年代，该技术才得到更广泛的应用，这在一定程度上得益于八九十年代可用于分析的充足计算资源。与认知心理学的许多进步一样，计算机在该项技术中发挥了巨大作用。

以下是事件相关电位技术的工作原理。受试者坐在用于视觉研究的电脑显示屏前，头戴一组电极，看起来有点像接了大约20根电线的泳帽。电线的一端与头皮旁的电极相连，电极与记录脑电活动的计算机接口相连。受试者完成一些感知或认知任务，在此过程中，电极将记录大脑活动。计算机同时协调刺激的呈现和记录，因此在受试者看到图像、做出反应或读出单词后，计算机可立即记录特定区域的电脉冲。这一过程可展示人有意识地注意到某件事前，大脑如何对其做出反应。

事件相关电位技术研究中最重大的一项发现，就是显示人在理解一个句子时看到意想不到的东西，大脑会做何反应。例如，可能受试者需按要求阅读屏幕上的一个简单句子，句子的结尾可能是意料之中，也可能是意料之外。意料之中的句子也许是"猫抓住了一只老鼠"，而意料之外的句子或许是"猫抓住了一座山"。两个句子几乎一样，"猫抓住了"这个短语产生对"老鼠"的预期，这种预期要么得以实现，要么得不到实现。受试者看到出乎意料的句子，听到这个意料之外的词后半秒左右，负电压会出现一个较大的峰值。该峰值称为"N400"成分，因为它是在事件发生后400毫秒左右出现的负电压尖峰（即N）。此种情况下，N400似乎与句子用词和记忆存储概念之间的关系有关，本书下文将详细讨论这一话题。

脑电图和事件相关电位技术均对研究和临床应用产生了影响。许多家长可能对中枢听觉处理障碍（CAPD）并不陌生，它是听觉和听力相关症状的总称，这种症状常见于学校。确诊中枢听觉处理障碍的儿童可能很难从当下所做之事切换到注意别人对自己说的话。儿童出现听力障碍的原因有多种，因此诊断或了解这种特殊的障碍可能是一项挑战。但事件相关电位记录显示，原因也许是大脑未按照预期对听觉输入做出反应。

脑电图的另一项最新应用为可穿戴技术的开发，这项技术用于记录一个人分神时的脑电图。加拿大公司InterAxon发明了一种名为Muse的小型头带。Muse看起来有点像头戴式耳机，但它在你的额头和耳朵上方安装了传感器。Muse旨在帮助人们学习如何冥想，通过记录大脑前额区域的脑电图进行工作，还可借助蓝牙与智能手机连接。冥想时戴上耳机，手机应用程序会播放海浪或河流等的声音。进行冥想时，Muse的神奇之处就会展现。开始之前，设备会记录你的活动基线。你进入冥想时，它会监测你大脑额叶和颞叶区域的电活动。一旦你开始走神，Muse就会感知这种变化，并实时调整当下聆听声音的强度。如果你处于正念状态，波浪声可能会很轻；但如果你任思绪漂移，波浪声就会变大，给你发送一个微妙的提示，让你将注意力重新集中到呼吸或任何你关注的事物上。Muse是利用你自己的脑电活动来提供即时反馈。我曾在自己的研究实验室中使用过这种装置，这项设备和技术确实神奇。可想而知，实时脑电图还可用于控制其他设备，例如灯、机器人和应用程序等。

测量脑血流

作为研究方法，脑电图和事件相关电位技术的一个缺点是位置并不十分精确。事件相关电位可从头皮区域记录，但有关大脑结构或表面下激活的大量信息无法提供。脑电图和事件相关电位时间分辨率较高，但空间分辨率一般；而测量脑血流的技术精确度更高。最常见的方法是fMRI，即功能性（f）

磁共振成像（MRI）。

神经元不储存能量，因此放电时需补充葡萄糖和氧气，循环系统的工作即为确保稳定的供应。富氧血液流入，缺氧血液流出。20世纪90年代初，一位名叫小川诚二（Seiji Ogawa）的科学家发现，含氧血液和脱氧血液的磁性略有不同。这种差异可用强力电磁铁进行测量，此法称为"血氧水平依赖信号"（简称"BOLD信号"）。在一项任务中相对更活跃的大脑区域需要更多氧气，故BOLD信号与其他较不活跃的区域不同。功能性磁共振成像研究的受试者需躺在一个大型电磁体中，同时观看呈现的图像或执行其他任务。磁体测量多个区域的BOLD信号，随后对这些信号进行分析，以确定执行任务时大脑的哪些区域最为活跃。

如上文指出的那样，你的整个大脑始终处于活跃状态，进行功能性磁共振成像研究时亦是如此。除了思考感兴趣的认知任务，你还在思考其他各种事情：这次体验什么时候结束；这可是一块巨大的磁铁，真的安全吗；我把手机放哪儿了；躺得腰都疼了；等等。掺杂了这些活动，研究人员如何区分出研究任务的BOLD信号？最常见的方法是减法。受试者实际上进行了两次扫描。例如，第一次扫描时，不要求受试者做任何特别思考；第二次扫描时，要求他们想象挥动网球拍的情景。这两次扫描的结果应该几乎相同，只是一种情况下，受试者想象的是网球，而另一种情况下没有想象网球——网球想象是唯一的区别。接下来需要借助一种功能强大的计算机算法，从网球状态中减去基线状态，得到的扫描结果应能显示当受试者想着网球时，哪些区域相对更为活跃。更为活跃的区域应该是顶叶和额叶皮层的感觉运动区，也就是实际打网球时会活跃的区域。

使用功能性磁共振成像技术进行的研究虽然仍不完善，但已呈现出大脑中处理面孔、歌曲或在计划运动动作和做出复杂决定时活跃的区域。现在所了解的大脑功能架构——何处发生了何事，大部分都是借助功能性磁共振成像技术发现或证实的。

西大大脑与心智研究所的一位同事阿德里安·欧文（Adrian Owen）博士率先使用功能性磁共振成像技术测量植物人患者的意识，甚至与他们进行交流。植物人状态常被许多人误称为"脑死亡"。对于这些处于昏迷状态的患者来说，无任何迹象表明他们能意识到周围的任何事物。患者看似清醒，但对任何听觉或视觉刺激全无反应。长期以来，人们认为这些患者缺乏认知功能或意识，且其大脑活动水平很低，仅足以维持生命。

然而，欧文博士借助现代脑成像技术设计了一种革命性的方法，可用于测量其中一些患者的意识处理过程。首先，让一些健康的志愿者在扫描大脑时想象打网球的情景。不出所料，功能性磁共振成像显示志愿者感觉运动区的活动增加。接着，欧文让志愿者在问题答案为"是"的时候想象打网球的情景。研究小组会提问一些简单的问题，比如"你是否在伦敦长大？"若答案为"是"，志愿者便想象打网球的情景。通过这种方式，可将大脑活动作为"是或否"回答的代表。随后，欧文在确诊"脑死亡"且无意识的植物人患者身上尝试了这一技术。令人惊讶的是，其中一些（尽管不是全部）患者能够想象打网球，且大脑做出了相应的反应。患者能用网球想象作为对个人问题的肯定回答，并回答有关周围环境的提问。这些患者中多数还有意识，但无法回应或进行交流。欧文博士的研究给此类患者的护理带来了显著而深远的影响。随着这项方法不断完善、便利性提高，并与脑电图等其他测量技术结合，它已为临床医生、护理人员和家属提供一种与患者沟通的方式。

结语

作为人类，我们是广阔世界的一部分。为了记住事情，我们将信息上传至笔记本、手机和互联网；我们做出决定和解决问题时依靠他人的帮助；我们的很多行为都由对外界事物的反应引导。然而，大脑是一切的源泉。大脑中的电化学活动决定你是谁、在想什么，并帮助你计划行为。直到最近，科学家对大脑如何实现这些功能还知之甚少。但认知神经科学的发展、科学家测量大脑活动相关技术的进步，已为我们带来令人难以置信的深刻理解。

这一领域发展迅速，本书出版后的几年内，部分信息或将过时，但关于不同大脑区域功能特化的基本信息可能保持不变。阅读本书后续章节时，大脑如何完成更复杂的行为这一点值得一探。

Chapter

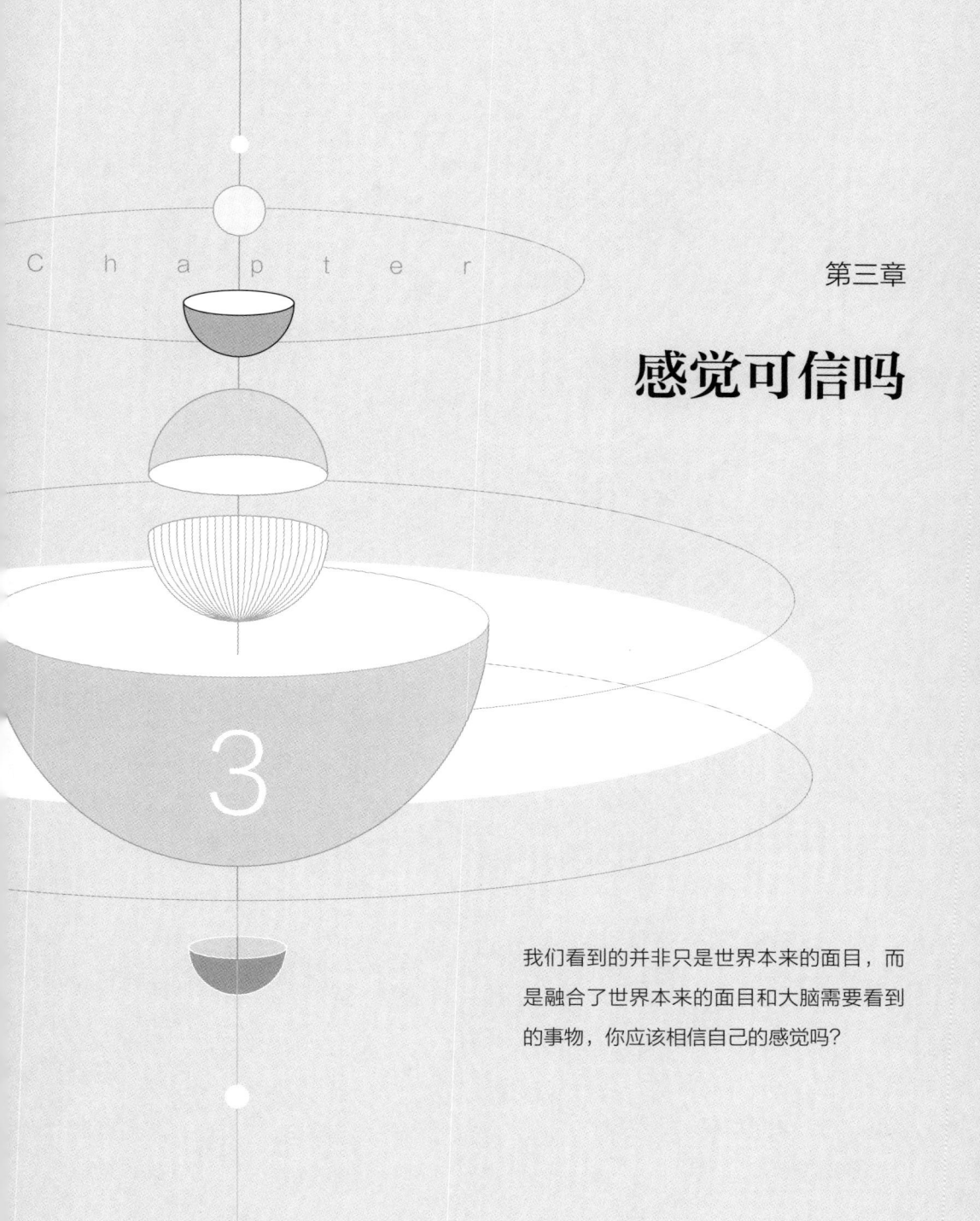

第三章

感觉可信吗

我们看到的并非只是世界本来的面目，而是融合了世界本来的面目和大脑需要看到的事物，你应该相信自己的感觉吗？

我们依靠视觉、触觉、听觉等感官系统存活于世。这些感官告诉我们需要了解的世界，也是我们记录当下和刚刚发生之事的方式。感官提供关于眼前事物的一切信息，赋予我们阅读、交流和做出反应的能力。将感官信息加工为文字、概念、思想、记忆和可识别物体的过程，大部分在大脑皮层的处理流中进行，但输入信息直接来自我们的感官。这些感官系统是什么？数量有多少？如何协同工作？如何处理内部表征和状态（如记忆和思维）？在我一次提出所有问题之前，让我们试着至少回答其中一个问题。或者，看看对其中一个问题的普遍理解，然后探讨它是否准确。

我仍记得小时候的一些事，记得小学二年级时学习了"五感"。稍后写到记忆时，我会解释：这段记忆可能不准确，甚至可能全为虚构。但我仍保留着这份记忆。根据对学校所学的记忆，"五感"是指视觉、听觉、味觉、嗅觉和触觉。仅此而已，那时通常不会学习触觉感知的细微差别，或者视觉处理的不同方式。我们对感官缺陷了解不多，也不知道听力或视力丧失的人如何处理事情。我们没有学习感觉统合以及视觉和听觉如何结合，仅学习了五种感官。当然，小学阶段仅对知识进行简单描述也很正常。大多数人仍用五个不同、独立的感觉系统来思考问题，且我们在思考感觉与知觉时，往往会像在学校那样——浅尝辄止，过程并不复杂，况且大多数情况下无须对感知进行复杂的理解。我们相信自己的感觉。

这种早期记忆具有一定的特殊性。例如，我记得教室在走廊的左侧——这无疑是视觉空间记忆和视觉感知的结果。我记得那是我从另一所学校转学到这所学校的第一年，现已记不清老师的名字，但还记得一些教室的样子和待在那里的感觉。这些都是感觉记忆。正如我所说，尽管这段记忆很具体，但它可能并不真实。可能这一切并没有发生过；也可能发生在第一年，如此这段记忆似乎更真实；它甚至可能发生在学前班；也可能是在《芝麻街》这档电视节目上看到的。又或许以上场景都出现过，我只是将它们组合成现在拥有的特定记忆。正如本书下文所述，记忆的工作原理就是通过巩固和重建经验形成记忆。关键在于我不太相信自己的记忆，我可以通过记忆来体验这件事，但不相信其准确性。当前确实有一种真实的记忆经历，但我并非全然相信。也许我不信记忆，但我相信自己的感觉，你可能也是如此。不过，你应该相信感觉吗？

"你必须相信自己的感觉""相信自己的眼睛""相信自己看到的""眼见为实""亲眼所见才能相信""有图有真相"等话语十分常见。这么多类似的常见表达表明，存在"感知即现实"或"感知即信念"等潜在观念或概念隐喻。这种观念在我们的文化中非常普遍，因此语言中也有所体现。事实上，若有人对你说不应或不能相信自己所见，这便预示着某种不祥。乔治·奥威尔（George Orwell）在《一九八四》一书中写道：

> 党要你无视亲眼所见、亲耳所闻的一切证据。这是他们最终、最重要的命令。

奥威尔写下这段话时，应身处噩梦般的情境，执政党明令禁止民众相信亲眼所见之事。2015年前后一直到21世纪20年代，也就是奥威尔小说中的事件发生很久之后，"假新闻"这一现代概念经由不同派别操纵，在多个国家传播开来。近期一个明显的例子是2017年美国总统唐纳德·特朗普（Donald Trump）就职典礼上的群众规模。特朗普总统声称，该次就职典礼的观礼人数规模史无前例。但从华盛顿纪念碑顶端拍摄的照片却表明，巴拉克·奥巴马（Barack Obama）就职典礼上的群众规模大得多。[1]当然，从总统站立的位置看，人数之众确实令人难以置信。从地面群众的角度看，若是站在前面，人可能非常多；若站在几个街区外，人群也可能很稀疏。特朗普总统本人的新闻秘书对支持官方数据的照片证据提出异议，数据差异也导致众人不知道哪一个版本（或白宫一名工作人员所说的"另类事实"）应该被接受。

虽然这可能与奥威尔笔下的虚构情景并不相同，但它仍给本应相当清晰、直接的观察带来了不确定性。这种不确定性导致我们不知道应该相信什么。对许多人来说，被告知自己看到或读到的东西不可信，似乎是一种可怕和令人不安的经历。

但是，你应该相信自己的感觉吗？当真"眼见为实"？我认为多数情况下，这句话反过来更为准确，即"信则为眼见"[2]。本章开头将列举一些清晰的例子，即视觉错觉，说明不应相信自己的感觉，并解释感官系统和大脑如何工作，以及为何这些错觉只是我们感知、理解世界的一种夸张方式。所见之物并非直接呈现在面前的世界，而是眼前事物的重构与已有认知混合的结果。了解这一系统的运作方式及其背后的原因，有助于在面对"事情可能并非总是如其表象"这一情况时，减少不确定感。

错觉研究

证明事物并非总是表里如一的一种方法是研究感觉和知觉错觉。"illusion"一词源自拉丁语，经中古英语演变而来，其词根含义是"欺骗"。我们通常

---

[1] 虽无官方数字，但根据照片和乘坐地铁的人数估计，约有55万人参加特朗普的就职典礼，约有180万人参加巴拉克·奥巴马2009年的就职典礼。并无可靠消息来源显示特朗普就职典礼的规模超过奥巴马的就职典礼。
[2] "眼见为实"英文为seeing is believing，反过来即believing is seeing。——译者注

将错觉视为一种诡计或骗局。魔术师欺骗观众，让他们以为自己看到的并不是眼前之物。同样，我们常常认为感官错觉即感官系统试图欺骗我们。所以，将错觉描述为一种欺骗可能更为贴切。激活感觉输入的事物与大脑其他部分解释感觉输入的方式之间脱节，故形成这种欺骗。然而，错觉是站在知识的角度，解决感觉与知识之间的冲突的结果。因此，错觉实际上并不是欺骗，而是根据先前证据，不知不觉地做出一种无意识决定的结果。错觉表明，大脑和思维正努力对所见事物进行评估和预测。通常预测与眼前的感官信息一致，我们不会注意到任何异常；若不一致，便会产生错觉。[1]

错觉形式各异。在听觉错觉中，你可能会认为自己听到了一些并未发生的事情。例如，大脑会填补缺失的语音，将其补全成单词。从某种意义上来说，感知到虚无之物，这是一种错觉。但这也是一种有益的预测，实际上帮助我们避免在听别人说话时出错。在触觉错觉中，你可能感觉触摸到并不存在的事物。例如，你在期待收到手机通知时，可能会感觉到手机发出响声或震动，尽管实际上并没有发生。这些可能都是错觉的例子，但其产生的过程却各不相同。有些错觉似乎比其他错觉更容易被忽视。先来看一个非常简单的视觉错觉，它显然是感觉和感知之间的冲突，且很难忽视。

缪勒-莱尔错觉

缪勒-莱尔错觉（Müller-Lyer illusion）是最基本、最强烈的一种错觉。你即使从未听过缪勒-莱尔错觉，也一定见过相关图片。下图（图3.1）中有两条水平线，每条线的两侧都有一对箭头，箭头分别向外和向内。上方箭头

---

[1] 可以说，我们的所见所闻都是错觉，因为所见所闻全基于我们的假设和概念重建。但本书将"错觉"一词的使用，限制在对所见事物的理解与客观感官输入不一致的情况。

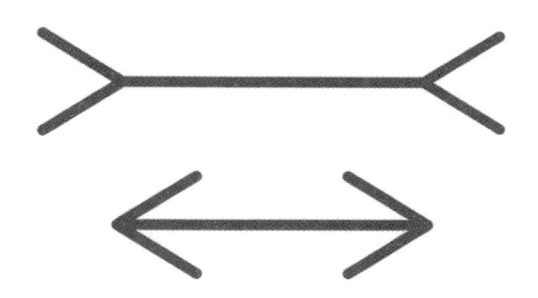

图 3.1 从水平角度看缪勒 - 莱尔错觉

向内的线，似乎比下方箭头向外的线更长。相信大家早已见过此图，也知道这两条线长度完全一致。若是仍不确定是否等长，可拿一把尺测量比较一番。二者长度完全相同，看起来却不一样。这张图片或类似图片我已看过数百遍，也知道这些线条完全相同，尽管如此，视觉上我仍无法确定两者一致。这就是一种简单的错觉。两条线等长，你知道事实如此，但它们看起来却不相同。关键在于，为什么一条线看起来比另一条线长？

让我们详细了解一下这种错觉是如何产生的。首先，在信息处理流的最底层，线条是等长的。眼睛视网膜上的图像是外部世界的准确反映。本章稍后将详细介绍视网膜。我们都知道，视网膜位于眼睛的后部，是所有光线和视觉信息首先激活的结构。这两条线在视网膜上占据的空间完全相同，因为两者实际相同。这两条线会以同样的方式激活初级视觉皮层。换句话说，从"自下而上"的角度看，两个线条应该相同。那么，冲突从何而来？它来自"自上而下"的知识和假设，即你对世界如何运作以及物体如何存在于三维空间的知识和假设。这种自上而下的影响不仅推翻了来自眼睛的感官输入，还压倒了"两条线等长"的个人知识。这种自上而下的知识根深蒂固，在某些情况下是天生的，是经过亿万年进化选择出来的。这些都是关于视觉世界的假设，根深蒂固、难以改变。

将图像翻转过来,可能更容易看出这些根深蒂固的假设的作用(见图3.2)。

看左图,试着想象你正看房间的角落。图形中的垂直线为两面墙相交形成墙角的地方,箭头可能是墙壁和天花板或地板相交之处。你是否能看出来?现在看右图,想象你正在观察一栋建筑的外角。右图中,垂直线同样是两面墙交汇形成墙角的地方,箭头则是方形建筑的顶部和底部,向远处延伸。左图的垂直线离观察者最远,而右图中,垂直线是物体离观察者最近的地方。这意味着左图的垂直线,即角的内侧,可能比右边的垂直线,即角的外侧距离观察者更远。

这些关于视角和距离的假设深植脑海,让你认为一条线比另一条线更近。这一假设激发了两个关于视觉世界的更深刻假设。一是离你更近的物体看起来更大,在视网膜上占据的空间也更多,此为眼睛的物理学工作原理。二是世界上相同的物体,无论距离远近,其大小均为恒定,我们称之为"大小恒常性"。如果你看着两个人,一近一远,则离你较近的人在视网膜上

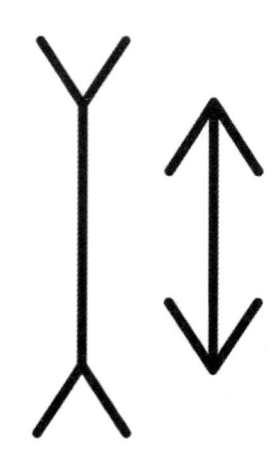

图 3.2 从垂直角度看缪勒－莱尔错觉

占据的空间要大得多。但这通常不是事实，你看到实际为两个体形大小相同的人。

让我们将这些事实和假设结合起来：两条线在视网膜上占据相同的空间，但周围环境让你觉得其中一条线比另一条线更近。在视网膜上，近物通常较大。而你认为看到的近线和远线在视网膜上所占空间相同，此种情况的前提为远线实际上比近线大。因此，尽管明知事实并非如此，你仍会感觉左侧的线更长。同时满足所有限制条件的唯一方法，就是制造这种欺骗，这其实更像一种纠正措施。对三维空间距离的深刻隐性知识推翻了直接来自视网膜的信息，也推翻了你的实际理解，因此产生错觉。

某种程度上，这种解决方案其实算不得错觉。它解决了来自视网膜的信息与你根据对三维世界物体的假设和隐性知识解释信息的方式之间的冲突。出现冲突时，你几乎都是根据这些假设予以解决。这便是感知的一个问题：感知提供信息输入，但除非输入与我们已知的事物相对应，否则没有任何意义。此外，视觉和物体识别系统有助于尽快展开工作。我们不希望发生冲突，也不需要冲突，因为这会破坏视觉系统的速效工作。为避免冲突，任何潜在的脱节通常都会通过这种根深蒂固的隐性知识进行解决。重要的是，这一解决方法不能被信念推翻。此种情况下，信念和知识均证明线条相同，而我们最不需要的就是个人信念可随意推翻的视觉系统。

简而言之，这种简单的错觉表明，我们对视觉世界的假设实难更改。这些根深蒂固的假设无法被信念推翻，甚至无法被低级冲突推翻。这些假设通常正确，有助于消除可能来自内部或外部的歧义和冲突，从而提供一致的视觉体验。

缪勒-莱尔错觉实乃人为，是一种制造冲突的夸张尝试，如此视觉系统的工作原理也就不足为奇了。自然世界为我们提供的信息通常与这些假设相符，而非相反。毕竟，这些假设来源于自然界。话虽如此，即便是自然界，也存在一些视觉错觉的例子。

月亮错觉

谈及自然界中的视觉错觉，其中之一在满月的清朗夜晚即可看到，那便是"月亮错觉"。月亮错觉是一种感知体验，即满月升起或落下时看起来比头顶的满月大得多。月亮升起或落下时，从地平线上看起来非常大；但月亮高悬于头顶时，却显得小许多（见图3.3）。太阳也是如此——但不建议直视高悬正空的太阳。半月或新月也会出现同样的情况，但满月时这种错觉似乎更强烈。这如何解释？毕竟，月亮与地球的距离是固定的，无论是位于地平线还是头顶正上方，当晚月亮与你的距离完全相同。显然月亮的大小也不会改变。一定还有别的原因。视觉系统所感知的和你根据自己的知识与概念所解释的，这两者之间存在冲突。月亮错觉可能是个人感官不可信的一个最纯粹的例子。月亮大小不可能改变，但在地平线上时看起来却明显更大。怎么

地平线上的月亮显得更大

图 3.3 月亮错觉示例

可能呢？

  月亮错觉早已为人所知，坦率地说，这种错觉也困惑了人类许多年。希腊裔埃及数学家托勒密（Ptolemy）对该现象十分感兴趣，他认为这一定是一种错觉，可能是大气折射差异造成的。托勒密推测出一种略显怪异的解释：将头向后仰，事物似乎离得更远。后来的哲学家和天文学家提出了不同的解释。希腊天文学家克莱奥迈德斯（Cleomedes）认为，这可能源自我们对表观大小的解释。19世纪的德国哲学家亚瑟·叔本华（Arthur Schopenhauer）也提出了相同的假设。

  在表观大小这一解释中，出现月亮错觉是因为我们对三维物体的隐性知识与来自感官系统的信息发生了冲突。隐性假设有哪些？其中一种假设与逐渐向地平线消失点退去的物体有关。根据通常的感知和理解，天空中接近地平线的物体比头顶上的物体更远。地平线即为消失点，因此，天空中的物体越来越远，就意味着它们向地平线消失点退去。例如，一只鸟从你头顶飞过，并继续朝地平线方向飞行，当它离你越来越远时，就会越来越靠近地平线。鸟飞得越远，就显得越小。地面上的物体也是同理，只是移动的方向相反。脚下的物体离你很近，如果它们离你越来越远，则会在你的视觉平面上向地平线上方退去。一般来说，相较于正上方或正下方的物体，地平线上的物体离你更远。

  那么，月亮错觉是如何形成的？让我们用分析缪勒-莱尔错觉的方法，探讨一番。从假设开始：

◎ 无论距离远近，物体大小相同。

◎ 在视网膜上，近物比远物显得更大。

◎ 地平线上的物体比头顶上方和脚下的物体要远。

  当然，月亮离我们非常遥远。由于距离太远，月亮的运动并不符合向地平线后退的假设。与鸟类、飞机甚至云层不同，地平线和头顶上方的月亮跟地球之间的距离一样。与你看到的其他东西不同，月亮不是地球上的物体。①因此，地平线假设并不适用。然而，隐性知识假设只有适用于所有情况，才能在心理上发挥作用，这样我们才能对世界做出快速评估。若将这些假设应用于包括月亮在内的所有情况，则仍然假设地平线上的所有物体通常都离我们更远。这意味着必须承认，月亮在地平线上并不会显得更小。也就是说，我们的隐性知识假设表明，月亮在地平线上比在头顶上方更远，但它在视网膜上的大小仍然相同——这显然存在冲突。

　　解决冲突的一种方法，是假设地平线上的月亮一定比头顶上方的月亮更远、更大。如果地平线上的月亮实际比头顶上方的月亮大，两者就能投射出相同的视网膜图像；如果地平线上的月亮实际更大，就能解决这一冲突。大脑倾向于解决冲突，因此，我们认为地平线上的月亮更大，不仅更大，也更远。这就像缪勒-莱尔错觉一样，眼睛看到两个相同的物体，但大脑却把一些假设强加给两个物体，认为其中一个物体一定比另一个远，因此莫名其妙地也一定更大。

　　这当然说不通。我们知道月亮的大小是一样的，眼睛也没有欺骗我们，因为它们接收的信息也相同，是大脑在混淆视听。这些我们都了解，但视觉效果还是推翻了一切。若下次有机会观察月出，注意月亮看起来有多大，注意它接近地平线时看起来如何，注意拍照时月亮似乎永远不像实体那样大。然后再出门去，看看头顶的月亮，你会注意到它看起来更小更亮。此外，还需注意，我们会将明亮的事物与小的事物联系在一起，如微光；而将暗淡的事物与大的事物联系在一起，如漆黑的大海。我们还会将较小的事物与高联系起来，例如，小乐器发出高音，还有小鸟，等等；而将较大的事物与低联

---

① 从月亮受地球引力影响的意义上说，它确实是与地球联系在一起的。但月亮不在地球上，也不是地球的一部分。

系起来，如大乐器发出低音，还有犀牛、大象，等等。

这些错觉表明，本章标题"感觉可信吗"这一问题不易回答。基于上述错觉，你或许想做否定回答，但这些错觉之所以产生，是因为我们确实相信自己的感觉。此事我们没有发言权，大脑已经做好了决定。大脑需要如闪电般飞速处理感官信息，这样我们才能对外部世界做出反应，选择行动方案并执行，参与到外部世界中。只有对感觉施加一些假设，才能达成这些目标。我们相信自己的感觉与施加的假设一致。如若不一致，我们选择相信自己的大脑，而不是相互冲突的感官信息，因为大脑已经相信了我们的感觉。

下一节将仔细研究感官信息如何转化为感知。我希望大家牢记这些错觉，记住我们需要一个为了在大多数情况下保持正确，愿意偶尔犯错的认知系统。这是贯穿全书的主题，在很多地方将重复出现。

视觉系统

视觉系统是一台真正了不起的生物计算机，通过进化和自然选择形成——同样的过程其他物种也经历过多次。初次了解哺乳动物的视觉系统时，其机械程度令我大为震惊。系统的每一部分都在执行小型计算，处理一条信息，并将信息传递给系统的下一部分，就像计算机系统一样。"大脑如同一台电脑"的说法虽有些老套，但就视觉系统而言，这一比喻非常准确。我们即将看到，大量的信息处理是在大脑之外进行的。请注意，说到"信息处理"时，我并不一定是指"思考"。不过，此处的例子可以描述为"认知"。在视觉方面，颅外认知程度惊人，这部分得益于视觉的进化方式。可以相当准确地说，视觉系统中位于大脑皮层之外的部分，即眼睛和视神经，本身就是一个高度进化的认知系统。

眼睛到大脑

大家不妨思考一下，在阅读本书过程中视觉作用的计算轨迹。此处先讨论光线如何从书页上反射出来，被眼睛感知，并由大脑中的视觉系统感知和处理。之所以从这一例子开始，是因为我假设大多数读者阅读本书的印刷版或电子版。在某种程度上，这种假设也是一种概括。基于对世界的经验，我认为这一假设普遍正确。但我也意识到，自己的假设并不能反映每个人的经历。例如，你若是通过收听有声读物阅读本书，那么请思考阅读其他书的经历。你若是视障人士，此处的假设定然无法反映你的经历。稍后将讨论另一案例，涉及大脑中与视觉有关的区域如何以类似的方式接收并利用声音信息。但此处暂且假设大多数人通过视觉方式阅读本书。

回到例子，书页上的文字需要某种光才能被感知；屏幕上的文字也是如此，只不过阅读电子书时，光由屏幕本身发出。视觉系统进化是为了处理光，光是视觉系统唯一的输入。许多动物利用光获取食物，因为它们无法像植物那样利用光制造食物。[①]许多动物进化出对阳光的敏感性，人也可以利用同样进化的系统对其他光线保持敏感。光几乎是瞬间传播，因此它是周围事物的可靠信息来源。光作为一种信号，基本上没有时间损失。光在各类物体上反射。这些物体化学性质各异，反射和吸收的光能也各不相同。反射光无处不在，但如果想利用它来寻找方向或规划行为，则需某种机制来感知光线，并将其转换为可处理的信息。这便是眼睛的作用。太阳光照射到地球，射到你的书页上，其中一些光会以不同的方式反射（墨水反射的光不多），最终这些反射光映入你的眼帘。任何人都可以通过同一过程——光在书页上

---

① 此处可能还有更深层的内容，即动植物如何利用阳光来获取食物，但我不确定是什么。此外，许多动物利用其他感官来获取食物，比如嗅觉、触觉和听觉。

的反射或从屏幕上发出的光，体验一切已知的想法、所有被人讲述的故事，以及经判决的法庭案件。数百万英里之外的太阳发出的光，或化石燃料（早前阳光的副产品）燃烧产生的电力发出的光，毫无差别地将很久以前人们的想法和思想带到当下，呈现在我们的大脑中。光和眼睛使这种信息与思想的传递成为可能。

且稍作停留，花点时间赞叹这双神奇的眼睛。但记住，人类的眼睛虽不凡，但并非独一无二。大多数哺乳动物的眼睛经过进化，与人类的眼睛十分相似。其他物种也进化出高度发达的眼睛，与人类的眼睛截然不同。许多情况下，这些物种的眼睛灵敏度和敏锐度远远优于人类。例如，秃鹰等猛禽拥有极其精准的视觉，可利用视觉系统发现几公里外的小猎物。乌贼、章鱼和墨鱼等头足类动物有一双灵敏的大眼睛，能够在深海的低光条件下感知环境中的细节。许多昆虫长有复眼。有些蜘蛛，例如"撒网蜘蛛"，生有一双夜视眼，功能强大，看起来像小小的双筒望远镜。这些蜘蛛的眼睛非常灵敏，理论上可以看到人眼无法探测的暗星系。当然，这有些异想天开。撒网蜘蛛用眼睛来探测猎物，并将其引诱到自己撒下的网中。蜘蛛并不捕食星系，对星系也没有行为反应或概念。尽管蜘蛛的眼睛拥有探测星系的技术能力，但它们实际上看不到星系。

重新回到阅读书面文字的例子。书页反射的光照射到神奇的眼睛上，接下来发生的事情更是令人惊叹。光穿过外膜和角膜后，通过瞳孔进入眼睛。虹膜——眼睛的彩色部分——包围着瞳孔，它可以移动，改变瞳孔开口（孔径）的大小。如此可增加或减少进入眼睛的光。光较强时，瞳孔收缩形成小孔；光较弱时，瞳孔张大，增加进入眼睛的光。光通过瞳孔时，会穿过晶状体，其功能与照相机的镜头类似。相对于眼睛的其他部分，晶状体是一个坚硬的组织，但它却十分灵活。晶状体附着在肌肉上，肌肉可以拉伸晶状体来改变其聚焦射入光线的能力。通过眼球中的透明液体，晶状体将射入的光线聚焦到眼球后部，形成图像（详见图3.4）。

图像捕捉自然和人造光源的光——主要是世界中物体反射的光，聚焦到眼睛的敏感部位，即视网膜上。与照相机镜头一样，视网膜成像为倒像。视网膜含有数以百万计的感光器，它们感知和吸收光线，并将其转化为神经元所需的电化学能量。注视一个人的眼睛时，其瞳孔看起来是深色的，通常是均匀的纯黑色。这是因为进入眼睛的所有光线均被视网膜细胞吸收。注视别人的眼睛时，你的脸部图像会落在视网膜上，并被对方眼球细胞吸收。脸部图像称为"网膜像"，它将以一种非常真实的方式，成为对方生理机能中难以抹去的一部分。人的眼睛不仅是"心灵的窗户"，它还能吸收进入眼帘的一切影像。

回到网膜像的讨论：图像聚焦于眼睛的视网膜，视网膜实则眼球后部内侧的曲面，上面覆盖着数百万个光感受器，每个光感受器都时刻准备着探测光线。人类视网膜有两种光感受器：视杆细胞和视锥细胞，两者因细胞的一般形状而得名。视杆细胞呈杆状，视锥细胞则呈锥状。视锥细胞分几种，下文将做进一步介绍。虽然你眼前视觉世界的整个图像都落在视网膜上，但晶状体会将图像聚焦到眼球后部中央一个最为敏锐的特殊区域，称为"中央凹"。你阅读本书时，由书页上字母反射的光产生的明暗图案就会聚焦在中央凹。换言之，你看到的一张脸、文字、咖啡杯等事物的影像会投射到中央凹。当然，要记住眼睛还不知道你在看什么，它聚焦感兴趣图像的能力既受世界属性的制约，也受你对世界的认知和理解的制约。关于这种自上而下的处理过程，将在本章下文以及本书其他部分进行详细讨论。

每种光感受器都有特定的分工。视杆细胞是两种感光细胞中更为常见的一种，在中央凹以外的视网膜区域分布较多。每只眼睛中约有9000万个视杆细胞。在两种细胞中，视杆细胞更为敏感，即它们对弱光的敏感度比视锥细胞更高。视杆细胞光敏度高有两个原因，由此也产生了一些影响。第一个原因与细胞的化学结构有关。感光细胞内含一种会被光分解的化学感光色素。视杆细胞中，感光色素对单个光子十分敏感，这实在令人惊讶。光波一接触到这种化学物质，视杆细胞就会产生脉冲，向下游发送一个"检测到光"的信号。这就是它唯一的工作。视杆细胞光敏度如此之高的第二个原因是，它们以20∶1的比例连接到下一级系统，即视网膜双极细胞。这意味着每个双极细胞有20个视杆细胞同时为其检测光线，最终形成一个高度灵敏的系统——其中的单个感光细胞对弱光非常敏感——以及一个含有大量检测光线的视杆细胞的网络。但这种敏感度也带来了一些影响。视杆细胞只对光敏感，对不同波长的光并无反应能力，因此无法提供颜色信息。另一影响是，视杆细胞与下一级细胞的连接比例是20∶1，这意味着下一级网络不了解在视杆细胞20多根杆的区域内，光线活跃于何处。当然，视杆细胞区域相当小，此处意在说明视杆细胞获得了较高的光敏度，但在视敏度方面有所缺失。若想看清物体颜色并了解更多细节，则需要另一系统和光感受器，即视锥细胞。

相对于视杆细胞，眼睛中的视锥细胞数量较少，每只眼睛只有约700万

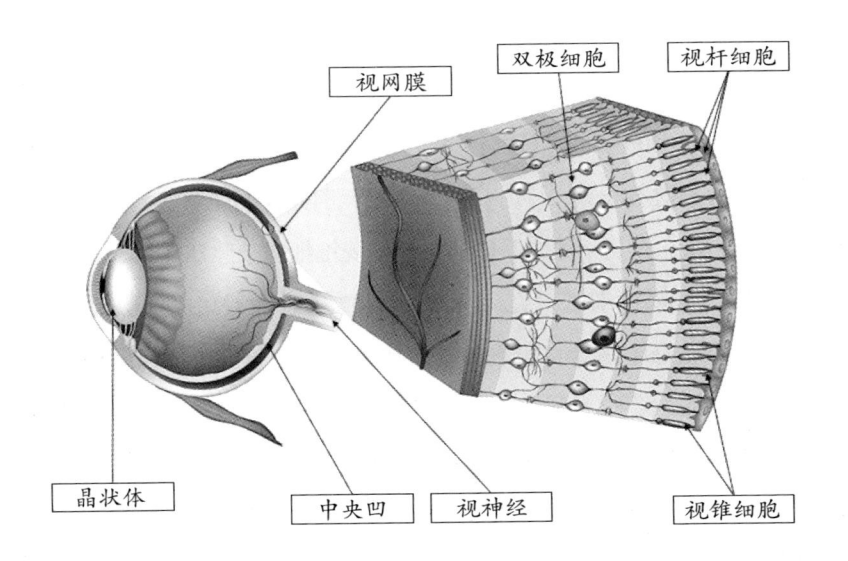

图 3.4　人眼横截面与视网膜放大图片，可观察视杆细胞和视锥细胞

个视锥细胞。这些细胞几乎都位于中央凹，即眼睛中央瞳孔和晶状体聚焦成像的区域。此外，其光敏度不如视杆细胞。与视杆细胞相比，视锥细胞需要更多光线才能激活。视锥细胞数量较少、光敏度较低，但却对我们的视觉体验做出了巨大贡献。

首先，视锥系统更加精确，它对世界的感知十分敏锐。视锥细胞与下一级网络——双极细胞——的连接比例要低得多，因此拥有更高的视敏度。每个双极细胞只连接大约三个视锥细胞。这意味着，与光敏度较高的杆状细胞相比，锥状细胞接收不到那么多的光线，对弱光的敏感度也就不高。不过，较低的连接比例也有好处。由于每个双极细胞只有几个视锥细胞提供输入，系统能更精确地确定光线在视网膜上的位置。双极细胞网络只需确定在三个视锥细胞的范围内检测到光线的具体位置，准确度更高。相对于视杆细胞，视锥细胞更为精确。视锥细胞位于中央凹，因此可将外部图像聚焦在本身具有较高敏锐度的细胞上。

然而，这些视锥细胞的作用不仅仅是为大脑提供高分辨率的图像。视锥细胞实际上分为三种，每一种都对特定波长的光最为敏感。S-视锥细胞对波长较短的光线（蓝光）最敏感，M-视锥细胞对波长稍长的光线（绿光）最敏感，L-视锥细胞对波长更长的光线（红光）最敏感。S-视锥细胞、M-视锥细胞和L-视锥细胞分别对波长短、中、长的光敏感，因此我们能够检测到反射这些不同波长光的物体。换句话说，我们通过这些视锥细胞来感知颜色。

视杆细胞和视锥细胞对此一无所知。视杆细胞不知自己只看到一种颜色，S-视锥细胞亦不清楚自己看到的是蓝色。视网膜上的任何结构都不了解这些作用：细胞只不过是通过十分特殊的方式检测光线。这是一个完整的系统，每个视杆细胞和视锥细胞的作用都很小，但这一系统构成了我们整体的视觉体验。整个视觉系统共同发挥作用。例如，尽管视锥细胞光敏度较低，数量也较少，但作为视觉系统结构中的一种功能，它们最终产生了丰富的视觉体验。视锥细胞连接到双极细胞的网络与视杆细胞连接到双极细胞的网络所产生的视觉体验并不相同。这两个系统分别是视觉系统的一部分，其进化目的是实现不同的目标。视杆细胞可检测到更多光线，光敏度更高，因此能够察觉环境中较小的变化。将这些当作系统而不仅仅是细胞来理解，有助于我们从更广泛的意义上理解大脑和思维。一切的关键在于网络和认知架构，在于计算层面，在于系统而非细胞。这一点适用于下文将要讨论的所有认知系统，但在视觉系统中尤为明显。

视杆细胞和视锥细胞只是计算系统的第一步。它们以物理能量（光）的形式接收来自外界的输入，并将其转化为电化学能量供大脑使用，然后将信号发送至下一级神经元，再由下一级神经元将信息传递给后一级神经元，以此类推。激活信号从视网膜流向视神经，视神经就像一条大同轴电缆，将所有激活信号从眼睛输送出去。将信息从眼球后部传输到大脑皮层后部，即枕叶和后脑勺的神经元，在信息传递途中会出现部分交叉。这种部分交叉具有重要的功能。在视网膜层级，有两只眼睛（左、右眼）和两个视野（左、右方的事物）。然而，每只眼睛都能看到两个视野的大部分范围，即左眼既能看到左方的事物，也能看到前方和右方的事物。

为此，每只眼睛的视觉信息需部分交叉。在这一交叉区域，来自两只眼睛的视神经分离，如此，来自左、右眼两个视网膜的左、右侧视野便结合起来。换言之，视野左侧的信息和视野右侧的信息结合在一起。就物体识别而言，更重要的是了解物体出现在哪一边，而不是出现在哪只眼睛。毕竟，我们同时用两只眼睛观察大多数事物。

感受野

截至目前，我们已经了解视觉信息从光子刺激眼睛中的感受器，到视神经和视交叉——"感受野"交叉连接的区域——的流动过程。此时，来自眼睛的信息就可以由大脑进行处理。大脑接收的并非原始视觉信息，视觉信息已在大脑皮层之外经过较低层级视觉系统的大量处理。这些经过处理的信息首先激活大脑皮层的枕叶区（见第二章），也就是大脑后部的初级视觉区。初级视觉皮层的细胞最初集结于所谓的"视网膜拓扑投射图"。这意味着视觉皮层的细胞与视网膜的感受器细胞直接对应。因此，初级视觉皮层中的神经元可对视网膜上的信息做出反应。我们如果能记录下视觉区域中每个神经元的活动——这在非人类动物中有可能实现，就会看到一个完整的神经反应模式，其空间组织与感受器细胞，乃至外部世界相同。大脑通过反映眼睛的信息，从而反映外部世界。在最低层级，这种经过处理的信息真实地反映了外部世界。这一过程较为直接，但并不精确。这种情况很快就会改变，因为你的隐性假设和知识开始发挥作用。大脑不会放任这些来自感官系统的信息无限制地向下传递。

当来自视网膜和视神经的信息到达枕叶的初级视觉皮层时，这些信息就能够编码为位置和颜色。眼睛对颜色并不了解，但它们通过对不同波长光线做出反应的三种视锥细胞获得关于颜色的基本信息。随后，大脑对这些信息进行解码，并将其与你对物体和颜色的概念联系起来。枕叶由于保留了视网膜上的空间布局，因此外部世界中属于同一物体的相邻激活区域在视网膜上也是相邻的，分别由初级视觉皮层中相邻的神经元表示。眼睛对物体还一无所知，但由于视网膜和大脑皮层细胞对应，大脑可能随后会做出相关假设。

这些假设如何运作？大脑如何开始接收来自眼睛的所有激活信息，并开始感知特征和物体？答案要从视觉感受野说起。感受野在大脑皮层之外就开始发挥作用，是大脑感知特征、形状、字母和物体的主要方式。

在大学课堂教授感受野相关内容时，我发现这一话题总有些棘手。出于某种原因，这似乎是首个需要详细解释的重要话题。我虽然不太清楚原因，但截至目前，课堂和本书一直在讨论有关心理学历史、认知心理学、大脑等方面的简单事实。感受野是第一个深入探讨认知架构作用的话题，也是第一个涉及计算和算法层面的话题。为了理解视觉和认知，首先要理解如何将从外部世界中获得的原始视觉信息传递到眼睛和大脑，以及如何将这些信息转化为物体。这意味着我们需要了解视觉信息处理过程的计算和算法。为此，我们需要了解视觉细胞和神经元如何构建并连接。解决问题的一种方法就是感受野。神经元和感受野的排列促成特征的提取，与上文心理学历史或大脑基本解剖的话题不同，感受野涉及认知处理和由相关连接产生的计算。这些连接形成了感知和物体识别的认知基石。

感受野到底是什么？感受野即细胞，这些细胞对特定视觉激活模式做出反应，而对其他模式却毫无反应。因此，视觉细胞对感受野存在偏好。感受野类似选择性探测器。打个简单的比方，我的车装有若干近端传感器，用来检测是否有车辆靠近。其中两个是横向接近传感器，可探测车辆两侧盲区内是否有物体。例如，如果有车从左侧驶过，传感器就会发出警报通知我。这个传感器的作用就是：车辆两侧有物体时就会发出信号，若无物体则不会发出信号。此简易传感器有一个从车辆延伸出去的感受野，它只能探测感受野之内的物体，探测不到其他物体。

汽车、卡车或牲畜等任何事物都可以启动传感器，它不关心汽车的颜色或型号；它一无所知，也无须了解。这个具有感受野的传感器本身意义并不重大，只是简单地各司其职。但若将传感器与系统的其他部分连接起来，就能实现更多的功能。在某种程度上，我也是这个系统的一部分。真正察觉到其他车辆的并非两侧的物体探测器，而是我。我通过解读传感器的输出来完成这项工作。甚至可以安装其他传感器来探测环境中的其他事物，并将这些传感器连接起来，用于探测多个事物。

视觉系统中的感受野与刚才描述的车辆探测器概念相同。在信息处理的每个阶段——从视网膜后的神经节细胞开始，经不同的中继过程进入初级视觉皮层，神经元会对视网膜上的激活模式做出选择性反应。例如，你若看着白色屏幕上的一条垂直黑线，你的主观感受就是看到了一条垂直黑线，类似数字"1"。从大脑的角度来看，情况可能如下所述——请记住，此处为简化描述：每一个视网膜感光细胞都会对光线做出反应，而对黑暗无反应。当检测到光线时，感光细胞会以某种特定方式放电；当检测不到那么多光线时，它会以另一种方式放电。试想一下，有一整簇细胞，其中每一个细胞在检测到光线时都会放电，反之则不放电。一种细胞簇称为"中心激活"细胞簇，当光能激活细胞簇中心的细胞但未激活外围细胞时，细胞簇放电的速度会更快——中心细胞"激活"（on）而外围细胞"抑制"（off）时，整个细胞簇放电速度会更快。若该细胞簇与视觉系统中的一个神经节细胞相连，则该神经节细胞称为"中心激活"细胞，因为它的工作就是检测感受野中心的光（见图3.5）。

还有一些细胞恰恰相反：更多光能照射细胞簇外围细胞而非中心细胞时，细胞簇放电速度会更快。这种细胞簇与神经节细胞相连，称为"中心抑制"细胞，因为其感受野中心没有光时，就会放电。若将这些中心抑制细胞，即中心无光线而外围较多光线时放电更快的细胞组成一个网络，并将其

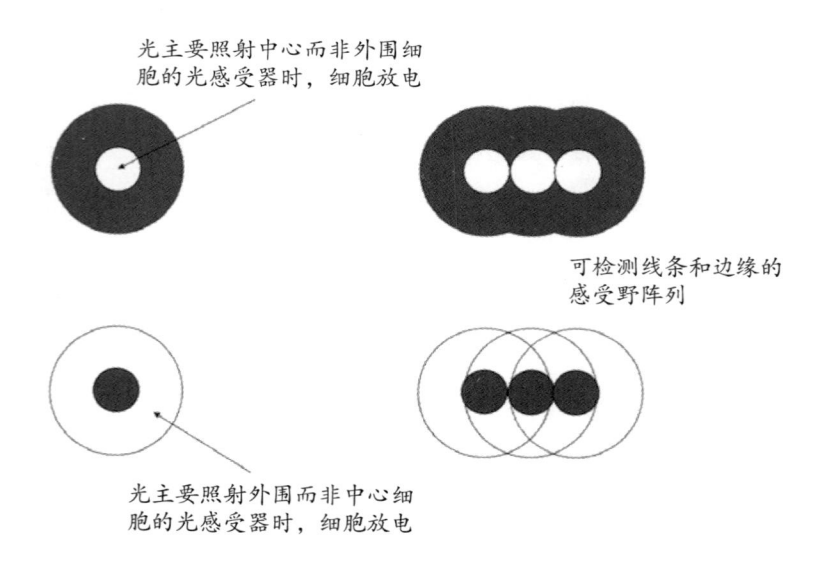

光主要照射中心而非外围细胞的光感受器时，细胞放电

可检测线条和边缘的感受野阵列

光主要照射外围而非中心细胞的光感受器时，细胞放电

图 3.5 神经节细胞的感受野对中心或外围的光敏感，故细胞可检测亮或暗的边缘和线条

排列起来，那么这一"中心抑制"细胞阵列能检测到什么呢？其结果类似于暗线边缘探测器。每一个中心细胞就像一个被亮像素包围的暗像素，而被亮像素包围的整个暗像素阵列看起来就像一条被白色包围的暗线。若将这个由"中心抑制"细胞组成的线性阵列连接到单个神经元上，就会形成一个简单的线条探测器。该探测器由一簇簇细胞构成，并与以特定方式排列的其他细胞相连。

眼睛并不知道自己看到的是白色背景上的一条暗线，但它确实有专门感知暗区（一条被白色空间包围的垂直线）的细胞。由此可见，这一结构有多么强大。系统可利用大量具有不同感受野的细胞配置。一些简单的细胞对应不同方向的亮线和暗线，例如，前文描述的那些对边缘和线条做出反应的细胞。一些较复杂的细胞对应不同方向、不同长度的明暗线条；还有其他的复杂细胞，它们对应不同方向、不同长度且沿特定方向在视野中移动的明暗线条。每一个阶段，简单的输入都会聚集，再传输到视觉网络的另一层级，以进一步提取信息。从视网膜上成簇的密集视杆细胞和视锥细胞网络中，可获取线条、边缘、轮廓、角度和运动等信息。但想想此处发生了什么？给视觉世界施加结构限制的同时，你也遗失了一些细节。每个阶段都会提取更多信息。为了感知现实，我们需要对事物进行提取和重构。

现在，试着将这一切串联起来。前文已讲述了感受野的工作方式，细胞如何连接到其他神经元并创建其他感受野；还描述了枕叶皮层初级视觉区域的细胞如何集结于视网膜拓扑投射图。信息处理的下一步是激活视觉皮层中专门化程度更高的细胞。这些细胞对边缘、线条、轮廓和其他视觉特征做出选择性反应，而这些视觉特征在大脑中的组织方式与视网膜中的组织方式一致。大脑细胞激活与眼睛细胞激活相似。你还没来得及思考自己在看什么，视网膜、视神经通路和初级视觉皮层就已经对眼前的信息形成相当出色的表达。对于你看到的明暗信息模式，眼睛和视觉皮层有一份详细地图。这确实就像一幅地图，因为线条、边缘、颜色、渐变梯度等均为提取信息，它们代表眼前的事物，但并不是完美、精确的副本。有些信息被省略，有些信息则经过了梳理和理想化处理。

在信息流的这个阶段，你实际上并不知道自己在看什么，只是得到了视觉通路中的连接形成的详细地图。不过，你已经掌握了将这些特征组合成物体所需的所有信息。到这里，一切就变得有趣、复杂起来。因为大脑皮层中并非只有一条视觉通路，而是有两条视觉通路。

两条通路

根据上文的简化描述，视觉系统的初始阶段是数据驱动和计算阶段。细胞的排列为大脑提供了明暗信息在视野中的位置。大脑获得有关颜色、边缘、连接和运动的信息，但你还不知道如何将这些组合成物体。可以说这是视觉的全部意义。我们最初将世界感知为一系列特征，但我们并非生活在一个特征世界，而是一个物体世界。因此，我们需要具备识别事物的能力，这样才能找到方向、互动并对事物做出反应。

例如，若是在咖啡馆阅读或收听本书，你可能正坐在一张放有咖啡杯的桌子旁。或者，若是在家中阅读，眼前可能也有一杯咖啡、一杯水或一杯茶。认出咖啡杯或茶杯几乎不费吹灰之力。但我希望你思考一下什么是物体识别。要识别咖啡杯，你需要将咖啡杯的边缘与视野中的其他边缘分割开来，并将其重新组合。这首先需要在视觉系统中进行数据驱动、自下而上的特征检测——这一点上文已做介绍。但视觉系统只能帮你到这里。要识别咖啡杯，你需了解它是什么。物体识别通常还需要物体的名称。当看到一个咖啡杯时，你会将它视为咖啡杯概念的一部分，这一概念包括咖啡杯的用途、名称和材质等信息。

你若此刻坐在桌边或椅子上，有一杯咖啡或茶，现在就喝一口。若眼前没有咖啡杯，但有一瓶水，你也喝一口。若是两者都没有，那你便试着想象自己在喝东西。无论选择哪一种，伸手拿咖啡杯应该是自然而然的动作，你不需要任何有意识的处理，只需做出伸手去拿的决定。你可能无须下意识地思考手朝哪个方向伸去；无须有意识地思考如何将双手张开到刚好能握住咖啡杯的程度，或者思考如何将双手合拢握住咖啡杯；可能也无须有意识地思考施加多大压力才能确保咖啡杯不会从手中滑落。这些动作全由视觉引导，但它们不一定用到物体的概念和名称。

我们似乎可以通过两种方式识别物体。首先，可以通过名称和身份来识别事物。看到某物时，我们能叫出名字。也就是说，我们知道它是什么。但也可以通过对物体的反应和相应的行为进行识别。事实证明，有两种视觉通路对应这两种识别物体的方式。这两条视觉通路在初级视觉区域获得相同的视觉输入，并向两个方向平行分流。其中一条称为"背侧通路"或"how & where通路"，这是一条通过运动皮层激活视觉皮层区域的通路。背侧通路促使你选择适当的运动动作，对视觉环境做出反应。这一过程可能非常快，也可能在无意识的情况下发生。若有人向你扔东西，你无须说出物体名称，直接举起手将它挡开。伸手去拿咖啡杯时，背侧通路会引导你的手，帮助你以适当的方式抓住咖啡杯。你可以用同样的方式调整握力，以适应一大杯咖啡或一小块糕点的重量。物体不同，握力也不同。

另一视觉通路为腹侧通路，有时也称为"what通路"。腹侧通路接收初级视觉皮层的激活信息，并将其传递到皮层的颞区。这里是语言区，是你获得单词并将其与概念联系起来的地方。大多数情况下，两条视觉通路协同工作。物体识别几乎总会涉及协调视觉输入与动作实施和概念知识。背侧通路和腹侧通路也会相互交流。你想到"网球"这个词时，大脑语言区的激活会向上传递到背侧通路，并激活一些运动区域。反之亦然。

神经科学家已经证明，这两条视觉通路可独立工作。例如，若中风导致一个人背侧通路受损，那么即便他能说出物体的名称，可能也很难选择适当的抓握方式。背侧通路也可与腹侧通路分离。若一个人的腹侧通路受损，他就无法说出物体的名称，但他通常可以选择正确的抓握方式。这种情况称为"视觉物体失认症"。这意味着无法说出所看之物的名称，但可以对物体做出适当的动作；在很多情况下，甚至可以在触摸到物体后说出它的名称。患有视觉物体失认症的人无法说出面前的咖啡杯是"咖啡杯"。但他仍知道杯中有咖啡、知道如何向前伸手，而且一旦拿起杯子，他就能根据物体的触觉反馈得出"咖啡杯"这一名称。

视觉系统是复杂的动态系统。它经过自然选择的塑造，有助于人类与环境互动。即使是中风等相当严重的损伤，也不会导致整个系统崩溃，只会损伤系统的一部分。人中风后，部分损伤将导致上述的一般视觉障碍，但其他类型的损伤和基本系统的改变会带来更有趣、更神奇的变化。有些例子非常特殊，但每个例子都可以通过了解视觉系统的一般认知架构来解释。即使没有视觉系统的初级输入，一般认知架构也能正常运作。

盲视

例如，我的同事乔迪·卡勒姆（Jody Culham）博士正在研究一个特殊案例。这位来自格拉斯哥的女性名叫米莱娜·坎宁（Milena Canning），在看静止的场景时，她完全失明：看不清任何细节，认不出物体和人，也看不到字母或数字。但如果物体在移动，她就能看到。她的大脑受到了一些损伤。根据对大脑视觉信息流的了解，你认为受损部位在哪里？如果你想到的是枕叶皮层，那你想对了。她经历了一系列中风，身体逐渐衰弱，枕叶皮层受损，从而影响了她的视力。在这个病例中，枕叶皮层并未完全受损，但仍影响患者的视力。从各个方面来看，她无疑是个盲人。

不过她并非彻底失明，她感觉自己能看到一闪而过的动作。虽不能说是"看见"，但她表示"感觉到"自己几乎能看见。医生在走廊里摆放一些椅子，她可以穿过走廊，不会撞到任何东西。虽看不清这些椅子，也无法指出椅子，甚至不知道椅子就在走廊里，但她确实改变了路线，避开了椅子。米莱娜在格拉斯哥的医生认为，她可能患有某种非常特殊的疾病，即"盲视"。盲视是指完全失明的人仍能感知视觉信息并采取行动。这通常是因为大脑皮层还有部分未受损。盲视患者并不会有意识地察觉到自己的能力。然而，米莱娜却有意识地感觉到了一些东西，像是转瞬即逝的体验，又像是一种幻觉。但是否还存在其他解释？也许她是用声音或其他感官进行自我引导，而非视觉。为了确定具体情况，研究人员需要研究她的大脑。苏格兰的医生将她介绍给了西大的卡勒姆博士。

卡勒姆博士与我在同一所大学工作，我们在同一栋楼、同一个系。在了解视觉如何指导行动这一领域，她是全世界最重要的专家之一。她想要测试米莱娜在受控环境下感知运动的能力，并进行一系列脑成像研究，试图找出视觉通路中哪些部分受损，哪些部分未受损。其中一项测试要求米莱娜对屏幕上移动的物体进行辨别。米莱娜能准确判断这些移动的图形，但她无法判断静止的物体。正如研究人员最初设想的那样，她的视力在感知运动方面完好无损。事实上，她表示自己能够看到数量惊人的运动物体：

> 在移动棋盘的第一个方块开始移动时，通过孔探摄像机可以看到，米莱娜·坎宁开始流泪，她的脸颊也动了一下。脑成像扫描结束后，当被问及是否看到方块移动时，她说："太神奇了。我能看到成千上万的物体。我从没见过这么多的物体移动，简直不敢相信！我忍不住又哭又笑。"

在受控环境下，米莱娜似乎能看到运动，但看不到物体本身。卡勒姆博士和她的团队扫描米莱娜的枕叶皮层时，发现该区域整体活动非常少，这与米莱娜没有太多视觉活动的观点一致。然而，卡勒姆博士的团队利用功能性和结构性磁共振成像技术，观察到颞叶中部运动复合区的功能显著增强，而该区是视觉皮层中专门感知某些运动的区域。这一区域不仅没有受到影响，而且在米莱娜参与的一些运动检测任务中表现出强烈的激活状态。换句话说，她能看到物体移动（但一般看不到物体）的主观体验得到了神经影像的验证支持。米莱娜本身没有视觉感觉，但其视觉系统能感觉到物体在移动，她自己也能感觉到。她是盲人，但仍有视力。

盲视实属罕见，但在那些因脑损伤或中风而丧失视觉能力的人当中，也并非完全没有。前面章节提到，决定人某些能力的大脑功能分布在多个区域，一个区域部分受损往往会导致对应能力部分受损。在这个病例中，米莱娜的视觉皮层受到广泛但不完全的损伤，导致她的视觉功能大面积丧失，但仍保留部分视觉能力。

大脑和思维有办法解决因输入受损或丢失而产生的问题。在米莱娜的情况中，输入仍然存在，但处理输入的区域受损。下文将再举一例：在这个例子中视觉皮层功能完好，但没有输入。或者说，输入与预期不符。

回声定位

到目前为止，本书所讨论的许多例子都涉及大脑系统某些部分受损以及由此造成的功能损失。但也有一些有趣的案例，可用于探索大脑的复原力以及如何保持大脑功能。在下述案例中，大脑并无损伤；视觉皮层也完好无损，但没有视觉输入。这是一个神奇的案例，或称为"盲回声定位"。

丹尼尔·基什（Daniel Kish）生来便患有遗传病，导致视力完全丧失。他在蹒跚学步时就已经完全失明，视觉皮层接收不到任何来自视神经的信息。他的视觉皮层并无任何问题，但由于没有视觉输入，就无法构建视觉图像或进行基本视觉感知。但这就是人类的神奇之处——他们可以适应。大脑的神奇之处在于——它也能适应。

丹尼尔很快就开始通过声音辨别方向，特别是自发地开始使用回声定位。他会用舌头反复发出尖锐的咔嗒声，并倾听回声的细微变化，从而推断出世界上不同物体和障碍物的样貌类型。丹尼尔自记事起便一直使用此法，你也可以自己试一番。可能你对此并不擅长，但可以试着看自己是否能分辨出家中两个不同房间的回声区别。走到宽敞空旷的地方，如楼梯间或门厅，闭上眼睛，试着发出尖锐的咔嗒声——注意不是咯咯声。声音应该听起来空洞并有回声。现在，睁眼或闭眼走进一个较小的房间，可以是有地毯或椅子的房间，此时回声更少、更弱。你若一直发出咔嗒声并靠近墙壁，就能听到声音的变化。当然，你已经知道墙壁的样子，因此也在根据视觉记忆填充细节，但你应该能听出其中的差别。你如果一辈子都在练习，且无视觉图像或记忆来填充细节，可以想象，使用这样一个系统来辨别方向应该不会太难。

丹尼尔在一次采访中表示："我发出一个信号，接收信号，并推断出环境中的事物。"这与前文描述的视觉体验相差无几，其中，来自外部光源的光线从物体上反射回来，并将信号传回眼睛。在这两个例子中，接收信号之人均能推断出环境中的事物。只不过丹尼尔接收到了不同的信号，即声信号。利用这种回声定位，丹尼尔可以和视力正常的人一样——或者几乎一样——生活。借助回声定位，他可以做饭、远足、购物，甚至骑自行车。只要能听到信号，骑车对他来说并不困难。通过回声定位，他可以在脑海中清晰地描绘出环境事物的图画。

我刚才用了一个视觉隐喻，暗指丹尼尔"脑海中有一幅图画"。但这真是一幅图画吗，还是另有他意？一种可能是丹尼尔利用听觉来辨别方向，即其出行导航纯粹以声音为基础。而另一种更有趣的可能性是，他使用的是大脑的视觉区域，也就是用于识别物体和进行视觉导航的区域，但这些区域处理的是声音输入，而非视觉输入。具体是什么，如何知晓呢？

为了找出答案，我校研究人员设计了一个有趣且有创意的实验。[1]斯蒂芬·阿诺特（Stephen Arnott）、洛尔·塞勒（Lore Thaler）和珍妮弗·米尔恩（Jennifer Milne），还有梅尔·古德尔（Mel Goodale）和丹尼尔本人，一起招募了另外两名盲人参加实验，他们从记事起一直在使用回声定位。研究人员对受试者的视觉能力和回声定位能力进行了广泛测试，结果与丹尼尔的情况大致相同。他们同样丧失了视觉，大脑皮层无视觉输入，但其回声定位能力高度发达。接着，研究人员设计了一项研究，以查明回声定位过程中大脑究竟在做什么。

前面提到，测量大脑活动最有效的一种方法就是功能性磁共振成像扫描。该项技术可测量在认知任务中大脑活跃区域的脑血流。利用磁铁追踪血流，就能判断某个区域在任务中是否受影响、是否活跃。但有一个问题：功能性磁共振成像动静非常大，而且扫描时患者需躺下，多数情况下患者不能活动，以确保头部在管内。这样无法进行回声定位任务。受噪声影响，回声定位者听不清周围的声音，也无法对管外的任何东西进行回声定位。有了视觉认知，解决办法非常简单：可以在屏幕上投放物体的图片，并记录被激活的大脑区域。这样功能性磁共振成像扫描其实并不碍事。但如何展示回声定位的图片呢？

为此，研究人员设计了一种新方法。首先，他们要求两名受试者在受控环境中对几种易于识别的不同物体进行回声定位识别。例如，受试者必须识别大型光滑物体或铝箔覆盖的边缘不规则物体。这些物体的声音不同，因为物体表面反射声音的方式不同。此外，它们反射光线的方式也不同，这就是

---

[1] 我不会过多使用本校的研究实例，此处提及这一研究，是因为我对其非常了解，且它是回声定位研究的极佳范例。首席研究员梅尔·古德尔是全球首屈一指的视觉认知专家，世界范围内能进行这项研究的机构少之又少。

物体看起来不同的原因。物体识别任务非常简单，受试者能够通过回声定位可靠地识别物体。第一次回声定位任务完成后，研究人员要求受试者再次开展任务。与之前一样，受试者按照一贯的做法来识别物体。他们用舌头发出尖锐的咔嗒声，接着听回声的不同之处。但这一次，受试者进行回声定位时，研究人员在他们的耳朵里放置了非常小的麦克风，用于记录回声定位信号。受试者发出"咔嗒咔嗒"的声音时将信号发送出去，信号在物体上反弹，然后反射回来并由麦克风记录下来。麦克风放置在受试者耳朵中，换言之，麦克风收集并记录的回声定位信号与受试者听到的声音相同。通过这种方式，研究人员基本能获取物体的听觉图像。他们将这些录音回放给受试者时，同回声定位一样，受试者能够识别物体。实际上，这与从自己的角度看自己用手机拍摄的照片并无区别。

有了类似照片的物体听觉表征录音，研究人员就可以进行功能性磁共振成像研究。他们一边用降噪耳机播放录音，一边对受试者的大脑进行功能性磁共振成像扫描。实验结果令人大为惊叹。听到录制的回声定位咔嗒声，受试者的听觉皮层被激活，这与预期一样。但其视觉皮层也被激活了。更重要的是，视觉区域显示视网膜拓扑投射图激活，激活方式与物体形状相对应。随后的视觉处理区域同样被激活。无论如何，这些受试者确实是在看世界。尽管他们没有视觉输入，但其内部主观体验确实是一种视觉体验。

这就引出了一些关于受试者主观认知体验和一般视觉的问题。这些受试者体验到视觉图像了吗？倘若视力正常者身上驱动视觉和视觉图像的神经回路，在这些盲人身上以同样的方式被激活，这是否意味着他们看见物体的方式与视力正常者相同？有可能。这种可能性是存在的，但仍然很难进行比较。有一点很清楚，这种效果似乎取决于一个人丧失视力的时间，这表明回声定位与视力并不完全相同。对于后来（尽管仍在儿童时期）才学会回声定位的盲人，这种效果并不明显。看来，若视觉皮层参与了视觉，则听觉物体识别的能力就会减弱。

另一个问题是，视觉皮层和通路的功能是什么？这项研究表明，视觉皮层是一个通用的物体识别皮层，它从信号中提取与物体相关的特征。即使信息更加抽象，它仍能保持与外部世界的某种对应关系。视觉皮层试图将输入表征与现有激活模式——记忆相匹配，并根据这些表征来指导行为；它还可以将认知引向名称、概念和记忆。视觉皮层是大脑与外部世界的主要联系之一。它的工作十分重要，因此若接收不到视觉输入，它便学会用其他信息——比如声音——来完成工作。

你的感觉可信吗

上述几个例子说明感觉输入给大脑提供的是不完整的，甚至不正确的外部世界概要。某些情况下，就像本章开头讨论的视觉错觉一样，我们可能会觉得自己受到了欺骗，因为我们知道自己看到的并不真实。其他情况下，比如盲视或回声定位，若无足够的视觉信息，大脑似乎会想出变通之法。我们的大脑实际经历的是提取、再创造，是一种客观体验和主观体验的结合。

我们看到的并非只是世界本来的面目，而是融合了世界本来的面目和大脑需要看到的事物。你应该相信自己的感觉吗？应该相信感知吗？自然应该相信。当然，偶尔会出现感知或识别错误，但这些错误并不常见，且通常代价很低。大脑之所以犯这些错误，是因为感知依赖对世界的假设、预测和据理猜测。这些有根据的猜测正是感知系统的初衷，这些猜测有助于快速思考、做出反应，帮助我们感知世界——人类也确有感知世界的需要。感知为我们的行为、目标和动力服务，让我们得以存活。这就是我们信任感知的原因，它是我们的一切。

第四章

注意力：
为何总有代价

我们所做所想的几乎每件事都涉及集中注意的能力。我们无法完全掌握注意力，似乎还被它控制。

> 人人都知道注意力（attention）是什么。所谓"注意力"，即大脑在同时存在几种可能的物体或思路中，清晰而生动地牢牢抓取其中一个的状态。其本质为意识的聚焦和集中，意味着忽视其他事项，以便更有效地处理某一事项。这种状态与混乱、茫然、心不在焉等状态截然不同，后者称作"分心"。
>
> ——威廉·詹姆斯（William James）

我们所做所想的几乎每一件事，都涉及集中注意的能力。我们关注世间万物，亦关注自己的心理活动。注意力是我们积极获取信息的方式。眼下你可能正在关注若干事物，我希望其中之一就是这本书。阅读过程中，你的注意力可能会转移和波动：你可能会注意到风扇的声音、手机的嗡嗡声或掠过的影子；你也可能注意到内心的变化；又或许，你读到的内容会让你想起在别处看到或读到的东西。

你可能也注意到了，你与自己的注意力之间维持着一种奇妙的关系。虽然可以适当控制注意力来转移焦点，但你又不能完全控制它。有时注意力似乎是自动的，似乎还可以控制你。你可以不假思索地跟着自己的思路走。其他事情或许会打断你，环境的刺激和信号可能会控制并转移你的注意力——你自己脑中的思想和念头也会如此。虽然仍是集中注意力，但方向和位置有时会脱离你的掌控。

你即使认为自己当下并未关注任何事情，实则仍然在关注某些事情。任何时候，你可能都在同时关注多件事情，但对每件事情的关注度不高。你可能正关注着四周，关注着任何稍后也许会吸引你全部注意力的事物，即对接收到的信号进行短暂、瞬间的关注。大脑正在等待一个重要的信号或刺激，一个需要动用更多认知、更多思考的信号或刺激。听起来似乎有些缺乏计划，持续的变动和更新可能会导致很难长时间专注于一件事，但这也是一个灵活适应的系统。

试想这一常见的场景：你和朋友约定下班或放学后一同去星巴克喝咖啡。你到店便开始环顾四周，寻找朋友。虽然店内非常繁忙，人来人往，但只要一看到朋友，你几乎就能自动认出他们。你向朋友打招呼，在柜台处点了餐，然后坐下。星巴克的咖啡师会记下你的订单和名字，将信息写在杯子上，调制饮料，备好订单时叫名字领取。在此期间，你继续与朋友聊天，基本上注意不到其他正在进行的对话。你会发现，尽管店内可能在播放音乐，还有人在说话，但将注意力集中在朋友说的话上仍十分容易，你可以不关注其他人谈论的话题。此外，你与朋友人手一台智能手机，它们也在争夺你们的注意力。咖啡师一直在叫名字，而你充其量也只是半知半觉。这倒不如全然不知，因为在被叫到自己的名字之前，你可能记不住任何一个被叫到的名字。你甚至无法确认咖啡师是否在喊名字，直到他们叫出你的名字，然后你的注意力就转移了，这个过程很快。尽管你正在和朋友聊天，刻意不去注意其他一切变化，但你还是会猛然回过神来，将注意力转移到咖啡师身上。注意力转移后，你起身去拿饮料，然后径直走回自己的桌子，继续刚才的谈话，并继续忽略其他所有谈话和被叫到的名字。你可能记不得在叫你之前的名字，同样，可能也记不住在你之后叫到的任何名字。

这是一次常见且非常熟悉的经历。然而，就在这个简单的日常场景中，却发生了很多事情。让我们仔细研究一番，看看大脑和思维究竟在做什么。首先，你的视觉注意力参与了在店内寻找朋友的过程。注意力助你筛选不熟悉的面孔，并选择熟悉的面孔。同样的视觉注意力还能助你在点餐前专注于菜单。其次，与朋友交谈时，你同样在使用听觉注意力，忽略其他对话。但同时，你仍在关注其他声音，等待咖啡师叫自己的名字。若是能够测量你对谈话的关注程度，甚至可能会发现，拿到饮料后你对朋友的关注度更高，因为无须再投入注意力来听咖啡师是否叫到你的名字。最后，你还要时刻关注朋友，继续参与对话，理解他们所说的话，同时考虑自己该如何回应。仅仅是进行一次简单的对话，就需要关注至少两个人的谈话，并在听到的内容和回应之间来回切换。对大多数人来说，这似乎是一个很自然且几乎自动的过程。其中，许多方面确实是自动发生，无须注意力，也没有意识觉知参与。但这背后实际发生了许多事情。这一简单例子中，任务要求很高，对包括计算机在内的机器算法来说是一项重大挑战。试想一下，给计算机编程，使其在生成句子的过程中留意一个或多个声音，同时还要注意另一个声音是否叫到自己的名字。这将是一个非常复杂的程序。然而，我们几乎可以不假思索地自动完成这项工作。我们依靠注意力做出选择、集中精神、处理多项任务并保持行为正常。

注意力的定义

在上述例子中，注意力的作用方式表明它不只用于单一事件。这说明注意力是一个复杂的概念，可能需要复杂、多方面的定义。我们日常谈论注意力的方式揭示了其心理特征。威廉·詹姆斯在1890年写道："人人都知道注意力是什么"——本章开头引用了这段话的全文。同詹姆斯写的很多东西一样，在这一点上他所言甚是。我们都知道注意力是什么，至少一般来说确实如此。如今使用的"注意力"一词，实际上与詹姆斯当年所用的词含义大致相同。其实，定义注意力的第一项挑战就是描述它是什么、不是什么。

先解读一下引述詹姆斯的这段话，找出注意力的一些主要话题，因为这正是本章要讨论的内容。詹姆斯写道，注意力是在若干同时存在几种可能的物体或思路中，抓取其中一个。此处重点为"若干当中的一个"。思考注意力的一种方法就是考察我们从多个事物中选择一个的能力。我们称之为"选择性注意力"，并将其定义为：从环境或记忆中选择要进一步处理或思考的事物所需的认知资源。[1]你在一家繁忙的星巴克咖啡店与朋友交谈时，就会出现选择性注意力。咖啡店里还有许多其他的景象和声音，如其他人的谈话、呼叫取餐的声音等，这些多半需要你忽略，这样你就可以选择性地关注正在和你交谈的人。在阅读本书时，如果你需要更多地关注当前阅读的内容，而非周围发生的事情，那么选择性注意力也会出现。你选择需要处理的刺激，选择完成目标所需的东西。

詹姆斯还提到了"思路"，这是一个概念隐喻，让人联想到想法一个接一个，并串联起来"一路向前"。我们将注意力的这一面称为"持续注意力"，并将其定义为：从一个时刻到下一时刻保持同一想法或任务所需的认知过程的结果。我们关注环境中事物的特征和各个方面，以此保持注意力。否则，思维就会开始游离，寻找其他需要关注的事物。

詹姆斯还谈到，注意力的本质为意识的集中。我们称之为"集中注意力"，并将其定义为：依靠有意识的努力来保持注意力的过程。请注意，这与选择性注意力有关，但两者并不完全相同；它与持续注意力也有关，但也不完全是一回事。最后，詹姆斯谈到"意识"，这表明注意力的主动性，并暗示了注意力与"工作记忆"之间的关系——工作记忆是帮助我们处理眼前事物的一种短期记忆。第六章将详细论述工作记忆，此处可将其描述为最直接的记忆形式。在星巴克的例子中，注意力还有一个方面，在詹姆斯的话中并未体现——那就是你关注世界或当下场景，寻找吸引你注意力的事物，进而开展更多处理能力。这最后的一点，我们称为"注意力捕捉"。

本章下一节将讲述心理学家如何理解注意力的工作原理。了解了注意力

---

[1] 正如在上一章和下文讨论记忆时将会看到的那样，如何定义环境中的事物和我们记忆中的事物以及从何处着手，这并不清晰。因为我们必须处理接收到的信息，并将其与记忆融合，所以"外界"事物与"脑中"事物之间的界限非常模糊。

的概念如何形成，就可以探索对注意力的现代理解。这将有助于回答"如何提高注意力"，或者"我能学会更好地同时处理多项任务吗""如何才能不走神"等问题。

选择性注意力

与心理学的许多研究领域一样，注意力的现代研究也得益于军方的资助。[1]20世纪上半叶，英德两国先后两次交战——先是在第一次世界大战中交战，20年后又在第二次世界大战中交战。正是在第二次交战期间，两国开始将空中力量视为军事战略最关键的一个方面。交战双方都希望增强空中力量和人类飞行员的能力。当时，实验心理学仍是一门新科学，但被视为一种试图进一步了解人类表现极限的方法。美国心理学家一直在与军方合作开展评估和测试，但与英国飞行员的合作才真正展示了心理学如何应用于了解人类的能力和表现。例如，以记忆和思维研究著称的弗雷德里克·巴特莱特（Fredric Bartlett）在剑桥大学创立了最早的应用心理学实验室之一，致力于利用新兴心理科学帮助同盟国赢得战争。也正是在这一时期，艾伦·图灵（Alan Turing）用他的机器破解了德国的加密技术。这个故事为人所熟知，结局悲惨。故事已编入书籍和电影，最近的一部电影是2014年上映的《模仿游戏》（*The Imitation Game*），其中由本尼迪克特·康伯巴奇（Benedict Cumberbatch）饰演图灵。

战争结束后，研究仍在继续。科林·切里（Colin Cherry）和唐纳德·布

---

[1] 现代认知科学时代的大量成果均来自军方的资助，这一事实总是令我惊叹。智商测试、性格测试、计算机、注意力研究和团队合作研究皆是在军队中起步。宽带、全球定位系统、蜂窝网络、数字计算机……所有这些都是军事开支的直接产物。甚至互联网本身也要归功于军费支出。

罗德本特（Donald Broadbent）两位心理学家继续应用心理学和航空问题的研究。无论是战时还是和平时期，飞行员面临的一大挑战就是必须关注多种不同的信号。当然，这对每个人来说都是一个挑战，但对飞行员来说似乎尤为突出，因为他们既要驾驶飞机，又要监控数十个仪表，还要与副驾驶、工作人员和地勤人员对话。大多数飞行员表现相当不错。切里发现，即使飞行员专注于飞行和与副驾驶对话，在重要时刻也能轻松切换到与地勤人员或其他无线电对话。就像本章开头举的例子一样，除非咖啡师叫到你的名字，否则你几乎不会注意到他们在叫名字。切里将这种现象称为"鸡尾酒会现象"。

即便不参加鸡尾酒会，我们也熟悉鸡尾酒会效应。该效应是指全神贯注地与某人交谈的情形，此处的关键是全神贯注。当然，我们也可以漫不经心地交谈，置身事外，随意听听。此种情形人人都经历过，思绪游离，想着手机朋友圈的信息，或者想一想晚餐做什么。但全身心投入谈话时，你往往会把注意力集中在谈话对象和谈话主题上。鸡尾酒会现象在这样一种情况中会出现：当你全神贯注地投入谈话时，未参与谈话的其他人一叫你的名字，你的注意力就会立即转移到叫名字的那个人身上。这就好像即使你全身心投入一场激烈的谈话，你的注意力系统中仍有一部分在关注周围环境，以获取重要信息。而你的名字就是最重要的信息。

类似场景不胜枚举，但要从心理学角度对其进行研究，则需设计对照实验。切里就是如此，他发明了一项名为"双耳分听任务"的心理任务。此项任务不仅是为了模拟鸡尾酒会的场景，更是为了将其发挥到极致，以分离出效果。之所以称其"双耳分听"，是因为该任务涉及听取两种不同的信息，每只耳朵各听一种。戴上耳机，右耳听一条语音信息，左耳听另一条语音信息。该项任务中，只能注意一只耳朵，这已然十分困难，但为了确保参加任务的受试者确实全神贯注，研究人员要求随即复述一只耳朵听到的信息。也就是说，受试者听到信息后，要立刻重复其中一只耳朵听到的全部内容。这项任务十分艰巨。试想一下，同时听两本不同的有声读物，两只耳朵各听一本，一边听一边试着重复其中一本的内容。你根本无法注意另一只耳朵听的任何内容，因为所有的注意力和处理能力都集中在一只耳朵上，另一只已无暇顾及。受试者复述一只耳朵听到的内容时，另一只耳朵的信息同时播放，但基本被忽略，因为受试者所有的注意力已倾注在复述任务上。这就好像耳朵里正在举办一场非常热闹的鸡尾酒会。

切里接下来的研究是这项任务的关键。当受试者将几乎所有的认知能力和注意力用于复述一只耳朵听到的信息，此时，他们应当完全忽略了未关注的另一只耳朵里的信息。然而，切里感兴趣的是，尽管受试者忽略了信息，他们能否从中收集任何意义或语义内容。实验结束时，受试者被问及未关注那一只耳朵里的信息内容。这个要求似乎有些无理、强人所难。毕竟，如果你像本章开头的例子那样，正和朋友在星巴克咖啡店交谈，朋友却问你其他人在谈论什么，或是问咖啡师在叫到你的名字之前叫了什么名字，你一定会感到惊讶。但这正是双耳分听任务的意义所在。我们想了解在无人关注的情况下，哪些信息传递了出去。这一点至关重要，因为要想了解注意力系统如何选择并关注环境中的某些线索，却忽略其他线索，则需明确注意力系统选择的依据是什么。

早期研究发现，注意力的选择往往受心理学家所说的低级特征引导。这些特征与信号的物理特性非常接近，但很少具有任何意义。在声音中，这些低级特征包括空间位置、音高、音量和音调；在视觉中即为光线、运动和位置等。在切里的双耳分听研究中，受试者听取一只耳朵的信息并随即复述，基本忽略了另一只耳朵的信息。他们没有太多选择的余地，因为复述任务的要求非常苛刻。几分钟后，实验者会就受试者并未注意的信息进行提问，即如果受试者复述右耳信息，则提问左耳的内容。

研究人员发现，受试者无法理解未关注那只耳朵的大部分内容，无法复述任何信息，无法检测或回答任何一个单词。他们察觉不到从一种语言到另一种语言的切换，甚至无法区分单词和非单词。在这一实验的经典版本中，受试者几乎无法检测或理解信息的含义，但信息的某些方面似乎还是传递了出来。例如，受试者可以分辨未关注的消息是否为语音（音调或噪声），还能准确回答未关注那只耳朵里的声音是否从男声变成了女声。如此看来，只需输入足够，注意力过滤机制就能收集到低级特征的感知信息，如音调、音高和响度。若你想从众多信息中挑选出一项并继续关注，上述这些便是你需要的信息；若你想在星巴克店内关注朋友说的话，不受周围人的谈话干扰，这些信息也是你所需要的。换言之，大脑会对声音的物理方面稍加关注，关注的程度足以让你挑选出正确的信息，但又不至于让这些未关注的信息内容争夺更多注意力和处理能力。

注意力流中的瓶颈

双耳分听研究表明，一个人在同一时间能注意的事物有限，这肯定与你的直觉不谋而合。这一点似乎也不言而喻。挑战在于设计一种理论或模型，说明这些限制如何在思维和大脑中发挥作用。与许多理论一样，模型的灵感往往来源于隐喻，此处的隐喻就是瓶颈。瓶颈是瓶子最窄的部分，其作用是限制瓶内液体的流动，只允许少量液体进出。那么，注意力瓶颈就是一种限制信息（而不是液体）流入大脑的机制。[①]一种可能性是，这种功能瓶颈位于输入流的某处，限制了大脑同时处理所有信息的能力。瓶颈限制你能听到和理解的内容。间接地说，这一瓶颈的作用与上一章所述视觉系统的感受野和复杂细胞的作用相同。回想一下，视觉是一个对信息进行计算提取并丢失

---

① 此处再次回到"流体隐喻"。前文讨论的许多理论都建立在这个更深层次的隐喻之上。我发现，若不借助这一隐喻，即使是讨论认知和思维也是一个挑战。还是面对现实吧：虽然大脑显然是一个电化学网络，但思维似乎仍是流动的。

部分细节的过程。听觉中的注意力瓶颈也有同样的作用，只是方式截然不同。但两者的目标似乎一样：以牺牲真实细节为代价，快速提取所需信息。

倘若信息处理存在功能瓶颈，那么瓶颈会在何处？是信息处理的前期还是后期？唐纳德·布罗德本特设计了一个通用的前期注意力选择模型，尽管并不完善，但却推动了这一领域数十年的研究。他的模型表明，听觉注意力是一个信息瓶颈，只允许部分信息进入，因此你只能处理需要处理的信息。听觉系统的较低层级具有一定的容量限制，可处理大多信息。所有进入耳朵的声音最初都是存在的，同上一章对视觉的阐述一样：所有的视觉特征都将出现在视网膜图像中。然后，系统前期的瓶颈会按需输入信息，供后期处理。

这一模型听起来十分简单。但你若花几分钟思考，就会意识到这其实很复杂。首先，你如何知道哪些信息重要？未了解重要信息是什么之前，如何让信息进入大脑？不重要的信息未确定之前，如何将其排除在外？瓶颈的概念实际并不像看上去那样简单。此处需要一个系统，既能解决信息输入过多的问题，又不会带来另一问题——必须提前知道信息内容。在视觉中，认知系统通过对视觉特征进行前期提取解决了这一问题。根据这一理论，在听觉注意力中，瓶颈以类似的方式处理信息。瓶颈可通过低级物理特征进行开关切换。这不是一个被动的瓶颈，而是一个以牺牲其他信息为代价，限制某些信息传递的主动开关。听觉注意力系统会对这些特征和属性进行提示，以便快速判断哪些信息重要。

为接收某些信息并排除其他信息，瓶颈模型需要能够检测和选择操作注意力开关的简单特征。注意力系统需要一些基本、原始的特征。这些特征本身也许并无意义却能预测外部世界的意义和事物。特征与物体之间的联系类似上一章中的视觉感知。线条和边缘本身并无意义，但却能预测意义。线条和边缘之所以出现在视觉流当中，是因为物体按照特定的结构、稳定的方式反射光线，是因为二者很可能是由物体形成的。声音的选择性注意力模型同样依赖声音与物体之间的这种联系。

这些原始特征有哪些？位置是其一。若听到右侧有响亮的声音，你会迅速将注意力转移到声音所在的位置，认真听那个声音。即使非人类动物并不具备人类的知识或语言水平，它们也会如此。猫在这方面尤其擅长。它们看似在睡觉，但却能移动耳朵来定位声音。位置无具体内容，是一个纯粹的物理特征。其本身并无意义，因此在前期选择瓶颈模型中，位置可用于选择信息。位置与物体的存在也有关系。鸣叫的小鸟会在同一区域发出声音，这显然是因为它在同一区域；同理，说话的人也是如此。物体、鸟或人发出声音时，位置本就是一种低级的物理特征，甚至在物体被识别之前，就可利用位置收集有关物体的信息。

此外，还可以检测音高或音调的差异，无须赋予这两个特征任何意义。高音与低音听起来不同，是因为声波推动空气的物理方式不同。高音的声波频率高，意味着声波中的能量紧密地聚集在一起；而低音声波频率低。这纯粹是物理特征，频率无须任何意义。但物体会根据其特征发出声音。小狗的吠声比大狗的高，因为两者吠叫时，声音推动空气的方式不同。大狗的脑袋和嘴巴较大，与头部和嘴巴较小的小狗相比，它们吠叫时声音以较低频率推动更多的空气。音高由物体的物理特性产生，通过耳朵的物理特性感知。因此，它是低级听觉注意力的理想特征。

响度是另一低级特征，与声波的振幅或大小有关。声源发出的声能越多，意味着声波越大、越高。如果你大声喊叫某人，声音会推动更多的空气，消耗的能量比平常说话时更多。由于声能会随着空间和时间消散，距离较近的物体发出的声音往往更大，因为到达你耳朵的声能更多。像音高一样，我们也能感觉和感知有关响度的信息。响度也是一种低级、原始的听觉特征。

最后一个特征是音色，即声音的质量。大多数声音都不是纯粹的声音；大多数物体不会产生正弦波形的纯音。声波是许多波的复杂组合，形状复杂、卷曲。与位置、音高和响度一样，音色或音质也取决于发出声音之物的形状。例如，大提琴和钢琴可以在相同的位置以相同的响度演奏相同的音符，但两者听起来仍大不相同。钢琴发出声音的方式与大提琴不同，它以不同的方式推动周围的空气，产生形状和复杂程度不同的声波。在对其附加任何意义之前，耳朵和注意力即可发现这一特征。

要阐述选择性注意力的工作原理，最大的挑战是弄清楚如何在了解环境中的某样事物是什么之前，就选择它作为关注对象。这听起来可能微不足道，但大多数听起来微不足道的问题，远比最初看起来的复杂得多。特征是物体的一部分，但要把特征和物体结合起来，就必须知道物体是什么。当然，要知道物体是什么，就需要特征。此时可以看出问题所在，这是一种无法解决的循环论证。这属于更广泛的心理学或哲学问题，称为"绑定问题"。绑定问题是一个理解如何整合我们的所见所闻，以反映世界上实际物体的问题。为了生存和发展，我们需要关注世界万物；我们需要关注生存、与他人交流以及娱乐所需之物。当前描述的瓶颈模型提供了一种解决方案，但它并非这一过程的唯一模型。且我们最终会看到，这也并非完整的描述。

选择性注意力需解决的第一个问题是，如何处理最初出现的所有信息。在视觉中，我们认为几乎所有视觉信息都会传到视网膜。同样，环境中的几乎所有声音也都会抵达我们的耳朵。根据瓶颈理论，听觉系统的较低层级具有一定的容量限制。此处，"低"是指更靠近耳朵的部分。我们的耳朵本身不产生声音，但耳朵能感知周围的声音。环境中的声音同时进入耳朵时，耳朵会对声波进行处理，能够感知音高、响度等信息。本书篇幅有限，无法详细介绍耳朵如何做到这一点，但其本质与我们在视觉中看到的一样。有一些感受器（听觉细胞）对物理能量做出反应，并将其转换为神经信息。所有经过处理的信息将传送到颞叶的初级听觉皮层。

我们从选择需要关注信息频道的背景来研究这一问题，如同在双耳分听任务中那样。你的一只耳朵听一条信息，另一只耳朵听另一条信息。前文描述过这项任务，任务要求复述一只耳朵听到的信息。你选择性地关注一个频道，而忽略另一频道。然后，我们可能会问：你在未关注的频道中注意到了什么？因此，从一开始就有一个待解决的问题，还有一些如何解决问题的相关信息。必须只关注一个频道，也就是一只耳朵，最简单的方法是使用位置提示。我们可以触发注意力开关，只处理一只耳朵的信息，这并不难。但有些信息还是会传入耳朵。受试者可以分辨出，未关注的那只耳朵里声音是否从男声变成了女声。此时，有关音色和音高的信息仍在未关注那只耳朵的监控之下，且耳朵准备进一步处理这些信息，甚至可能触发注意力开关。如果右耳听的是男声，而男声切换到了左耳，注意力就会跟随这些低级的线索进行转移。声音的音色和音高会吸引你的注意力，并将注意力位置和概念处理切换到另一只耳朵。你甚至可能不知道自己开始将注意力转移到另一只耳朵。原则上，你犯了一个错误。你开始将注意力错误地转移到另一只耳朵，甚至意识不到这一点。但实际上，你的注意力系统做出了合理的推断。一开始你关注的是男声，即使声音的位置变换，注意力也会随着声音切换到另一个位置。这是一种实际的适应。人在环境中会移动、改变位置，但来自同一声源的声音通常不会突然改变音色。

这个例子展示了瓶颈和前期选择系统的作用。即使你只注意一只耳朵而忽略另一只耳朵，音高和音色等低级信息仍在被接收处理。信息仍在激活特征检测器，正因如此，它才能够"触发开关"。在这种情况下，当你注意某人的声音时，关注音高和音色等信息会变得更重要、更有用，适应性更强。毕竟，你并不能通过声音的来源来识别一个人，而是通过声音的特色来进行识别。因此，音高和音色等信息会触发开关。

瓶颈理论的原理是，假设一开始存在这种无限的容量，可以利用各种特征来触发注意力开关，选择任何需要关注和进一步处理的信息。与视觉一样，这一切都发生在你理解信息的含义之前，发生在你知道自己在听什么之前。这是认知架构和认知系统构建方式的结果。

布罗德本特描述的瓶颈模型作用尚可，描述了选择性注意力中出现的大部分情况，也解释了许多通过观察得出的数据。但有一个明显的问题：瓶颈模型无法解释鸡尾酒会现象，换言之，这个模型无法解释本章开头星巴克的例子。为何解释不了？根据该模型，听觉系统的较低层级在还未处理任何信息的意义时，它就受到了限制。保持或切换注意力的唯一方法就是让系统锁定低级的、能被感知的、无意义的特征。但若只有低级的特征才能触发开关，那么你的名字又是如何通过瓶颈，吸引你的注意力呢？这个模型似乎无法处理意义，以解释这一点。瓶颈模型也许并无错处，但它似乎并不完整。

为了完整地解释选择性注意力，并解释鸡尾酒会现象（也可以称之为"咖啡店效应"），我们需要考虑一种后期选择模型，即需要转移注意力的瓶颈。

前期和后期选择

我们直观地看，注意力瓶颈的概念似乎有些道理。我们不可能处理所有的事情，需要某些方法来选择自己想要关注的事情。但瓶颈理论并不完全适用于所有情况。无论你多么专注于某件事情——例如进行对话或玩电子游戏，如果有人叫你的名字，你的注意力往往总是会转移。低级感知特征有助于限制注意力，并缩小我们关注的范围，但处理流的瓶颈可能并没有那么低。为了让个人姓名等信息传达出去，有些信息必须通过瓶颈。

为什么这一点很重要？我们一直在处理多种输入，有时会弄错顺序——这一点从我们犯的小错当中可以看出来。无论我们是在阅读、写作，还是在刷推特或Instagram（一款运行在移动端上的社交应用），我们都时刻关注环境中的其他重要信号。假设你正沉浸于阅读在线新闻，你的伴侣走进来问了你一个问题。一时间，你可能搞不清楚谁说了什么，甚至可能会根据你阅读的内容而非提问给出错误的回答。有时信息混杂在一起，因为我们无法真正屏蔽一个信息通道而完全专注于另一个。若大多数未受关注的信息在进行意义处理之前就已过滤掉，我们就不会关注谈话，也不会因为有人叫我们的名字而转移注意力；在星巴克，我们也会错过自己点的餐。虽然前期、预处理的感知特征对注意力模型十分重要，但我们也需要一种接收更多信息的方法。

至于瓶颈理论的改进版，最著名的是英国心理学家安妮·特丽斯曼（Anne Treisman）的研究。她在普林斯顿大学完成了大部分研究，她认为这些低级物理特征在选择性注意力中仍然很重要，但选择并非发生于感知的位置，而是基于对环境信息的反应。换句话说，选择性注意力并非将信息筛选出来；但是，信息会经过处理。而一旦信息进入系统，系统就会阻止筛选并对信息采取行动。布罗德本特的注意力理论最大的问题之一是它假设我们会选择信息进入认知系统。若信息无法进入，则不再可供处理。但从星巴克这一简单的例子便可得知，未注意的信息确实会进入认知系统。你几乎听不到咖啡师在叫名字，你并未注意这些信息，听到名字也不会影响你专心交谈。但是，一听到自己的名字，你的注意力就会转移。

这种后期选择理论如何发挥作用？安妮·特丽斯曼声称，选择和瓶颈出现于信息处理过程的后期。她的研究表明，我们听到了所有信息，其中大部分进入大脑和思维，然后我们选择对哪些信息做出反应。根据特丽斯曼的观点，这些信息在进一步处理前，都会在大脑中短暂停留。这一观点强调原始特征的重要性，实则以前期选择瓶颈理论为基础。该观点补充说明选择和过滤出现于信息处理的后期，因此可对信息开展进一步的认知处理。若认为某些词语和概念具有特殊重要意义，可以假设这些词语的激活阈值较低。例如，你的名字就很重要。对任何人来说，名字可谓是最重要的一个词，这可能是你听到的第一个词。因此，名字的激活阈值确实较低，无论环境中的信息是安静、混乱、未受关注还是被降级的，你都能识别自己的名字并做出反应。这就好像识别自己名字的能力是由一个名字检测器模块控制的，该模块会监控环境，寻找任何关于名字的痕迹。它时刻保持高度警惕，一旦探测到你名字的任何蛛丝马迹，它就会发出警报，吸引你的注意力，然后你的注意力就会转向该警报信号。

特丽斯曼的模型可以解释咖啡店场景，但它还能解释其他事情。在经典的双耳分听实验中，受试者只注意一个频道——一只耳朵——听到的信息，而忽略了另一只耳朵听到信息的含义。在最初的研究中，未受关注的耳朵与集中关注的耳朵完全分开，即并无理由将其结合起来。然而，有些研究要求用一只耳朵听一种叙述，另一只耳朵听另一种叙述，若所关注的叙述从左耳切换到右耳，大多数受试者的注意力会随之切换。你若从左耳听到一个故事，而故事讲到一半却切换到右耳，那么唯一的理解之法就是跟随故事进行切换。在布罗德本特的前期选择模型中，此举行不通，因为其理论假定未受关注的信息无法通过瓶颈进入认知识别区。而特丽斯曼的模型则假设，受到关注和未受关注的信息均能进入认知工作区，然后再选择有意义的信息。

最有效的模式似乎是：既能接收这些低级别、无意义的特征，但也允许大量信息进入大脑。特征会激活听觉感受器，然后将其级联激活发送至大脑的颞叶，在那里对词义进行处理。这些信息传递至颞叶、额叶甚至顶叶的其他区域，这些区域对信息进行处理。你正在关注、正在处理、正在理解的信息将自我激活。这一过程激活了当前活跃的信息，如此你便能够保持注意力。未受关注的信息会飘飞、衰减，但信息仍在系统中。如果你暂时需要这些信息，它就在系统中，可以激活一些关键的概念，比如你的名字。这些信息甚至可以覆盖你对低级别、无意义特征的关注，让你在不知不觉中转移注意力。这有利于生存，也是我们想要集中注意力却多遭挫败的原因。集中注意力并非易事，许多事情仍会争夺注意力而形成干扰。布罗德本特的理论可能并不全面，但坦诚地说，我经常希望自己能选择一个频道，过滤掉所有无关信息，甚至根本无须处理这些无关信息。有的时候，我希望注意力瓶颈出现得更早一些，且呈现得更窄一些。

能力

很多年前，我的孩子还在上小学，我们去了镇上的一个室内娱乐中心。我们住在安大略省南部，在冬季有时一连数月都是冰天雪地、道路泥泞，令人望而却步。孩子们喜欢到户外、去雪地里玩耍，但他们会逐渐厌倦，且冬季四五个月的恶劣天气确实令人厌烦。于是，父母便安排一些室内活动。水上乐园、蹦床公园、健身房和保龄球馆等室内娱乐中心满足了人们对体育活动的需求，在各地颇受欢迎。

我们去的这个室内娱乐中心设施有保龄球、攀岩墙和一个名为"荧光高尔夫"的小型高尔夫球场。也许你见过类似设施：这是一个室内迷你高尔夫推杆游戏，你要设法让球穿过障碍物，进入杯中。游戏中有黑色灯光，在灯光下，球、球杆和一些衣服会发光。除此之外，球场内比较昏暗，有些许鬼屋的感觉。我们心想，这一定很有趣，至少对两个不到10岁的孩子来说会十分有趣。孩子们喜欢这个游戏，看着自己发光的衣服哈哈大笑而我们看着孩子快乐地玩耍，也会开心。重要的是，这个游戏要求并不是特别高，因此无须太多的注意力。

最初的10分钟确实有趣。可是，由于游戏很受欢迎，所以许多孩子想要参与。我们的孩子年纪尚小，迷你高尔夫游戏也设置了一些障碍，所以每个关卡都要花些时间才能通过。若想玩得尽兴，每个球洞少不得花上几分钟。但我们身后紧跟着一大群年龄稍大的孩子，大概12至14岁。他们通关更快、玩得更好、声音更大、更不耐烦。碍于高尔夫这种游戏的规则，这群孩子就跟在我们身后。我们每打完一洞，他们就站在身后等着，跑来跑去，用高尔夫球杆摆出攻击对方的架势，导致我们在游戏中变得紧张。我提出让他们先玩，但他们人数太多，尽管有些孩子紧跟在我们身后，但其他队友还在继续之前的关卡，因此他们不想绕到前面。所以，接下来的45分钟，我一边努力跟一个女儿一起通关，一边忙着照看另一个女儿，毕竟她们都还小，身后还有一群淘气大孩子紧紧跟着。我需要高度集中注意力，才能忽略这群孩子的活动，专心享受游戏。游戏结束时，我感到筋疲力尽，但不是因为荧光高尔夫这项游戏。荧光高尔夫本身并不是一项令人筋疲力尽的运动。我感到精疲力竭的原因是，为了忽视身后吵闹的孩子，我必须执行认知控制，保持专注的能力。

认知控制是注意力的一种形式，需要付出精力。我们集中注意力、忽略关注其他事项，并将认知资源用于一个目标的能力似乎有限。这一点可见于诸多其他方面。

考试后或者完成工作中一项需要集中精力的艰巨任务后你是否曾感到疲惫不堪？一天结束时，你的能力可能已经下降，甚至达到了无法发挥最佳水平的程度。你可能太过疲惫，甚至影响了自己的判断。正是在这个能力减弱或耗尽的时段，人会出错，甚至忍不住发脾气。这时，人会错过重要信息。这是我们可能无法克制自己的原因，是我们无法控制自身注意力和行为的原因，也是生气和发脾气的原因。

如何避免这种情况？一种方法是变换当前专注的事情，给自己充电。当我因为一件事，比如教学，而感到疲惫时，我发现自己做其他事情的能力并未受影响。我仍然可以坐进车里，听着音乐，开车回家。思考研究问题可能会令我疲倦，但这似乎并不影响我做晚饭的能力。切换到另一项活动时，我感觉自己的能力不再枯竭。因我实在忍不住使用"水流隐喻"，便直说了：虽然一个注意力资源池已经干涸，但另一个依然充盈。

心理学家李·布鲁克斯（Lee Brooks）职业生涯的大部分时间都在安大略省汉密尔顿的麦克马斯特大学工作，他是认知心理学领域颇具影响力的一名研究者。李于2010年逝世，但在学术和知识方面，他是我心中的英雄之一。其研究对我的影响最为重大，真正影响了我对思维运作方式的看法。他最早的一项研究展示了这些注意力池的工作方式，以及我们如何将这些注意力池分开。该项研究的实验和任务既巧妙又有创意，所以我想用几个段落稍作解释，看完后你会感谢我。

布鲁克斯的实验要求受试者完成视觉成像任务或语言成像任务。在视觉成像任务中，受试者会看到一个形状。他们需要牢记这一形状，以便稍后想象，在脑海中将其描绘出来并进行检查。在一项实验中，展示的形状是一个大的轮廓字母，一侧有一个星号。实验要求受试者记住这一形状，然后在脑海中想象星号沿字母轮廓移动。想象一个大"F"字母，画出轮廓，左下方有一星号，然后想象星号沿字母轮廓滑过（示例见下图）。有时星号会在图形的外缘（图中粗线部分），有时则在内缘（图中细线部分）。在每个边缘连接处，受试者就星号位于内缘还是外缘表示"否"或"是"。很简单，对吧？的确很简单。你如果愿意，现在就可以尝试一番。请看示例图，将它记在脑子里，然后尝试完成想象任务。当星号位于最外侧边缘时，想象"是"，当星号位于内边缘连接处时，想象"否"。对于以下形状，想象顺序应为：是、是、是、否、否、否、是、否、否、是。

语言成像同样简单。实验要求受试者记住一个句子，而不是一张图片。例如，受试者会读到类似"手中鸟不在林"（A bird in the hand is not in the bush）的句子，并将其牢记在心，以便用内心声音将句子复述出来。当你用内心声音想象这个句子时，可以一边想象用"是"或"否"依次回答句子中

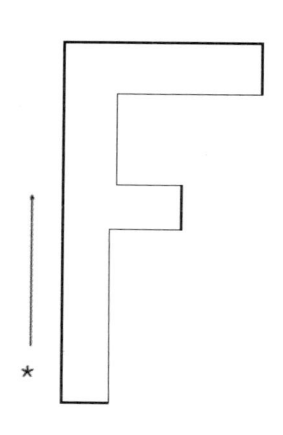

的单词是否为名词。此项任务也很容易。这一句子（英文）名词问题的答案为：否、是、否、否、是、否、否、否、否、是。

这些任务很容易在脑海中完成，但你若逐一尝试，可能会发现记住句子并将其描绘成像本就容易，但想象根据视觉成像说出"是"或"否"甚至更容易些。布鲁克斯推断，我们经常使用两种注意力池，即视觉注意力池和语言注意力池。若任务使用同一注意力池，注意力执行会受到影响；若任务使用的是两个独立的注意力池，则代价很小，甚至没有代价。

布鲁克斯用一种巧妙的方法验证了这一点。除了要求受试者学习视觉图像或语言图像，还要求受试者以两种方式中的一种做出反应：视觉空间反应或语言反应。视觉空间反应包括指向分散在纸上的"是"或"否"，其中必须看向并指向纸张的不同区域。语言反应则是在实验者听你说话时大声说"是"或"否"。

受试者可能处于四种实验条件下。在视觉-视觉条件下，受试者记住图像并指出答案；在视觉-语言条件下，受试者记住图像并说出答案；在语言-视觉条件下，受试者记住句子并指出答案；在语言-语言条件下，受试者记住句子并说出答案。布鲁克斯预测并发现，图像和反应来自同一注意力池时，受试者的反应速度比两者来自不同注意力池时更慢，犯的错误也更多。看来，视觉和感知在争夺同一神经反应。当它们使用同一注意力池时，池内注意力将更快耗尽。

这就是你可以边走路边说话、边开车边交谈的原因，这都是两项不同的任务，对感知和注意力的需求也截然不同。这也是为什么你难以同时关注两段对话，或者在写作时听有人声的音乐。

某种程度上，我们似乎可以一心多用。然而，一旦多任务处理涉及注意力资源共享，难度便大得多。接下来我将详细谈论"多任务处理"这一概念。我们都认为自己可以同时处理多项任务，而且之所以能够如此，得益于认知系统的进化方式。但布鲁克斯的研究表明，一心多用是有代价的。此外，若试图同时处理的事情相似，这些代价会随之增加。

多任务处理

研究选择性注意力和多任务处理需求的一种方法是，在阅读本书时花点时间细细思考周围发生的一切。例如，此时你可能正拿着书。这本书有一定的重量，你可以注意书的重量，也可以不加关注。但即使你并未明确注意书的重量，运动系统也会注意到。它必须调整握力和支撑力，让你能够握住书。你的运动系统会自动做出反应，将这一重量考虑在内，这样书就不会掉落。它还可以调节姿势，以免你将书举得太高。仅这一个方面，就涵盖众多神经，需进行大量认知计算。除非你花时间关注书的重量，否则你可能意识不到这些。这种抓握力度、姿势和书的重量之间的微妙平衡由一系列行为缔造，其中大部分行为并未受到有意识的关注。而这只是当下发生的众多事情之一。

周围可能还有各种噪声。也许是风扇在运转，猫在叫，水壶在烧水，或者一辆汽车驶过。你能稍微听到这些声音，但不会继续加以关注。又或者你正在听音乐，虽然能察觉到，但它不会分散你的注意力。同样，你需要把这些声音过滤掉。也许你身在海滩，周围有人在说话，孩子们在笑。这些均是可被察觉的，也是你意识的一部分，但只是较低层级的意识。

你的感觉和神经活动是阅读的一部分，但不是阅读内容的一部分，因此你甚至意识不到发生了这些计算。你的视线在文字上移动，将注意力集中于一行行文字，辨认单词，并构建一个句子的心智模型。你会联想到其他观点，然后继续阅读。当这些概念和观点被激活并组合在一起时，你是否意识到它们的存在？还是你只注意到结果？你翻页、呼吸、喝水、吞咽；你走了一会儿神，又重新开始专注。

除了思考书中的观点，上述很多动作和行为都是在不知不觉中进行的。你同时进行几件事情，却只关注其中一件。换句话说，你在进行多任务处理。你专注于一件事（阅读）的同时，其他很多事情自动发生。你越是专注于一件事，其他事情就会慢慢进入自动模式。或者，正如本章开头引用的詹姆斯那句话所说，注意力"意味着忽视其他事项，以便更有效地处理某一事项"。阅读一本书时，我们会放弃对大多数其他行为和动作的关注，以便高效地处理书中的观点。

注意这个场景的一个关键方面：你同时进行几件事情，但其中只有一件是你当下关注的，其他事情全自动进行。这意味着，你如果试图关注其中的一些行为或过程，就必须退出阅读这一主要任务。在专注于阅读内容的同时，试着将注意力集中在握力和抓握书的动作上，以及书在手中的感觉上。这也许能实现，但你会发现集中精力阅读的能力下降。你在进行多任务处理，而这"意味着忽视某一事项，以便更有效地处理其他事项"。

这就提出了一个问题：如果必须从某些事情中抽身才能开展多任务处理，我们为何还要一心多用？多任务处理是自然而然的、适应性的，也是不可避免的。我们确实需要同时做多件事情的能力。我们需要一边关注行进的方向，一边注意障碍物、其他人，还有自己的想法。人的认知系统就是为此而进化的。多任务处理不可能避免，因为接收的信号太多，但其中许多信号都不重要。世界上有很多噪声，包括字面意义和隐喻意义上的噪声，无法一一处理。因此，我们进行多任务处理，来回切换，而这需要付出代价。即使是这种代价，也是有益的，因为它意味着我们可以专注于一件事，而在一定程度上忽视无关紧要之事。这是适应性行为，有利于生存，但并不总是利于思考。

思考、学习和集中注意力的最大挑战之一就是多任务处理。我们时时刻刻都在进行多任务处理。人类很幸运，因为我们的大脑和思维经过进化，可以处理许多不同的信息流，并在它们之间快速切换。问题在于，大多数人都认为自己多任务处理的能力比实际情况要强得多。

我在一所大型高校任教，授课班级人数为75到150不等。在课堂上放眼望去，我注意到大多数学生都在用笔记本电脑或Surface Pro、iPad Pro（苹果平板电脑）等类似设备做笔记。此外，学生经常将智能手机放在身边。最常见的情况是，学生在笔记本电脑上做笔记，偶尔查看放在电脑左侧或右侧的智能手机。听课时，学生需要看授课教师、看投影仪或白板上的幻灯片、看笔记本电脑、输入笔记、查看手机，回过神看课程内容、看自己输入的内容，然后再看一眼手机。每一次"看"都是忽视其他事项，以便更有效地处理某一事项。然而，你不禁要问：这种来回切换效果如何？

顺便一提，此处并不是在批评我的学生。事实上，我认为上课时学生通常都十分专心、投入。这种注意力来回切换是常态。当然，这种情况不限于学生，教师的情况可能更严重。在系会、教职工会议或讲座上，我如果环顾四周，就可能会发现很多参会教师带着笔记本电脑或智能手机。我看到很多教师在用笔记本电脑处理邮件或查看手机，会议内容只听了一半。我自己也一样，并因此感到愧疚。我经常用iPad Pro做笔记，在电子邮件、笔记和推特查看之间来回切换。

不仅在学术环境中，人们在看电视时也会如此。一些热门节目实际上就鼓励人们在观看的同时参与社交媒体讨论。人们观看《权力的游戏》（Game of Thrones）时，一只手拿着遥控器，另一只手持着智能手机，这样就可以在推特上发布自己的观后感。人们在推特上"直播"总统辩论。多年来，我一直担任女儿垒球队的教练，我注意到很多家长甚至在观看比赛时也频繁地使用手机。那些盯着手机的家长还要求我对替补席上的球员实行"禁用手机"政策。尽管如此，孩子们还是会摆弄手机，就连我这个教练也会掏出手机，在应用程序上更新比分，然后将比分推送到家长手机上，这样他们就能查看比分。这样一来，比赛期间家长就更加依赖手机了。

路上见到的情况更加严重。下次开车或乘坐公共汽车，停在红绿灯或十字路口时，你可以看看身边的其他司机。他们中的许多人很可能正坐在车里低头看手机。尽管开车时玩手机会被处以高额罚款，但这种情况仍时有发生。在我居住的安大略省，开车看手机已列入违法行为多年，但我还是能看到这种情形。保守地说，我看到的所有停在红绿灯前的司机中，大约有75%的人在看手机。这样并不安全。我甚至注意到有人开车时仍会低头看手机、抬头看路、低头看手机，然后再抬头看路。这样不安全！我们都知道这不安全，边开车边看手机的司机可能也知道自己这样做不安全。然而，我们中的许多人认为自己可以同时处理多项任务。问题在于，进行多任务处理时，我们由于一心多用，根本意识不到自己错过了什么。如果我们为了处理其他事项而忽视某一事项，我们又如何能注意到这一事项呢？

数字多任务处理，即使用智能手机、电脑或其他电子设备进行多任务处理并非新现象。这种多任务处理的手段可能是新的，但过程却不是。正如前文讨论的那样，这正是切里和布罗德本特想要研究的问题之一，这也是布鲁克斯研究的内容。我们知道一心多用如何工作，知道为什么要这样做，也知道这通常有好处。但科技进步和多任务处理的效果，似乎让一心多用成为日常生活中一个更紧迫的问题。数字多任务处理的本质使它看起来像是一个新问题。但真是如此吗？让我们细细研究一番。

认知心理学与智能手机

苹果手机于2007年发布。我2019年撰写本书时，苹果手机已问世12年。我出生于1970年，属于X世代。虽不是在智能手机的陪伴下长大的，但我几乎经历了手机发展的全过程，甚至在成年后经历了数字通信的全部发展过程。成长过程中，我的身边只有一部同线电话[①]。直到1988年，我在上大学

[①] 在网络条件有限的农村地区，一直到20世纪80年代，使用的同线电话的线路是连接几个用户与交换机的单一电话线路。我们使用不同的电话号码，但都在同一条线路上。这就意味着，有时你想打电话，拿起电话却发现同住一条街的各家各户共用的这条电话线上已有另一个人在通话。在今天看来，这确实令人费解。

时注册了第一个电子邮件地址，从那时起，我就开始采用电子邮件、文件传输协议（FTP）、Lynx系统、新闻组（UseNet）、网景（NetScape）、短信、Facebook、Slack工具和许多其他通信手段。但有切实需要时，我还是会打电话。

苹果手机推出10周年之际，我开始思考自己与智能手机和移动设备之间的关系——从某种程度上说，将其视为一种关系有些奇怪。但对许多人来说，情况确实如此。我们与手机产生联系，将其带在身边，时刻记挂它们，手机住进了我们心里。也许这种关系并不像人与人的关系那样完善，也许更像是我们与宠物的关系。

自然，就像宠物一样，我也还记得我用过的很多手机，可以将我们之间的关系想象成真实的关系。我的第一部手机很结实但功能简单，只能打电话，没有摄像头，也没有短信功能。之后是一两款印象模糊的翻盖手机；还有一款开始增加媒体播放器功能的手机，但从未真正发挥过音乐播放器的作用。这些我都记得，但记忆有些模糊。我跟这些手机之间的关系并不十分紧密。

但后来有了苹果手机，一切都发生了改变。我开始真正爱上我的手机，与手机之间形成了一种关系。部分原因是手机能促进与他人的交流，它还可以拍照。有了苹果手机，我与朋友和同事交流的方式也比使用翻盖手机时丰富。建立这种关系的基础框架，与大多数真实关系相同。也许更重要的是，苹果手机是与所有人连接的纽带。与电话或电脑不同，手机可以随身携带。我可以随时随地与我的朋友联系，乃至与整个互联网连接。

有这种联系，再加上工业设计的进步使得手机的外观更加赏心悦目，人们就更难离开手机了。对我来说，使用苹果手机之后，我更加依赖手机。我最初使用的是光滑的黑色苹果3GS；然后是一部白色的苹果4S，我至今仍认为它是苹果手机设计的巅峰之作。事实上，我还保留着那部苹果4S手机作为备用。后来转用安卓系统后，我又换了几款手机，现在使用的智能手机与我朝夕相处，几乎每时每刻都陪伴着我。这是不是太夸张了些？可能有点。只我一人如此吗？或许不是。

如今的智能手机用途广泛。你甚至有可能正在用智能手机阅读本书。大多数人都有一部智能手机，我们可能借助手机完成诸多不同的任务，例如：通信、社交、拍摄和分享照片、听音乐、看视频、看导航、读新闻、了解天气、使用计算器、核查事实、定闹钟等。所有这些功能都有一个共同点，那就是智能手机取代了完成相同任务的其他设备。15年前，我需要手机、CD播放机、照相机、计算器、地图、报纸、百科全书和电视机等来完成上述同样的任务。现在，只需一部小巧的智能手机，就能更快、更好地完成所有这些任务，而且手机的功能远不止这些。难怪我们对手机如此痴迷。它取代了众多设备，人的注意力都集中在这一个小东西上。这就是苹果手机的初衷——一机多用。就像"至尊魔戒"（the One Ring[①]）一样，智能手机也成了主宰"一切"的设备。它是否也统治了我们？

智能手机的心理代价

对许多人来说，手机总是形影不离。在任意公共场所环顾一周，你会发现到处都是"低头族"。就这样，智能手机开始成为我们的一部分。手机无处不在，这可能会产生心理影响。已有多项研究探讨智能手机的代价。以下两项研究令我颇感兴趣：

2015年，凯里·斯托萨特（Cary Stothart）进行了一项有趣的实验，邀请受试者参与一项注意力监测任务。该任务要求受试者在随身携带手机的情

[①] 至尊魔戒是托尔金小说《魔戒》中的物件，它是黑暗魔君索隆为了统治中洲自由人民打造的一枚主魔戒，有"至尊戒，寻众戒，魔戒至尊引众戒，禁锢众戒黑暗中"之说。——译者注

况下，看清屏幕上闪烁的一系列数字。这项任务名为"持续注意反应任务"（SART），在注意力研究中十分常见。在SART任务中，每次数字闪烁时，受试者都要以最快的速度按下键盘上的一个键，但数字"3"闪烁时除外。当"3"出现时，受试者必须暂停按键。这项任务需要持续的注意力、警惕性和抑制力。任务并不难，但也不能自动完成。例如，你若正进行多任务处理，可能就会表现不佳。

受试者完成了两次任务，两次均随身携带手机。第一次任务旨在了解基线表现。整体来看，受试者表现不错。接下来，受试者完成第二次任务。既是第二次，应至少跟先前一样简单。但受试者没有意识到，在注册并同意参加实验时，已经向实验者提供了自己的手机号码。这意味着研究人员可以在实验过程中给他们发短信或打电话，而接下来情况正是如此。

第二次任务中，三分之一的受试者在完成任务时会收到短信通知，持续但频率不固定。试想一下，在你考试或认真观看节目时手机开始响个不停，将会是什么情形。三分之一的受试者的手机会接到随机来电，这就更让人紧张了。电话更惹人注意，通知内容也更加紧急，而且由于大多数人会发短信或留言，所以少数的来电通常更为重要。另外三分之一的受试者则与第一次任务一样，并未受到任何预期之外的干扰。对照组受试者在第二次任务中的表现与第一次相同。到目前为止一切顺利。但收到随机短信或电话通知的受试者在第二次任务中错误率明显更高。不出所料，电话对受试者的影响比短信更大。换句话说，收到通知需要付出实际代价。每一次嗡嗡声或通知提示音只会稍微分散受试者的注意力，但足以影响其表现。这项研究是在2015年进行的，当时手机发出声音或震动十分常见。现在，静音设置越来越普遍。那么，将手机设为"静音"即可？也许不是。首先，斯托萨特的研究只分析了收到短信后并未查看的受试者。也就是说，手机可能会弹出通知，但受试者不能查看。所以，也许只是想一想通知，就足以令人分心。这是该项实验研究者的说法。若要进一步检验，有一种方法是让受试者靠近手机，甚至不需要通知。你的手机在身边吗？你发现自己分心了吗？

2017年，阿德里安·沃德（Adrian Ward）及其同事发表的一篇论文表明，只要将手机放在身边，一些认知处理过程就会受干扰。在该项研究中，沃德等人邀请了448名大学生志愿者到其实验室参加一系列心理测试。志愿者们被随机分配到三种实验条件中：桌子、包或另一房间。另一房间组的志愿者在进入测试房间前，会将所有物品存放在大厅。桌子组的志愿者把大部分随身物品留在大厅，但将手机带入测试房间，并按要求将手机面朝下置于桌上。包组的志愿者则随身携带所有物品进入测试房间，并像往常一样将手机放在包里，且手机调为静音状态。

接下来，三组志愿者均参加了一项名为"操作广度"任务的工作记忆和执行功能测试。在操作广度测试中，受试者必须在完成一些基本数学测试的同时，记住字母。该项测试需要大量注意力和认知能力，让你无暇进行多任务处理。你若一心多用，且多件事情均消耗同一注意力池，则可能必须从操作广度任务中抽出一些注意力。研究人员还要求志愿者完成瑞文推理测试，这是一项流体智力①测试。结果令人震惊。在操作广度和瑞文测试中，将手机放身边会大大影响受试者在任务中的表现。若是将手机置于桌上，即使只是静静地放在桌上，并无任何声音，受试者仍会受到轻微影响。

另一项研究发现，对手机的依赖性越强，受影响越大。对于像我这样总是随身携带手机的人来说，这可不是好消息。研究人员表示："电子设备在眼前时，对其依赖最强之人受害最深；设备不在时，这类人受益也最大。"目前，我的一位研究生正对此项研究进行复制性研究（假设该研究可复制），希望能更详细地了解智能手机如何以及为何会产生此类影响。

---

① 流体智力是指解决问题和推理的智力能力，与知识和事实检索相对。

这项研究表明，你可能并未过多地惦记手机，仅是出于习惯时不时瞥上一眼。但这种习惯仍意味着认知转换，而注意力转换总会付出代价。瞥一眼可能就足以令你分心，足以让你忘记应记住的某个字母；这可能导致你错过瑞文测试的一项重要信息，或让你在持续注意测试中分神几秒钟。

其长期影响甚至更为严重。即使开车时坚持不发短信、坚决不查看电子邮件和社交媒体，你可能还是会将手机放在中控台上。也许你在开车时会用手机播放音乐或收听播客。即使只是出于习惯快速瞥一眼手机，那一瞬间也可能让你将视线从道路上移开；而在这一瞬间，行人也瞥了一眼手机，并踏上人行横道……

面对这些潜在风险，人们不禁要问：使用智能手机是否明智？我认为，答案是肯定的。手机和任何分散注意力的事物一样，都会产生代价。这种代价的根源不在于手机，而在于我们的思维方式。同上文讨论过的许多其他内容一样，思维具有适应性，有助于创造、引路、求解和思考。在这一点上，认知架构为我们提供了巨大助力。有时它会助我们取得突破，但有时也会导致我们产生错误。错误是行事的代价。除非采取特别措施，否则往往无法避免犯错。因此，跟手机打交道时，很多人都是如此：想方设法避免犯错。

电子设备用途广泛，但我仍想知道它们究竟能带来多大助益，至少是对我个人的帮助。写作或工作时，我通常会关闭Wi-Fi，或使用Freedom（一款跨平台的屏蔽软件）等屏蔽应用程序来减少数字干扰。但我仍会将手机置于桌上，还发现自己忍不住看了一眼——就在刚才，写下这句话的时候。这是有代价的。我要求学生考试时将手机调成静音，放在书包里，这是有代价的；我要求学生上课时将手机放在桌上，调至静音模式，这是有代价的；开车时，我可能会把手机放在视线范围内，因为我需要用它播放音乐和使用谷歌地图导航。我还借助Android Auto高效显示手机应用程序、屏蔽通知和干扰事项。即便如此，手机还是会产生代价。

对很多人来说，手机让人又爱又恨。我之所以还留着苹果4S手机，其中一个原因就是它速度慢，且未安装电子邮件和社交媒体应用程序。露营或远足时，我会随身带着这部手机，用于查看天气、地图、电话和短信，除此之外无其他功能：它似乎没那么让人分心。不过，为了避免使用"真正"的手机时分心，还得借助第二部手机，这似乎不合逻辑。许多人每月在智能手机上花费数百美元，每月还要支付更多的数据套餐费用，同时还须制订策略避免使用手机。我们花钱使用某样东西，却又不得不努力避免使用它。这似乎是现代生活中一个奇怪的悖论。

第五章

记忆：
一个不完美的过程

我们利用记忆来填补感知的细节，但记忆有时并不可靠，也会出错。

本书第三章提出不能总是相信自己的感觉，这是因为我们感知到的世界并不完全真实。我们自以为看到、听到的，不过是对片刻前事物的重构；我们自以为直接感知到的东西，实则是经过处理的信息。信息处理需要时间，这表明信息处理是一个过程。在这个过程中，一些信息会丢失。这也意味着，我们即使认为自己活在当下，实则是活在对近期过去经历的重构之中。我们还来不及注意眼前的事物，还未意识到自己看到的、听到的、闻到的究竟是什么，世界就已向前行进。本书第四章提出我们学习多任务处理，目的是忽略那些可能并无直接重要性的事项，将认知资源用在相关度和重要性更高的事情上。与感知差距一样，多任务处理意味着我们会错过部分信息。

换言之，感知和注意系统已发展并进化出一种策略，通过忽略部分信息来应对世界上持续不断的信息轰炸。我们放弃某些信息流，将注意力转向另外一些信息流并关注其流动方向。我们永远无法兼顾两者，填补了一处的差距，又会在另一处留下差距。

然而，我们处理信息的方式和丢失信息均有益处。生活在一个重构的世界中，此举可帮助我们进行权衡。例如，当看到一个视觉场景时，我们可以利用已有知识填补该场景的一些细节；当回忆和使用这些现有知识时，我们本质上只是在重新感知和处理最可能有助于预测和决策的信息。我们强化联想，加强记忆与感知事物之间的联系。这是否意味着我们并未接收到某些信息，并未注意到某些事情？当然，这些偶尔的遗漏是我们进化而提高效率的代价。总体而言，我们已经进化并适应了这种权衡，即错失一些预期细节，转而处理和关注那些新颖或值得注意的事物。

你可能已经意识到这一主张的矛盾之处。我们若是借助知识填补一些细节，那这些知识和信息从何而来？当然，它们是记忆的一部分。我们利用现有知识和记忆来填补许多感知的细节，但在看到某个场景或听到某件事情时，我们可能不会对这些细节进行完全编码。这对于我们的大脑、思维与认知来说是高效且有益的，因为我们不必总是感知场景中的一切。此举甚好，对吧？有时这确实很棒，但并非总是如此。你若借助知识填补一些信息差距和细节，则实际上并未真正看清眼前的事物。相反，你看到的是眼前事物和记忆中事物的混合体。这意味着有时你认为自己看到或听到了什么，但其实这些所见所闻并不存在。

这便产生了一点问题。当你用记忆填充细节时，你是在推断应该出现的事物，填充那些通常存在但也许并非总是存在的事物。这是一个概率过程。大脑会对你当下看到的内容进行猜测，这种猜测可能并不完美，但对我们来说通常有效。然而，猜测终究只是猜测。大多数时候大脑会做出合理的猜测；但有时，会做出错误的猜测。此时，你会犯错。合理与不合理（错误）的猜测源自同一处，两者都是试图用记忆填补细节，以便你能专注当前任务的结果。

对过去和现在的猜测

这些记忆猜测如何工作？来看一个简单的例子。想想你家门前的街道或者离你住处最近的那条街。现在假设住处的对面几乎总停着一辆蓝色汽车。你出门时，车就在那里；你下班或下课回家时，它也在那里。这辆车可能属于住在附近的某个人。也许车主就住在街对面，可能没有其他地方可以停车，且他喜欢将车停在那里。若是看到车整天都在那里，这可能意味着车主整天都在附近。在继续探讨之前，我想指出我们借助记忆将细节填充到一件甚至并未发生过的事件之中的方式——想象。我只让你想象那辆汽车。然而，我们却可以毫不费力地对这辆车、车主以及他的生活做出假设和推断——这就是记忆的工作原理。不管我们愿意与否，记忆都会填充背景和细节，会预测各种可能性。记忆不断与感知和注意力合作，试图赋予世界秩序和意义。

回到例子，你若迅速向外看一眼，你会预期在特定、可预测的时间看到这辆车。例如，如果汽车总是下午出现，记忆就会记录下来，并产生汽车下午会出现的预期。这种预期可能太过强烈，以至于如果汽车碰巧不在那里，你的记忆可能还是会填补这些细节。也就是说，即便汽车不在那里，你依旧会认为自己看到了它。记忆会填错细节，或者可以认为记忆填入了正确的细节，只是时间错了。倘若有一天汽车不见了，你可能根本注意不到。或者，当天晚些时候你试图回想当时的场景，甚至可能无法确定自己当天是否看到了这辆汽车。你的记忆知道汽车通常停在那里，所以安全、肯定的猜测是：它就在那里。

大多数情况下，这种细节填充和猜测是件好事，意味着你无须特别注意汽车每天都在那里。这是好事，因为这样你就可以考虑其他事情。这是大脑匹配模式并做出合理、可实现预测的一个例子。如果你以为汽车停在对面，实则不在，这可能不会带来任何问题。确实，从技术上看，你以为汽车在对面但实际并非如此，这是一个记忆错误，但这一错误无害。利用记忆对当下的情况进行猜测是十分高效且不可避免的，但这也意味着你会时不时地犯一些不可避免的错误。

记忆的科学和心理学即错误的科学和心理学。记忆错误有很多种。我们都知道，记忆有时会令人失望。人往往倾向于关注记忆失误，例如忘事。我们会忘记别人的名字，忘记将手机放在哪里，忘记给牙医打电话，忘记生日和纪念日，等等。忘事只是记忆错误的一种，但却往往是最容易意识到的错误。忘事就要面对记忆错误的后果。一旦忘了事情，我们很容易便能发现，因为我们会意识到缺了些什么，或是有人提醒了自己。

除了忘事，还有其他类型的记忆错误，这些错误不太明显。它们有时与记忆帮助我们进行的预测和推理密切相关。这类错误记忆更难察觉，危害更大，因为它们与利用知识和记忆填补细节的自然倾向相结合，产生叠加影响。填错细节的错误记忆和单纯填充细节的自然过程很难区分。此类错误记忆很难察觉，因为它往往无关紧要。但有时，这些错误也十分重大。

记忆：不可靠的伙伴

我给大家讲一个我青少年时期的故事。大多数人都记得许多发生在自己身上的事情，并形成记忆。在接下来的两章中，此类记忆将被统称为"情景记忆"。对我们大部分人而言，情景记忆的形式就是自己回忆和讲述故事。好故事饶有趣味，细节、人物和情节均十分有趣。我们将故事讲给他人，也讲给自己听，以提供信息，也供解释和娱乐。当然，故事是一种虚构事物的形式。

这个故事是我反复讲述的众多故事之一。在此处讲述这个故事，是因为它与记忆错误有关。这是一个有关另一故事的故事。我已记不清确切的日期，[①]只记得故事大概发生于1986年到1988年之间的某个时候。此处对时间的描述并非出于对日期的个人记忆，而是基于一种被称为"语义记忆"的事实性记忆形式。1986年，我刚满16岁，刚学会开车。[②]直到许多年后，我才拥有一辆汽车，而这些事情发生于我上大学之前。因为，根据一般事实知识可得出结论：我是在1986年到1988年之间高中毕业的。第六章和第七章将详

[①] 记忆中最令人沮丧的事情之一就是，我们似乎对某些事情记忆犹新，比如一个故事，但有些事情却完全不记得。奇怪的是，我记得的是一种主观体验，具体的日期甚至年份却记不清。我记得自己的感觉，或者自认为的自身感觉，但却无法确定自己的年龄或具体年份。
[②] 加拿大安大略省，考取驾照的最低年龄限制为16岁。——编者注

细介绍不同种类的长期记忆，此处先假设个人记忆并非总是与一般事实记忆相同。

当时，我开着父亲的福特野马。20世纪80年代早期的福特野马造型像皮卡车，两侧的后视镜与卡车的后视镜相似——向外延伸半臂长。后视镜用金属铰链固定在车上，可以前后移动进行调整。当时车内除了我，还有一位朋友。开车时，我一定是向道路右侧偏了一点，副驾驶一侧的后视镜可能碰到了电线杆或标志牌，导致其沿铰链向内摆动，撞到了副驾驶的车窗玻璃。车窗被撞碎了，玻璃碎片飞溅到朋友身上，所幸他并未受伤。

无人受伤实属幸事，但弄坏了父亲福特野马的副驾驶车窗，就大事不妙了。虽然此次碰撞并不严重，但导致车况不良，仍须被修理。我也必须为此付出代价。此外，父亲会因此不悦。一回到家，我就将事情和盘托出。我告诉父亲，自己开车时副驾驶一侧的后视镜定是撞到了电线杆或标志牌。但我为何偏离方向，导致车离电线杆或标志牌过近？这个问题没有明确的答案，但我想一定是为了避让另一条车道上迎面而来的汽车，所以向右打了方向盘。这似乎可以解释为什么无法避免此次事故。

问题是我不能确定自己的记忆是否真实。这一记忆解释了我的行为，也符合故事情节。但时至今日，我仍无法准确回忆起那两三秒钟发生的事情。我并不确定这部分内容是否属实，但也不确定这个故事是不是谎言。我并非故意说假话来推卸责任，只是记不得当时的情形。我只是需要一个解释，并填补一些细节。我利用已知发生过的事情和自认为可能发生过的事情，编造了一个连贯的故事。

我想自己当时并不记得所有的细节，现在定然也记不得。但我记得自己给父亲讲过这个故事，所以在我的记忆中，这件事肯定是真的。但我也记得自己曾想过，父亲是否会相信我的解释？所以我又意识到，事情可能并非如自己所说，我对父亲撒了谎。这个故事属实吗？我是否忘了什么，是否进行了粉饰，是否撒了谎？这些我都不记得了。记忆中，我对这个故事确有把握,但也有些不确定。这两种记忆都不强烈。我现在记得的,只是关于这个故事的故事。

人人或许都有很多类似这样的记忆。我们对某一事件仅留存部分记忆,现在记住的是记忆行为本身,而非事件。每次我们回忆事件或对事件的记忆,总会发生一些潜在变化。若是观察到一些新的细节,做出新的解释,甚至将当前的一些信息与记忆混合,我们就会将这些混合的内容作为记忆的一部分存储起来,以便下次回忆时使用。每次回忆都伴随着改变的可能性。简而言之,记忆并不稳定,它本来就不完美,且还在不断变化。

说到此处,离题略远了些。

在进一步讨论错误记忆前,我们应先探讨记忆和思维。这些错误记忆是如何以及为何产生的?为何尽管记忆具有流动性和可塑性,我们却仍相信记忆?为了理解这些问题,我们有必要探索记忆如何工作,心理学家如何发现记忆的工作原理,以及大脑如何创造我们称之为"记忆"的体验。本章将介绍我们如何获取记忆,记忆如何影响思维,以及错误记忆与"真实"记忆的区别。后续的两章将讨论短期记忆、长期记忆和知识的认知心理学。

你若想提高思维能力,就必须理解记忆如何工作;你若想学会辨别直觉是否准确,就要了解记忆如何影响行为;你若想自信而准确地做出判断和决定,则需了解记忆如何工作,记忆何时可信、何时不可信。思维与记忆息息相关,敏锐的思维取决于良好的记忆。

记忆究竟为何物

我们往往认为记忆是对过去的记录,主要面向过去。然而,谈及记忆,最令人惊讶的一点是它并非关于过去,而是面向未来。记忆是我们利用过去发生之事指导现在和未来的方式。它可能披着过去的外衣,但也具备预测未来的功能。从功能上讲,记忆系统如果只是让你重温过去,那就没有太大意义。我们记住过去是为了理解现在，预测未来的结果和事件。

那么，记忆是什么？这个问题似乎相当简单明了。在你尝试回答这一问题之前，试着思考：记忆是一种记录过往事情的内部储存系统吗？记忆是大脑中一切事物的记录吗？记忆是一个让人回到过去或去到未来的过程吗？记忆是一个有意识的心理过程，还是一个无意识的心理过程？记忆是被存储和提取的，还是被体验和再体验的？这些问题的答案为：都是。或者，在某种程度上是如此。

我们常常将记忆视为一种心理过程，类似于文件抽屉或电脑硬盘：你收获了一段经历，然后将其归档到记忆中，以便日后需要时提取。但记忆的工作原理并非如此。我们经历的大多数事，均需借助记忆。甚至直接观察也是如此，因为当你一感知到某一事物时，眼前之物就已发生变化。光能从眼睛传至初级视觉皮层，再到助你识别物体的颞叶，只需几毫秒的时间。此时，视觉感知到的并非全是眼前的事物，而是你对几毫秒前眼前事物的重建记忆。听觉也是如此。声音从他人之口传到你的耳朵时，早已从这个世界上永远消失，剩下的只不过是对声音的记忆。正如前文所述，你感知的是基于你的记忆和认知，将世界上实际存在之物与你认为的存在之物融合在一起。感知和记忆的神经过程是重叠的，你的记忆是重构感知的一种形式。记忆增强了感知，意味着感知亦为重构。

在进一步对客观现实提出疑问前，我们暂且将记忆定义为一种识别过程，其中，识别当下事物的神经激活模式与之前的模式相似。这并不一定是明晰或外显的识别过程，重要的是，你的行为方式相同，或者你的大脑能够将当前激活模式与之前激活模式之间的关联视为相似关系。这就是记忆。

记忆与思考

在某种程度上，思维过程本身不过是运用记忆的过程。当我们学习某些知识时，我们会进一步识别过去发生的情景或事件与当下情景或事件之间的相似性。学习是一个加强已知（记忆）与未知之间联系的过程。我们利用先前的证据做出决定、解决问题，并对世界做出判断；我们借助自己所知和自认为所知来指导行为。思考即利用记忆进行决策、计划和判断。

借助记忆指导思考的一个重要方式就是对新情况进行风险评估，然后利用风险评估来制订计划并指导行为。新情况要么有风险，要么无风险。风险的一个固有特征是不确定性。如果我们熟悉某种情况和环境，就意味着对以前的类似情况有一些记忆，我们可以利用这种记忆和熟悉感来减少与新情况相关的不确定性。我们可以识别风险和可能的结果，这是因为曾面对过相似的情况。若无法识别风险、情况或结果，不确定性就会增加。倘若身处十分危险的环境，但你由于没有任何相关记忆，意识不到危险，你可能就无法采取恰当措施。若无相关记忆，你最终可能会让自己身陷危险。更糟糕的是，为了减少不确定性，我们也许会回忆起错误的事情；有时面对新情况，我们确实想起了过去的类似情况，但可能并不适合指导行为。在这些情况下，试图用过去来指导行为的做法可能会产生负面后果。

2020年初的情形便是如此：当时，世界各国领导人、医生和民众首次面临新型冠状病毒大范围传播的威胁。它虽为新病毒，但新型冠状病毒的某些方面及当时的社会反应，与过去的病毒、疫情和危机相似。许多人的行为方式表明，我们试图通过采取以往应对危机的举措来减少当时局势的不确定性，但此举有时是一种错误。新型冠状病毒是个新面孔，与以往大不相同。2020年3月初，纽约市市长比尔·德布拉西奥（Bill de Blasio）犯下了严重的错误，他也许是想到了以往领导人在"9·11"恐怖袭击事件后的做法，鼓励市民不要待在家中，应该去看电影、外出就餐。于是，德布拉西奥在推特上发布了一则臭名昭著的推文。他写道：

> 我鼓励纽约市民继续维持日常生活，尽管面临疫情，也要出

第五章　记忆：一个不完美的过程　｜　129

去走走。我想我可以给大家提一些建议。首先，不妨去看看3月5日（周四）放映的《叛徒》（*The Traitor*）@FilmLinc。这就是电影版的《窃听风云》（*The Wire*），只不过这部电影是根据意大利的真实事件改编的。

> **Bill de Blasio** ✓
> @BilldeBlasio
>
> Since I'm encouraging New Yorkers to go on with your lives + get out on the town despite Coronavirus, I thought I would offer some suggestions. Here's the first: thru Thurs 3/5 go see "The Traitor" @FilmLinc. If "The Wire" was a true story + set in Italy, it would be this film.
>
> 8:16 PM · Mar 2, 2020 · Twitter for iPhone
>
> **2.2K** Retweets　**1.7K** Likes

图 6.1　纽约市市长比尔·德布拉西奥的推文

一个月后，每天都有成千上万的纽约市民死于新型冠状病毒。德布拉西奥犯了一个错误，但该错误可以理解。之所以会如此，是因为他还记得"9·11"恐怖袭击事件的经验，或者还记得"二战"时期英国"保持冷静，继续前行"（Keep Calm and Carry On）的海报。①在德布拉西奥的记忆中，他的想法是，人们不应让当前的逆境阻碍正常生活。他认为，人们应该

---

① 这本身就是人为创造记忆的一个例子。"保持冷静，继续前行"的海报印制于20世纪30年代末，但从未正式发布。我们记得的是根据21世纪初在一家书店发现的海报重新创作的作品。于是，我们便认为这些海报是战时英国的一部分，但事实并非如此。

保持冷静，继续前行。但2020年暴发的新型冠状病毒疫情与之前的情况并不相同。后来，事实证明此次借鉴过往的经验是个糟糕的举措。呼吁虽然可以理解，也是不可避免的，但这并不是正确的决策。

我们借助记忆进行风险评估，是我们行事和与世界互动的必要之举。这种倾向早已存在，我们从小就利用记忆来判断风险。举个简单的例子，刚学会走路的孩子不知道厨房的炉子会有危险。他们怎么可能知道呢？事实上，孩子可能会认为炉子是个好东西，可以靠近。毕竟，父母或其他看护者准备一日三餐时，孩子会看到他们在炉子前工作，其记忆便存储了看护者、炉子和食物之间的联系。这也许是一种美好的记忆。此外，炉子的高度恰到好处，会吸引正在学习走路的孩子。炉子前可能有旋钮，一扇可以拉下来打开烤箱的门。对蹒跚学步的孩子来说，炉子与许多美好的事物有关，令他们兴奋。因此，孩子自然想要靠近炉子。

不过，靠近炉子显然是危险的。若是没有被炉子烫伤的记忆或经历，孩子就没有理由将接近炉子当作一种有风险的事情。事实上，所有这些美好的记忆可能会增加孩子靠近炉子的倾向。令人庆幸的是，大多数孩子并未经历过被炉子烫伤这样的负面事件。孩子的记忆中没有直接的负面经历，而我们仍希望他们远离炉子。于是，我们通常会给孩子制造轻微的负面经历，让他们记住风险，让他们记住炉子并不是那么美好。为此，包括家长在内的看护者会发出严厉的警告。一旦孩子靠近炉子，他们就大喊或吓唬孩子。你可能会喊道："站住！别碰炉子！"但这可能会吓着孩子，你又觉得不妥。你的本意是给孩子创造一种记忆，制造一些与炉子有关的轻微不愉快的事件。此种情况下，不愉快的事件是责骂，而不是更严重的烫伤。我们宁可让他们记住被责骂的经历，也不愿意孩子被烫伤。如此，当再靠近炉子时，孩子就会做出"可以预见，炉子有危险"这样的判断。我们希望孩子记住被训斥的经历，以后靠近炉子时他们就会想起这一记忆。我们希望减少不确定性，为此想要增强孩子对负面事件的记忆。

积累可用的记忆，可以助你快速做出判断。孩子被责骂的经历，这段记忆可用，是因为它会迅速、轻易地再现；而由于脑海有此类可用记忆，孩子可快速、可靠地判断出需要小心炉子，不能轻易靠近。这样，记忆的可用性就是一种有用且有益的启发式。这种可用性不仅促使记忆帮助孩子快速做出判断，还可以切实保障生存。记忆会改变行为，尽管孩子从未烫伤，记忆也可以让好奇的他们在炉子面前保持适当的谨慎。危险瞬间来临且很难被察觉，但可用的记忆能救命。

上述两个例子——德布拉西奥对新型冠状病毒疫情的错误认识和孩子的可用记忆助其避开炉子，均说明人会将感知、注意力、记忆和认知联系起来。换言之，现在受过去的影响。这种影响自动发生、不可避免。当下情况、物体或事件让人回想起过去的类似知识，此时这些神经激活级联反应无法忽视。看到炉子会立刻唤醒对过去事件的轻微负面联想。这种情况下，自动可用性至关重要。若发生危险的风险很高且受伤过程很快，我们即使不能当即做出判断，我们也能迅速判断。要快速研判情形，还有什么比依靠最深刻、最强烈的最初记忆更好的方法呢？若这段记忆能够迅速、毫不费力地重现，储存在脑海中随时可用，则可视为一种快速可靠的认知捷径，能够提供信息，有助于我们对外部世界做出判断。因此，我们利用这些信息进行判断、推理或调整行为。问题就此解决，是这样吗？

也许不是。像本书讨论的许多概念一样，引导我们认识世界、帮助我们采取适应性行为的认知过程和认知架构，有时也会将我们引入歧途。德布拉西奥以及其他许多早期低估新型冠状病毒疫情影响之人，也许就是这样走上了歧途。能提供指导的可用记忆似乎并未引导他们做出正确的决定。若这些认知捷径确有助益，我们称之为"启发式"；若这些认知捷径对我们造成伤害或导致犯错，则称之为"可用性偏差"。有益的启发式和有害的偏差是同一个基本心理过程的两种结果。这个过程就是利用记忆来评估和感知世界。接下来，我将详细探讨启发式和偏差。

可用性启发式

丹尼尔·卡尼曼（Daniel Kahneman）和阿莫斯·特沃斯基（Amos Tversky）花费数年时间研究人们如何利用自己的记忆和知识做出决策、评估风险，并将这种倾向称为"可用性启发式"（也称"可得性启发式"）。如刚才所述，可用性启发式指的是基于记忆中最直接的可用内容做出判断的倾向。或者更准确地说，这是一种利用记忆易得性的倾向。然而，如此一来记忆就会欺骗我们，因为有时脑中呈现的是错误信息；而有时，错误信息的出现是因为我们未掌握事情的全貌。若想起不准确的信息，我们就可能犯错。这些错误不一定代价高昂，但信息不准确，反映了事物的本质（客观）与个人想法（主观）之间的矛盾。主、客观发生矛盾时，不倾向于个人想法几乎是不可能的。我们往往倾向于对事件做出主观解释，偏差由此产生。之所以产生这种偏差，是因为部分信息很容易出现、可轻易获得，但这些信息不能准确地反映现实。举一个例子，该例子说明了可用性偏差的本质。

2014年，美国多名NFL（美国国家橄榄球联盟）球员被卷入备受关注的家庭暴力案件，有人受到指控、逮捕。此事被广泛报道，甚至对那些可能并不关注美式橄榄球的人来说，这也是头条新闻。受到广泛关注的具体案件涉及雷·赖斯（Ray Rice），他是巴尔的摩乌鸦队的一名跑卫。一段监控录像显示，赖斯在电梯里殴打他的未婚妻（现在的妻子）。录像内容骇人听闻。视频显示，赖斯殴打未婚妻后，将四肢瘫软的她拖出电梯，场面十分残忍。大多数人记住赖斯的原因是此次家暴事件，而不是他的橄榄球职业生涯——在此之前，赖斯在球场上的表现十分亮眼，职业生涯一帆风顺。事实上，赖斯因该事件被球队解雇，从此不再踢球。当时，媒体对事件进行了大量报道，照片和视频广泛流传，民众对此议论纷纷，社交媒体和有线电视新闻也对此事进行了讨论。当时的知名体育统计网站（fivethirtyeight.com）[1]进行了一项调查，结果显示，近70%的美国人认为"NFL家庭暴力泛滥，令人不安"。

问题在于，客观证据并不完全支持这一结论。我无意淡化家庭暴力或赖斯的家暴行为。家庭暴力确实是个问题，无论发生于NFL还是其他地方，都令人忧虑。但"2014年，NFL球员家暴事件频发"的说法并不准确。实际上，2014年，NFL球员因包括家庭暴力在内的罪行而被捕的比率明显低于普通人群。供职于fivethirtyeight.com网站的统计学家本·莫里斯（Ben Morris）利用美国司法统计局的数据，计算了每10万人中年龄25至29岁男性的被捕率，而25至29岁正是大多数NFL球员的年龄范围。莫里斯发现，NFL球员因酒后驾驶、非家庭暴力、毒品犯罪、扰乱秩序、性侵犯、盗窃以及家庭暴力而被捕的比例较低。看来，至少在2014年，NFL球员因包括家暴在内的任何罪名被捕的可能性远低于平均水平。[2]

为何民众认为NFL存在如此令人担忧的严重的家暴现象呢？从当时讨论的"可用性启发式"来看，原因似乎显而易见。开展调查时，家暴——尤其是赖斯事件——正是当时的热议话题，萦绕在每个人的心头。家暴话题人人皆谈、纷纷转发，笔下、脑中都是这一话题，非常容易被民众想起。因此，若一项简单的民意调查中问及NFL是否存在严重的家暴问题，而民众又刚好看到赖斯和其他一些案例的相关报道，则其判断将受影响。民众会首先想到一系列备受关注的家暴案件，而非执法或医疗等其他职业领域的家庭暴力，更不会想到当年并未因家暴被捕的其他NFL球员。当然，民众也不会想到美

---

[1] fivethirtyeight.com网站被称为"FiveThirtyEight"或简称"538"。它是一个知名的数据分析和预测网站，尤其是在美国总统选举、体育比赛等多个领域被广泛应用。——编者注
[2] 报告显示，虽然NFL球员的被捕率低于普通人群，但家庭暴力仍是一个问题，而且是球员被捕的主要原因。

国司法统计局公布的每10万人中年龄25至29岁男性的被捕率。这意味着，我们脑海对一段频繁出现的家暴录像有深刻的记忆，却对无犯罪统计数据无任何相关记忆。

以上便是可用性启发式发挥作用的一个例子。由于通常无法取得准确信息，如家暴事件逮捕率或基本发生率，我们倾向于依赖可获得的信息，即自身对某事件的记忆。这些可用的记忆通常是我们获取信息的途径，它响应速度快，且通常很可靠。这一过程帮助我们在幼年时通过受训斥的记忆学会避开炉子，同样的过程也会导致我们判断失误。

2011年，丹尼尔·卡尼曼在其著作《思考，快与慢》（*Thinking Fast and Slow*）中列举了许多直截了当的例子。最著名的一个例子出自卡尼曼和特沃斯基的早期研究。他们向一组研究参与者提问：假设从一篇英文文章中随机抽取三个或三个以上字母组成的单词，单词以R开头与R为第三个字母，哪种可能性更高？研究发现，受试者认为随机抽取的单词以R开头的可能性更高。但事实并非如此，随机抽取一个单词，R为第三个字母的可能性更高。你若不信，可细看本段目前的内容（到此处为止）。有15个单词的第三个字母为R，"word"（单词）的第三个字母也是R；仅四个单词以R开头。第三个字母为R的单词比以R开头的单词更常见。因此，若随机选择一个单词，R为单词第三个字母的可能性更高。

问题来了，既然实际上第三个字母为R的单词更多，为何受试者却认为以R开头的单词更多？我们为何如此容易受误导？为何会出错？这与我们的记忆方式有关。若让你对以R开头的单词进行判断，你会想起一大串单词：rind（壳）、random（随机）、raft（竹筏）、riparian（河边的）、river（河）等。若让你想一想第三个字母为R的单词，你将如何做呢？你必须先从单词的第一个字母开始想，然后再看R是否为第三个字母。当然，这样的单词并不少。回顾前文，就会发现word（单词）、more（更多）和first（首先）等词的第三个字母都为R，但你无法轻易想起这些词，因为我们记忆单词的方式并非如此。我们背单词时，往往对单词的首字母更加注意。以R开头的单词更易被想起，这种记忆的便利性在判断中也将发挥作用。若被问及哪一类单词更常见，人们会选择记忆中可用的词，而记忆中储存了大量以R开头的单词。

如你所见，尽管这一例子更加普通，但情况与NFL例子相同。在这两个例子中，一些信息很容易从记忆中被获取。赖斯一例中，信息之所以可用是因为该事件轰动一时；而以R开头的单词一例，信息之所以可用是因为我们记忆和提取单词的方式。然而，两种情况下，这些信息其实均不是指导决策的正确信息。我们并无信息可用于判断NFL内的家暴情况，因为我们即使想了解，通常也无法获得这些信息。我们也无正确信息可用于判断R为第一或第三个字母的单词，只能凭借单词的第一个字母来回忆单词。这两种情况，获取正确信息都需要很长时间，而且不完整的信息很容易浮现于脑海。因此，我们会使用这些信息。当可用信息导致我们做出错误决定时，可用性启发式即变为可用性偏差。

不出所料，政客、广告商和其他试图影响你行为的团体或个人会利用这一点。长期以来，美国人一直夸大恐怖主义的相关风险。"9·11"恐怖袭击事件影响了我们对恐怖主义风险和可能性的思考，我们根据感知到的风险调整行为和政策。但总体而言，恐怖主义袭击在美国并不常见，此类袭击的发生率非常低。校园枪击案和大规模枪击案也是如此。枪击事件发生时令人痛心，且发生的频率较高，但此类事件总体发生率仍然很低。类似例子还有陌生人诱拐儿童，此类事件确有发生，且一旦发生就是一场悲剧，但诱拐事件总体发生率较低。然而，若是判断此类事件发生的可能性，我们可能会高估风险，认为这些事件发生的频率高于实际情况。此一情况是由可用性启发式导致的。虽频率不高，但这些令人痛心事件很容易被记起，原因就是其悲剧性。这类事件之所以突出，是因为其备受关注。这些信息无法被更准确的信息抵消，因为基本比例或真实概率往往不得而知。我们所知仅限于记忆中的信息，这些便是全部。如果你从强调恐怖主义、校园枪击案和陌生人诱拐儿童的渠道获取信息，高估风险也就不足为奇了。

需强调的一点是，做出这些判断时，你并未失误。你可能高估了某一事件的风险或可能性，在这一点上确实犯了错误。但在某种程度上，你的行为恰恰遵循了思维习惯的行为方式。做出预测和判断时，你在利用自己所见、所知、所记之信息。大多数时候，此举将引导我们走向正确的方向。即便危险仅发生了几次，我们也会避开危险的事物。接受有限信息并根据脑海中浮现的信息快速做出判断是一种进化适应的过程。只有在纵观全局时，我们才会觉得这是一个错误。

代表性启发式

有时，记忆会影响我们的感知以及与人交往的方式，或导致盲目根据概念进行归纳、形成刻板印象。例如，21世纪10年代中期，巴拉克·奥巴马总统任期结束时，美国曾发生过警察遭抗议者袭击的事件。[①]其中，部分抗议活动由密苏里州弗格森镇警方枪杀手无寸铁的平民一事引发。最初的枪杀事件后来导致一些针对执法人员的犯罪，美国部分媒体宣称，此为"向警察宣战"。请注意此处的用词：用"战争"形容某件事，不免让人联想到一些概念，令人联想起冲突和暴力。这些概念都是可用的，而将这一可用性与当前警察遭袭案件的频发和耸人听闻的报道结合起来，一种新的可用记忆便由此

---

① 2020年，我完成本书时，美国已爆发数次大规模抗议活动，这些抗议活动主要反对警察暴力执法，尤其是抗议警察对待黑人的方式。这些抗议活动均由明尼阿波利斯（Minneapolis）警察杀害乔治·弗洛伊德（George Floyd）一事引发，但随后席卷至全美各地。"向警察宣战"之说并非尽人皆知，部分原因在于抗议活动的规模、公众舆论的转变以及警方应对措施的力度。

形成。一听到"向警察开战",民众就将这句话记下;关于战争的记忆、概念和想法通通涌现出来。这将增加对相关案件的报道,增强其热度。因此,当民意调查问及"向警察开战"一事是否属实,美国民众回答"是"便不足为奇。一切证据均已储存在记忆中,就在你的脑海中,呼之欲出。然而,这些证据均无法准确地反映现实世界,也并无任何证据反映出犯罪率的整体下降趋势。总体而言,这些证据均未表明"警察是一个安全的职业"这一事实。证据反映的是你得知某些事情以及事后回忆的个人经历。可用证据实际并没有错,它反映了你看到、读到的信息,只不过这并非回答当前问题的正确信息。倘若可用信息与我们现有的刻板印象和偏见一致或相关,则更难辩驳。

对此,卡尼曼和特沃斯基的研究也可作为佐证。二人对民众如何看待不同职业进行研究,发现大多数人做评判时将对个人的认识作为刻板印象和概念的代表,而非依据对个人、基本比率和真实概率的了解进行评判。二人将其称为"代表性启发式"。我们之所以对人或事有刻板印象,是因为其与记忆依赖是同一概念框架;而由于毫无获取基本比率的经验或习惯,我们对基本比率了解较少。有时,我们甚至获取了基本比率信息,也会忽略这一信息。似乎即便取得基本比率和概率信息,我们也不知该做何处理。相反,我们将个案视为对应类别的代表。

卡尼曼和特沃斯基的一项研究案例要求受试者描述一个人,并对此人做出判断。受试者通常会根据自己对刻板印象的记忆做出错误的判断。下述为卡尼曼对一个人名——史蒂夫(Steve)进行的提问。假设史蒂夫是从一个代表性样本中随机抽取的名字,此处,代表性样本是指能够反映普通人群基本分布的样本。对史蒂夫此人的描述如下:

> 史蒂夫非常内向且孤僻,但总乐于助人,只是对人和现实世界不感兴趣。他为人谦恭正直,注重秩序和结构,且高度关注细节。

接下来，受试者需按要求判断史蒂夫更可能是一名图书管理员还是一名农民。大多数受试者都选择了前者。为何是图书管理员？卡尼曼认为，对史蒂夫性格的描述令人联想到一个可能在安静的图书馆工作之人。[①] 但图书管理员并非正确答案。

在卡尼曼和特沃斯基开展研究时，农业从事者多于图书馆学从事者。故而严格来说，随机选择一人，其工作为农民的可能性更高。尽管如此，受试者在回答问题时借助的是刻板印象，而非人口基数。人们使用记忆中的信息，并假设个例（史蒂夫）代表刻板印象或概念。卡尼曼和特沃斯基将此称为"代表性启发式"，即在所有条件相同的情况下，我们假设具体个例就是记忆中被激活概念的代表。假如我们对史蒂夫的描述激活了"图书管理员"的概念，那么，原因一定是史蒂夫确为一名图书管理员。

代表性启发式是另一种启发式。与可用性启发式相同，它也是基于记忆的内容，它也会带来往往正确或信息丰富的记忆。也许我们见过图书管理员和农民，对两者有概念，但也许未曾了解这两种职业的基本比例。

卡尼曼和特沃斯基通常将代表性判断视为一种错误，因为在此情况下，这严格来说是一个错误答案。这通常表明该判断不够理性，因为人们甚至忽略基本比例信息，而依赖刻板印象。然而，这真的是一种错误吗？依赖刻板印象是否错误？假如我们从美国普通人群中随机抽取一人，并将其描述为"一名富有的年长男子，身材高大，略微肥胖，一头浅金色头发梳向一边，比一般人的头发要长。此人喜欢夸夸其谈，要么收获忠实的粉丝，要么招致

[①] 切勿以为我认为所有图书馆管理员都符合这一刻板印象。这些描述源自20世纪70年代末，卡尼曼和特沃斯基故意将其设计成刻板印象，甚至有些极端的形象。重点是受试者使用了这些刻板印象，而非其他信息。

狂热的诋毁",你若说他是"唐纳德·特朗普",也并无不可。这一判断有错吗?根据卡尼曼和特沃斯基的观点,高估随机选中总统的可能性则为一种错误。但这一刻板印象太强烈,难以避免。更重要的是,这种描述将记忆中的搜索范围缩小到具有这些特征的有限人群。该描述与特朗普之间的相似性显而易见,要避免其对判断产生影响几乎不可能。

与可用性启发式一样,代表性启发式也是一把双刃剑。它有助于对世界进行快速、有用的评估,并做出决定。这些评估和判断基于记忆,而记忆又是个人经历的一种结果。对任何信息均不确定时,还有什么比依靠记忆和经验更好的方法,能帮助我们做出判断或决定呢?

多数时候,这些凭记忆快速做出的判断和决定都正确,或者勉强正确。这把双刃剑的另一面至少存在两个问题。首先,卡尼曼和特沃斯基的研究表明,即使记忆与关于真实概率的客观信息相冲突,我们仍会依赖记忆。我们倾向于相信自己的直觉,而不是真相。第二个问题更是令人担忧:记忆往往错误、不准确、歪曲、不完整。如此看来,我们非但不相信其他外部客观信息,反而仅相信自己的记忆,而这一信息来源非常不可靠。

本章开头将记忆形容为一位"不可靠的伙伴",但这只是问题的一部分。记忆不可靠,但我们却倾向于相信记忆;记忆不完整,但我们却认为记忆完整、准确。记忆实乃信息被扰乱、歪曲和完全遗忘的罪魁祸首。

接下来的内容便详细讨论记忆的七大过错,此为"记忆的七宗罪"。

七宗罪

人类的记忆十分奇怪:它是我们最为了解的一种认知操作,但从表面上看,记忆似乎并不可靠。何为记忆不可靠?你若是不记得某件事,那可能并非真正的记忆错误,只能说明你并未充分关注此事。这不完全是记忆错误。这种情况下,记忆可能是对你未能集中注意力这一事实的记录。

记忆甚是奇妙，记住某件事这一行为本身甚至会产生新的记忆，进一步模糊过去、现在和未来之间的界限。我们理应相信自己的记忆，但它似乎并不可信。记忆有时以精准的假象呈现错误的信息，有时又在看似不准确中蕴含着准确性。它是对过去的记录，是我们迈向未来所需要的。这一过去的记录当前正在悄然改变，我们通常毫无察觉。记忆本应呈现稳定的方式，但它往往极不稳定。尽管记忆是一个不可靠的伙伴，我们却别无选择，只能相信它。

哈佛大学的记忆认知神经科学家丹尼尔·夏克特（Daniel Schacter）在《美国心理学家》（*American Psychologist*）期刊上发表了一篇名为《记忆的七宗罪》的短篇论文，全面阐述记忆的七宗罪。文中，夏克特从七个方面阐述了记忆的适应性和有益性几乎必定会导致我们犯错，但这些均是可预见的错误。此外，夏克特认为，错误并非随机产生，而是记忆进化的方式和支持记忆功能的认知与神经架构的附带结果。根据夏克特的观点，"七宗罪"分别为健忘、分心、阻塞、错认、暗示、偏颇和纠缠。这七宗罪将误导、影响甚至破坏思考的方式。但只需小心谨慎、增强意识，记忆的七宗罪也可避免。

前两宗罪，即健忘（transience）和分心（absent-mindedness），实为日常的记忆失误。信息随着时间的推移逐渐消退。或有时我们由于未关注眼前的任务，信息一开始就没有被充分编码。无论是何种情形，最终结果都是记忆痕迹微弱或逐渐消失。例如，阅读课文、完成阅读作业甚至是阅读本书时，你会发现稍一走神，刚刚读了什么已然忘记。读着读着，思绪飘飞，忘记了刚刚读过的内容，竟不知自己读到何处。这种分心会导致记忆错误。为了确保记忆正常工作，我们需保持一定的注意力。

第三宗罪为阻塞（blocking），即暂时提取失败或无法提取记忆信息。这可能是记忆网络中的心理激活扩散效应所导致的。随着激活扩散至众多记忆和概念，这些记忆和概念全部被激活。倘若脑海中许多相似的记忆和概念被激活，且几个不同记忆的激活程度相似，这就很难确定哪一个才是适用于当前情形的正确记忆。你若正努力回想一位著名演员或一部电影的名字，而你的脑海中有许多相似演员和电影的记忆被激活，这些记忆会纷纷争夺你的注意力。在激活程度相似的情况下，每种记忆似乎都可信，而最终每种被激活的记忆都会抑制另一种记忆，阻碍正确记忆的出现。这一情况在所谓的"就在嘴边"现象中表现得最为明显。该现象是指面对提问时，你明知自己已有答案，但就是无法将其说出。很多情况下，你几乎能感觉到答案呼之欲出，也似乎确实想起了一些信息——包括说出答案所需的信息，但这些信息的激活程度不足以让人有意识地将其回忆起来。此时的主观感觉是记忆受阻，但信息在脑中的感觉却仍然存在。此情形并不少见，但这种感觉仍非常奇妙。

上文已介绍"七宗罪"中的三宗，即想不起某事的记忆错误，这意味着此类过错极易识别。你若记不起某件事，很容易便会察觉，因为想不起事来就是犯错的有力线索。接下来的两宗罪——错认和暗示，都是对已有记忆的歪曲和扰乱。两者皆是由语义记忆网络高度关联引起的错误。因此，这些记忆错误常常让人误以为自己确实记住了信息，但实际上是错误信息。由于我们深信自己的记忆无误，这些错误便很难被察觉。

错认（misattribution）即一个人正确地记下事实，却无法记住准确的信息来源时所犯的错误。若有人对你讲述一个故事，即便故事并不真实，事后你也可能轻松回忆起这个故事的内容，并相信那是真的。在政治环境和新闻中，此类例子十分常见。假设一位政治领导人接受采访时说了假话（谎言），新闻媒体随后报道了这位领导人说谎的相关内容。该新闻经过多次报道和分享，其总体效果就是谎言被多次重复。重复的谎言为潜在的错认提供了沃土。为何如此？因为反复的接触会让事实更容易被了解。如果你对一则谎言有些印象，却记不清其最初来源（例如，内容实际有关一则谎言），结果就是你对谎言内容形成了较强的记忆，但归因是错误的。这种情况发生时，你最终会相信自己的记忆，相信谎言。

许多政客通过发布虚假信息并安排新闻报道,来控制叙事和传播虚假信息。而且内容越离谱越好,如此便可引得各家媒体争相报道。特朗普就擅长于此,他总能为误导性的虚假言论制造大量报道,然后进行广泛传播。大范围的报道,甚至是试图揭露原始虚假声明的新闻报道,往往会导致谎言进一步传播。虽然荒谬,但这会增加民众记下最初的谎言并信以为真的概率。这实际上是错认的结果,因为信息虽然浮现,却未能记起准确的信息来源。但鉴于记忆的工作方式,这种错误完全可以理解。

七宗罪的另一宗是暗示(suggestibility),它与错认有关,是指我们容易回想起记忆中的某些信息,但却回忆错误。记忆易受暗示,即我们经常根据当前描述更新对过去事件的记忆。假设你正在回忆一件事,比如像上文提到过的故事那样——弄碎了车窗,在你回忆此事时有人提出一个新的细节,那么这一新的细节也会成为记忆的一部分。甚至不需要有人暗示,你自己可以提出新的解释,而这些解释同样会成为记忆的一部分。在前文我撞碎福特野马车后视镜的故事中,情况的确如此。在最初的记忆中,事情结束得太快,我还未来得及编码所有的信息。在试图理清事件的来龙去脉时,我提出了一些可能的解释,这些解释也成了记忆的一部分。记忆容易改变、容易适应,也很容易移位。所以欺骗自己算不得难事。

你若能欺骗自己,别人同样也能欺骗你,同时让你怀疑自己的记忆和感知。这一点在"煤气灯效应"的概念中体现得淋漓尽致。你可能对"煤气灯效应"一词并不熟悉,这是一种心理操纵形式,其名称源自伟大的英国悬疑电影《煤气灯下》(*Gaslight*)。此处暂不剧透,但我建议大家看一下这部电影。在电影中,丈夫试图通过反复否认妻子看到、感知到的东西,让她相信自己失去了理智。妻子开始怀疑自己的记忆,试图通过承认自己一定是丧失了理智,来解决她认为自己所见和别人口中她所见之物之间的冲突。许多记者和新闻作者指责特朗普总统通过煤气灯效应操纵美国民众。① 特朗普政府被指责意图说服美国民众他们看见的、记住的，并非真正发生的事——无论是就职典礼的人群规模，还是总统对新型冠状病毒疫情的最初反应，都是如此。此举最终目的就是让特朗普政府提供的新信息成为民众记忆的一部分。

暗示和错认不易被察觉，因此难以应对。一方面，我们确实希望记忆能够纳入新的信息，更新我们对事件的了解，这是基本学习的支柱。记忆的工作原理意味着，我们的思想内容为当下眼见之物（感知）与过去所见类似事物的重构和表征（记忆）的混合。此过程通常见于所谓的"工作记忆"系统（本书下一章将介绍工作记忆系统的运作方式）。此处之意为我们一直利用记忆中的信息增强对世界的感知，又利用来自世界的信息更新记忆，而这些信息混合可强化长期记忆。假设部分新信息有误，它仍可以与记忆中的信息混合，形成新的记忆。这一点通常不可避免，此亦记忆工作原理的一部分。从记忆七宗罪的第六宗——偏颇（bias）——可看出，我们倾向于相信自己的记忆，导致问题愈加严重。

记忆易受暗示、易混淆归因，这已然是坏事一桩。更糟糕的是记忆的第六宗罪：偏颇。根据夏克特和其他记忆研究者的观点，我们认为自己的记忆反映了实际发生的事件，表现出明显的偏颇。换言之，我们偏向于相信自己的记忆，毕竟我们借助记忆来理解事物、学习知识，甚至利用记忆感知眼前的世界。我们所做的、曾经做过的事情，由记忆进行过滤；我们所知、所唤、所想的事物，也均为记忆的产物。因此，我们需要相信自己的记忆，否

---

① 我希望尽力避免表现出任何党派倾向。多数政客都会使用这种影响并引导公众认知的手段。此处重点关注特朗普总统，原因有二。首先，特朗普似乎特别热衷于这种政治传播手段。其次，这与可用性启发式有关。这是我著书期间的新闻，可能也影响了个人感知，导致存在一定的偏颇。

则一切都将崩塌。倘若错误的记忆或错误源于一种回忆的感觉，而这种感觉来自一个紧密相连的网络或相关想法和观念，那么我们完全有理由认为自己是在回忆过去发生之事，而不仅仅是对一种并不反映过去的激活状态做出反应。简而言之，若是记得什么，我们会选择相信，因为的确有相关的记忆；倘若未曾发生过，我们便认为不存在记忆。因此，我们将记忆当作事情确实发生过的证据。

夏克特还提到一宗后果极其严重的罪过。它与记忆的其他罪过略有不同，其他几宗罪都与记忆错误、遗忘和混淆有关，而第七宗罪是纠缠（persistence）。我们虽然希望大部分记忆能够持久且准确，但有些记忆是我们希望没有的。能够心甘情愿地忘记一些事情，做一些清理、抹去一些记忆，岂不甚好？不幸的是，记忆往往还有一个特点：我们不希望记忆留存之时，它却一直纠缠不休。创伤事件、不愉快的经历以及其他想要忘记的事件往往挥之不去，起因是事件最初就留下了深刻的痕迹和情感影响，又或由于侵入性回忆和反复思考所致。我们每一次想起不幸之事，最终都会强化最初的痕迹。若是沉湎于过去的不幸事件，很可能进一步加深其记忆痕迹。越是回避，记忆便越是汹涌。

记忆七宗罪的定义相当宽泛。上述均为记忆错误的例子，而引起这些错误的，正是记忆的构造和运作方式。记忆引导我们，也会误导我们。这些错误或许是些小麻烦，但却无处不在。日常接触过程中，记忆的七宗罪无法避免，但不妨试着识别它们。我们如果能识别它们，也许就能避免这些过错的干扰。

例如，你是否有在农贸市场或城市开放市场购物的经历？想象一下当时的情形：你走进市场，仔细挑选某个摊位上的水果和蔬菜，然后移步另一摊位。你同朋友一起，且你们都有几样想买的东西。当你来到另一摊位时，朋友问：第一个摊位是否出售柠檬。那个摊位有柠檬吗？好问题！你是真的看到了柠檬，还是自以为看到了柠檬？

诸如此类的问题往往很难回答，因为你在感知事物时将很多事情视为理所当然，因而记不住常见的细节。结果便是借助记忆填入许多细节；而在实际感知过程中，这些细节存在与否并不确定。因此，要回答有关自己刚才所见之物的问题，可能非常困难。如果之前那个摊位出售其他水果，那可能也有柠檬。但你可能并不能百分百确定在该摊位看到了柠檬。也许你只是根据自己对一般农产品供应摊位的了解，推断该摊位出售柠檬。换言之，你对农产品供应摊位的记忆表征可能具有柠檬特征。因此驻足农产品摊位时，你即使没有明确看到柠檬，这一特征也会激活。你的记忆试图通过填补细节，助你节省时间和精力，但这种情况下，记忆也许会出错。

　　无论好坏，我们都在利用记忆来感知、指导行为、做出判断和评估情况。活在当下，我们不可能不受到过去的影响。鉴于记忆对我们所做的事情都至关重要，说到此处，我认为是时候从认知心理学的角度深入研究记忆的作用方式了。第六章，将介绍记忆系统的概念，列举人类拥有不同种类记忆的证据，并深入研究"工作记忆"这一短期记忆的相关理论。第七章将进一步探讨人类如何将长期记忆组织成对事实和概念的记忆和对个人事件的记忆。

第六章

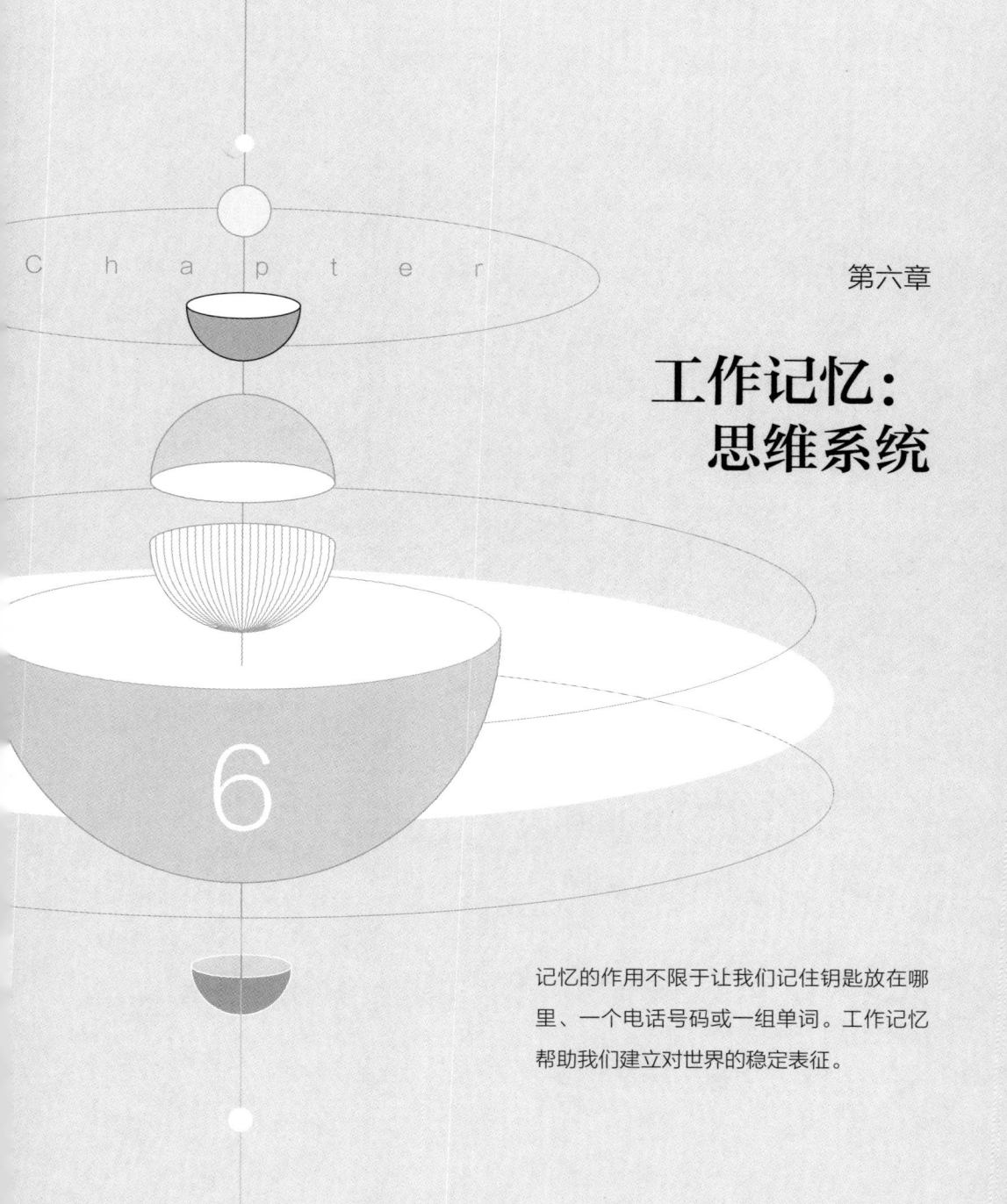

工作记忆：
思维系统

记忆的作用不限于让我们记住钥匙放在哪里、一个电话号码或一组单词。工作记忆帮助我们建立对世界的稳定表征。

第五章中，我花费大量时间讨论记忆将我们引入歧途的各种方式，包括记忆错误、启发式和偏差。记忆是重要的认知工具之一，但它并不十分可靠。然而，在前文中，关于心理学家如何研究记忆、记忆如何工作，以及人类拥有的不同种类记忆系统的篇幅并不多。而这些便是接下来两章的内容。你若想做出正确的决定、准确的判断和有用的预测以妥善应对这个世界，就必须有效利用你的记忆；你若想避免第五章讨论的陷阱和错误，就必须采取适应性方法来使用记忆。有效且适应性地对记忆加以利用，需要充分了解记忆的实际工作原理。因此，本章将重点讨论记忆的一个常见区别——短期记忆和长期记忆之间的区别；紧接着，我会描述并解释"工作记忆"模型这一短期记忆理论，该模型显示了短期记忆如何与感知密切相关，又如何受注意力调节。关于长期记忆，我将在第七章中详细阐述。

大部分心理学家以及大多数人都认为记忆是一套相互依存的系统。我们经常用计算机来类比记忆，因为我们了解计算机既有活动内存（运行内存——RAM），也有硬盘储存的长期内存。这一设置与我们对短期记忆和长期记忆的直觉形成了密切的类比关系。同计算机一样，前者存储当前正在处理的信息，后者存储以后可能需要的文件。计算机内存和文件存储的比喻有助于概括和理解记忆，但这并非描述记忆的正解，因为从根本上说，所有的记忆都只是记忆，记忆是对过去事件和经历的重构。但我们使用记忆的方式不同，获取记忆的条件也不同。这些功能差异引起了系统差异，因此我们可以从功能层面讨论记忆。

计算机内存隐喻十分常见，表明我们将记忆视为一般意义上的文件存储。除此之外，我们也时常使用其他隐喻。例如，我们会说将事物"归档以备后用""牢记在心"，甚至是"烙在记忆里"——这实际是暗指一种不可磨灭的印记。然而，记忆并非如此。与硬盘文件相比，记忆更为活跃，处于动态之中，其动态性也比单一事件本身的烙印或印记更强。如第五章所示，记忆是不断变化的。然而，尽管记忆本质上不断变化、流动，我们所做的一切仍须用到记忆：从记录眼前每时每刻的活动和记下关于世界的事实，到记住昨日发生之事和制订未来计划。由于记忆功能众多且各不相同，心理学家以许多不同的方法对其进行研究。最终结果便是，有关"记忆是什么"这一课题的科学文献数量庞大、内容复杂。我们理解这项复杂研究的方法有几种：其一是描述不同记忆系统和理论共有的核心功能；另一种理解记忆文献的方法是分别研究这些差异和分类，即考虑记忆的描述、分类、概念化和研究的所有方式。通过这两种方式研究记忆，我们可以理解部分一般原则（记忆的一般工作原理）和一些具体原则（为何存在不同的记忆系统）。

记忆的基本功能

记忆有几项基本功能，但其主要功能是赋予我们更多能力，让我们不局限于对眼前事物做出反应。记忆有助于根据过往经历进行学习和归纳，但它究竟如何帮助我们做到这一点的呢？此处先阐明记忆的三项基本操作：编码、存储和提取。编码是将事物纳入记忆的过程，即大脑需要改变所感知事物的格式，并将其编入不同的代码中。这一编码过程是对感知的重构，本质上意味着记忆往往与感知紧密相关。因此，对事物进行编码的最有效方法就是尽可能重新激活原始的感知体验。在某种程度上，记忆所做之事就是感知，而后感知内容以某种方式激活大脑。你试图通过编码尽可能长时间地保持这种激活，以便对其进行存储和提取，以供后用。

记忆的第二项功能是存储。我们利用记忆存储感知和编码信息，这并非像壁橱或电脑文件系统那样的存储系统——其中，每段记忆分别对应一个物理空间。相反，记忆通过神经元之间的连接进行存储，将信息分布在大脑的不同区域。存储的时间各不相同，有些信息只需存储几秒钟甚至更短时间；而有时，我们会存储并重新激活相同的记忆，时间长达数年甚至数十年。

第三项功能是提取。提取即利用记忆，既可以是显性记忆提取（如"我记得此事"），也可以是隐性记忆提取——过往经历影响未来的行为方式。提取形式既包括第五章所述的填补感知场景细节，也可以是一场心灵时空旅行。我们可以生动地回忆起自己身上曾发生的事情，比如获得第一份工作、第一次约会、孩子的出生，甚至是最后一次去商店购物这类普通的事。

编码、存储和提取这三项功能描述了记忆的工作内容。然而，这些功能受多种不同情况影响，最终似乎形成了不同的记忆系统，其中一些与编码的联系更为紧密，而另一些则与事物的存储和提取方式联系更为密切。虽然记忆都集中于大脑，但我们似乎拥有不同种类的记忆和记忆系统。

记忆的种类

我通常坐在家里的办公桌前写作。有时，若家里没人或者我起了个大早，我就在厨房的桌子前写作。厨房有一扇推拉门和一扇通向露台的窗户，露台上有一个小花园、一洼池塘和一些喂鸟器。我并非园艺或鸟类专家，但确实喜欢在夏季观察喂鸟器周围的情况。若发现喂鸟器旁有一只鸟，我的记忆就会立刻自动参与到对这只鸟进行观察、识别和思考的过程中。细想记忆参与这一看似简单的动作的所有方式，并据此组织关于记忆的讨论。

首先，即便是无意识地看向喂鸟器这一基本动作，也涉及某种形式的记忆——我已了解看何处、看何物。这一行为是自动的肌肉运动：我几乎没有注意到头部的转动，视线也转向喂鸟器的位置。完成这一动作无须意识，我不需要意识到转头和看向喂鸟器所需的记忆。这是一种"程序性记忆"，我们不假思索地做出骑车、打字或拿起咖啡杯等动作时，依靠的就是这种记忆。程序性记忆引导我的视线从笔记本电脑转移到屋后露台的喂鸟器上，于是我便开始关注喂鸟器旁的小鸟。

我看见两只小鸟站在较大喂鸟器的木桩上。不用多想，我就已了解它们是鸟，因为感知输入会激活一个神经元网络，我认为这正是每次看到小鸟都会激活的网络。这也是记忆的一种功能，我们称之为"感觉记忆"。稍后我会解释，此种感觉记忆持续的时间不到一秒，实际上仅足以让感知输入保持活跃，直到其他认知发生。我若想将这一视觉输入另作他用，则需确保该表征活跃时间足够长，以便识别自己所见之物；我若想对自己看到的鸟进行思考，则需让这一视觉输入保持活跃。令短暂的感官输入保持活跃需要一种名为"工作记忆"的短期记忆形式。工作记忆即通常所说的短期记忆。工作记忆将感知与我们对眼前事物的积极处理联系起来，并将积极处理的事物保存在意识中。

让我们回顾一下：我使用自动的程序性记忆来观察喂鸟器，将注意力集中在一些小鸟身上，并激活感官记忆系统。然后，我以工作记忆的形式投入一些认知处理资源来保持这种表征的活跃。到目前为止，一切顺利，一切自动发生，并未出现任何意图。我们看接下来又将如何。

现在，假设我在积极主动地思考这些小鸟，且确实沉浸在观察之中（易事一桩，毕竟观鸟甚是有趣），那么接下来可能会发生几件事。首先，我也许会对小鸟进行思考，以此保证工作记忆继续活跃，可能还会尝试辨认这些小鸟。要做到这一点，则在观察喂鸟器旁停留着有趣的小鸟之前，我可能要忽略手头的事。①我甚至会忘记笔下的内容，断了思路，因为此时我正用工作记忆来思考这些小鸟。工作记忆的内容可以保留，但它只为我们对世界的主动体验开了一扇小窗。人一次只能思考几件事情，转而思考小鸟时，工作记忆中的其他内容都将清除。我现在已忘记笔下的句子，只是在想花园里喂鸟器旁的小鸟。

　　短期记忆过程的第一步是将注意力集中在小鸟身上；接下来，鸟的这些在我的工作记忆中的表征——包括视觉输入和鸟的外形，也许还有鸟叫声，将与已经编码和存储的记忆建立联系。感知结果与工作记忆中保留的内容（鸟的表征）将与鸟的相关概念联系起来。这一过程激活了"语义记忆"，即我对事实的记忆。语义记忆将我所知道的事物保存在一个由概念和想法组成的互联网络中。工作记忆中活跃的表征可能会与先前活跃的其他表征相匹配。这些表征相互关联，因此我们当下的独特体验（正在观看这只小鸟）将与过去获得的知识表征重叠。由于感知和概念相似，其中一些被激活的记忆彼此更为接近。这些激活的记忆还会与所看之物的名称（"鸟"），甚至是鸟的种类（"黑顶山雀"）联系起来。一般知识和具体知识是语义系统的一种组织方式。这些一般和具体的表征与另一记忆形式——"词汇记忆"相联系。词汇记忆是语义记忆的一部分，是用于存储与上述概念相关的词汇。

　　语义记忆、词汇记忆和概念都是更广泛记忆的一部分，这种记忆有时被

---

① 读到"忽略手头的事"这句话，你是否想起了什么？它可能会让你想起第四章中詹姆斯关于注意力的话。若这句话确实让你想起了什么，不妨花一分钟思考这个过程。你是否明确记得自己之前读过这句话？是否记得在本书前文读过这句话，并记得它的出处？抑或这更像是一种模糊的感觉，让你想起曾经的一些所见所闻，但直到我刚才提及，才激活了你对事件的具体记忆。若是发生上述两种情况，这便是显性和隐性记忆检索的上佳例证，也充分体现了记忆和注意力之间的紧密联系。注意力切换和转移总要付出一些代价。事实上，待你花时间读完这一长长的脚注，回忆自己是否记得詹姆斯的这句话，你甚至可能会忘记我当前写的内容是观鸟，以及我将注意力从写作转移到喂鸟器旁的小鸟时，自己是如何分心的。

称为"陈述性记忆"。这是一种可"声明"其存在的记忆。程序性记忆或感觉记忆的大部分认知工作发生于意识之外，均为无意识的记忆形式；而陈述性记忆不同，它是一种可探究、可研究的记忆，你可以思考其中的内容。下一章即将阐述，陈述性记忆是一个由事实、想法、地点、名称、文字、图像、概念、声音和特征组成的密集互联网络。

回到我观鸟的例子。假设这些鸟特别有趣，且我从未见过；或者，假设这些鸟我似曾相识，但不知其名。做出这些判断涉及更多的记忆形式。首先，我要认识到自己并不认识这些鸟，认识到自己的知识有限。这是一种更高阶的记忆意识，名为"元记忆"。元记忆是对自己所知和不知道的事物的一种认识。我们利用元记忆来决定自己是否清楚自己知道什么，并通过元记忆来决定是否进一步辨认这些小鸟究竟是什么种类。

元记忆指导我判断自己是否认识正在观察的小鸟，除此之外，其他想法和行为可能也依赖记忆。假设此时，我已完全放弃手头的工作，将视线从电脑上移开，专注于这些小鸟。我全然忘了自己在写什么，现已全身心地投入观鸟一事。在语义和词汇记忆中搜索这些鸟的名字时，我可能还需要搜寻它们的图像或表征。除语义记忆中的一般和具体概念知识以外，这很可能会触发其他联系。也许我还能回忆起在其他时间和地点看到过这些鸟，进而触发一段非常具体的记忆，即去年度假时或在喂鸟器旁看到过这样的鸟。此时又激活了另一种记忆，即"情景记忆"。

情景记忆与人的关系可能最为奇怪，因为它与语义记忆甚至程序性记忆不同。在语义记忆和程序性记忆中，大致的概括尚可接受，甚至有所帮助；然而，我们往往希望情景记忆能够高精度运作，但实际却未能如愿。我现在可能在努力回忆自己是去年还是两年前见过这些鸟，抑或是在其他什么地方见过。这些记忆是否准确？第五章的讨论表明，这些记忆有用，但并非总是准确。

再次回顾：程序性记忆、感觉记忆和工作记忆是观察、记录和保持观察喂鸟器旁小鸟的感知体验等行为的基础。我将图像和想法存入工作记忆，这种工作记忆与语义记忆相联系，从而识别出小鸟。元记忆告诉我，并不能立即确认这些是什么鸟。搜索语义记忆将激活并触发我对过去事件的回忆，有些记忆准确，有些不准确（元记忆可以帮助我们消除不确定性）。但这还只是可能发生的部分情况。到目前为止，我也不过是花了几分钟时间，忘了自己在写什么，看了几只鸟，陷入了空想。即使是在这种注意力分散的时刻，我仍可以利用记忆来提高工作效率。

也许我现在会想到，未来的某个时候需要给喂鸟器装满鸟食。鸟食存量还足够吗？是否需要提醒自己多订购一些？鸟食何时会用尽？此时，我在用记忆思考未来，用记忆来计划和指导未来的行为。这种面向未来的记忆是情景记忆的另一种形式，称为"前瞻性记忆"。它是对过去事物的记忆，用于现在，可为未来制订计划并做出预测。

这一切都得益于人类心理和神经系统编码、存储、提取和使用信息的能力。下一节将详细介绍记忆的工作原理，就从颞叶中的一个结构——海马体——开始。

海马体

我们知道，记忆存储于大脑，然而其存储形式并不像抽屉里的文件那样，"存储"一词只是一个隐喻。对于记忆而言，存储分布于整个大脑。这种分布式存储是以感知过程中活跃的神经元网络之间的连接形式存在的。神经元网络连接随记忆痕迹的强化而加强，如此这些连接更易被重新激活。强连接对应能够快速、经常提取的记忆。你若想重温过去，快速提取可以帮助你记起过去的事情。这种快速提取也会形成记忆，用于填充细节并帮助完成感知体验。频发事件通过加强神经元之间的连接形成牢固编码。这些强连接也会产生能够影响行为的记忆，这是第五章所述可用性启发式的基础。

激活神经连接、强化频繁连接和提取信息以备后用的这一基本过程，取决于第二章曾讨论过的一个结构：海马体。海马体位于颞叶皮层下区域，它属于连接来自感觉器官的感知输入、注意力和记忆的系统。海马体可以帮助存储新的记忆，并利用记忆与世界互动。为此，海马体需要整合大脑中正在发生之事以及发生地点的信息，然后对其进行重新编码，以便日后重新激活。

至于海马体究竟如何做到这一点，科学界仍在争论，但乔尔·沃斯（Joel Voss）和尼尔·科恩（Neal Cohen）目前正在研究一种理论，海马体与杏仁核以及给位置编码的大脑区域连接，并接收来自这两处的连接。二人指出，多项研究发现，眼球的运动与海马体活动之间存在非常紧密的联系。海马体并不直接参与运动控制层面的眼球运动协调，相反，它参与了我们利用记忆来了解自己看何物、看何处的过程。它也能够激活和重新激活大脑中知识与感知之间的连接，反之亦然。海马体似乎对当前所看之处特别敏感。这项研究支持这样一种观点：当我们感知世界时，我们会借助海马体不断使用记忆。

沃斯和科恩还进行相关研究以证实海马体在视觉、"探索和注意力"方面发挥的作用。他们二人指出，依靠功能性磁共振成像等脑成像技术开展的研究发现，海马体活动与涉及记忆引导观察的实验任务（如要求受试者观察之前观察过的地方）之间存在相关性。海马体对帮助我们引导感知至关重要。根据沃斯和科恩的研究，海马体会产生短暂的记忆信号，紧接着我们利用这些信号引导视觉，如此海马体便可实现感知引导。海马体创造的"在线记忆表征"与本章和第五章讨论的记忆在填补感知细节方面作用的有关观点大体一致。

这项神经科学研究表明，海马体对感知、注意力和记忆的融合至关重要。若海马体不能充分发挥作用，我们就很难知道该往何处看、很难了解自己在看何物，也很难利用记忆来填补这些细节。这并非海马体的全部功能，但它却是我们将不断变化的感知输入，转化为对世界的稳定理解和稳定记忆表征的关键一环。

这项研究让我们看到海马体功能中的一项，但也提出了更多的问题。例如，海马体创造的这种记忆表征，其形式或性质是什么？有哪些不同种类的记忆表征？沃斯和科恩认为，海马体创造并操纵着短暂、活跃的在线①记忆表征。但他们也认为，这些短暂的短期记忆表征与感知和长期记忆中的其他表征存在某种对应关系。海马体正在创建这些表征来连接感知和长期记忆。

海马体的作用仍在研究之中，但我们现在对记忆如何帮助感知并指导行动有了更全面的了解。对于记忆在感知、短期记忆和长期记忆中的作用，我已描绘出一个大体组织框架。我们将记忆理解为一种感觉现象、一种短期现象和一种长期现象。但同时，我们也需要从记忆内容的角度来考量记忆。对过去具体事件的记忆和对反复演练之事的记忆，比如用于回忆并应用正确动作解锁苹果手机的记忆，两者的特点似乎不同。

本章余下的大部分篇幅将用于讨论记忆的一些分类，并探讨记忆表征如何工作。记忆分类方法众多，但我认为按记忆时长（短、中、长）和内容（事件、事实和行动）划分，为最佳方法。

---

① 大家可能已经注意到，此处使用"在线"一词。"在线"通常用来指那些不断变化、与感知密切相关的动态表征。与认知科学的许多方面一样，"在线"一词来自计算机对思维的隐喻。在线表征是一种动态表征，根据需要创建并保持活跃。这个隐喻指的是一种表征，就像在线连接到互联网，而不是访问硬盘上静态、稳定的文件。当你在线时，你可以获取实时信息，也会对互联网上动态变化的信息十分敏感。"在线"一词也经常用来指功能性磁共振成像、眼动追踪和脑电图等技术，因为这些都是主动、动态的测量，并未经过自我报告视角的过滤。自我报告测量和其他类型的行为反应均是"离线"状态，因为刺激出现后反应才产生，而脑成像技术可以捕捉到大脑活动。计算机隐喻渗透到认知科学中，因为它也是认知心理学和认知科学创建的产物。

记忆时长

从根本上说，有的记忆持续时间很短——几秒钟，而有些记忆则会持续一生。你是否还记得小时候家里的电话号码？也许有一天，这个问题将变得难以理解，但我们仍有许多人是伴着座机电话长大的，并将其视为家庭电话。我至今还记得父母的座机号码。这一记忆似乎已经成为我的一部分，它几乎就像我的名字一样——几乎，但不完全是。名字是我需要铭记的信息，而父母的座机号码则不同。尽管我无须再记住这一号码，但我仍然记得。我已多年未拨打该号码。说实话，我甚至不确定这个号码是否仍在使用，因为若要打给父亲，我会拨打他的手机号码。父亲的手机号码已经用了好些年，但我每次都需要在通讯录上查找一番。换句话说，尽管不再需要20世纪七八十年代的座机号码，我仍记得它；而目前在用的无线电话——手机，我却不记得它的号码。

但肯定有一段时间，我记不住这一座机号码，必须努力将它记下。我可能做了大多数人所做的事——内心不断重复这个号码，直到记住为止。如果让你记住一个电话号码，比如"958-8171"[1]，你会怎么做？你可能会对自己重复这一号码。现在不妨一试，尝试不做其他事情，就记住这串号码。自己读一遍，闭上眼睛，看看能否准确地记住号码并持续一分钟。

你如果与大多数人一样，闭上眼睛并重复这串数字，那么只要一直重复，就能将它记下。若有人打断你，你几乎可能会忘光这串数字。大多数人都经历过这一情形，我们称之为"短期记忆"，短暂且容量有限。我们在内

---

[1] 这并非我父母以前的家庭电话号码，该号码是我从http://www.random.org这一有用且有趣的网站随机选取的，该网站利用大气噪声生成真正的随机数字。若这真是你的电话号码，纯属巧合。

心反复演练时，通常会注意到这些短期记忆。

如果要求你记住一个信息列表时，你又会如何做？信息列表是一种有趣的数据结构。列表通常顺序分明、简短，且目的非常明确，例如，一份购物清单。人人都了解购物清单。你写下需要到商店购买的东西，带着清单，然后一边逛一边核对物品。当然，不写清单也可以。也许有人让你去买牛奶、鸡蛋、面包、菠菜和帕尔马干酪。记住这份清单应该不难。你会怎么做？就像记电话号码一样，你可能对自己重复几遍清单，开车去商店，然后试着从记忆中提取这份清单。提取是一种隐喻。实际上，这份清单并未储存于大脑中的某个地方，无法供你从中提取记忆。相反，你在重新创造该特定事件或经历，且可能会以同样的顺序记住清单上的项目。其实，现在不用回头再看清单，试着看看你能否按原顺序记住清单上的项目——你很可能会记住。

记忆喜欢列表，也喜欢顺序。这也是我们做列表的原因之一。我们利用列表本身的结构作为记忆线索，每个项目都与其前后的项目密切相关。列表本身就是一种强化形式。你要想记住一份简短的事物列表，可尽量按特定的顺序进行排列。

不同的记忆持续时间各异，这取决于你使用记忆的目的。父母的电话号码可能会伴随你多年。你只要需要，就可以将列表存储起来并且保持激活状态。其他记忆的时长更短，但对于帮助在脑海中保持稳定的感知体验至关重要。我们称这些记忆为"感觉记忆"，这是记忆与世界相遇之处，也是世界与记忆相交之处。

感觉记忆

短期记忆有几种不同的类型。心理学家将层次较低、感知水平较高的短期记忆称为"感觉记忆"，它反映了特定大脑区域的激活——这些大脑区域与感知过程中活跃的大脑区域密切相关。20世纪中叶的心理学家乔治·斯珀林（George Sperling）通过当时一项有创意、精妙的实验获得了这一发现。该实验比现代认知神经科学的研究早了几十年，为人类利用记忆填补外部世界细节并指导感知的方法提供了实证。斯珀林的巧妙实验步骤如下：

受试者将在屏幕上看到一组字母，时间非常短暂，不到一秒。例如，假设要求你用大约50毫秒查看以下字母，一瞬的时间，字母就会闪烁，然后消失。接着，斯珀林用一块视觉噪点取代字母，确保图像不会停留。这可以通过一种名为"视速仪"的设备来精确控制此步骤。视速仪借助幻灯片投影和机械计时器在精确的时间内呈现图像。如今，电脑显示器便可实现这一步骤，但在斯珀林的时代却无法做到。

G　　　　　K　　　　　Y
W　　　　　P　　　　　B
R　　　　　T　　　　　H

查看字母的时间很短（通常为50毫秒），受试者永远无法回忆起所有字母。他们只能记住三四个字母，然后图像就消失了。但受试者表示，他们感觉在非常短暂的时间内还能看见所有的字母，但在辨认出来之前，字母就从记忆中消失了。在大学讲授记忆课程时，我经常演示这一实验。先在屏幕上展示这些字母，一瞬间，字母立即换成幻灯片。无人能记住三个以上的字母。许多学生反馈了与斯珀林实验对象相同的经历。学生表示自己可以同时看到这些字母，字母在脑海中形成视觉图像，然后他们必须读出这些字母才能将其记下。然而，当他们试图从视觉图像中读出字母时，图像逐渐消失，只能读取三个字母。

换言之，受试者可以看到所有的字母，且感觉在最早的感知水平上，字母以某种方式表现了出来，但他们似乎无法在这种感知体验消失之前将其稳定下来。在那一瞬间受试者可以看到完整的图像，但却没有充足的时间来填充细节。实验中的受试者的经历就是如此，但如何确定呢？斯珀林解决这个问题的方法非常巧妙，从多个方面改变了我们对感知和记忆研究方式的理解。他没有依赖受试者对自身心理状态的自省——感觉能在消失之前看到所有字母,而是设计了一种方法测量这一现象。在标准条件下,即斯珀林所说的"完整反馈"中,受试者尝试回忆起所有字母,但以失败告终;然而,在实验条件下,斯珀林称之为"部分反馈",受试者不必回忆起所有字母。

在部分反馈实验中,受试者看到的字母排列顺序与之前一样,但字母消失后,受试者会立即听到高音、中音或低音。听到高音时,受试者需要反馈最上面一行的字母;听到中音时,他们需要反馈中间一行的字母;听到低音时,他们需要反馈最下面一行的字母。请注意,音调是一种不同的形态,因此不会与视觉图像争夺相同的神经资源。此外还需注意,在字母消失且听到声音之后,受试者才能反馈特定一行的字母。字母从屏幕上消失之前,他们并不知道需反馈哪一行字母。他们要完成这项任务,唯一的方法是受试者的感觉记忆中确实有完整的图像,且能够按照声音提示检查记忆图像。

斯珀林实验的受试者能够反馈特定音调对应行中的所有字母。受试者能在几次不同的实验中成功反馈所有特定音调对应的所有字母行列,这表明他们确实在很短的时间内获取了感知所有字母所需的全部视觉信息,但这短短的一瞬间不足以看到所有的字母。我在课堂上采用这一例子,发现结果完全相同。尽管在声音响起之前,图像就从视线中消失了,但学生仍能反馈出任何一行字母。

这个实验优点众多,单就这一实验,便可以讲上一整堂课。首先,实验可作为第四章中"注意力"讨论的另一例证,说明感知系统的最低层级似乎具有一定的容量限制。这一实验也表明,视觉和听觉注意力往往不会争夺相同的资源。无论如何,视觉和听觉是两个不同的信息流。你既能看到图像,也能听到音调,两种信息来源互不干扰。此外,这个实验还说明了感知高度依赖记忆来填充细节。在该实验中,受试者在激活每个字母的记忆表征并对自己重复字母之前,根本无法感知字母列表。系统低层级具有一定的容量限制,但若无概念或记忆进行激活,这些容量并没有太大意义。

这是心理学中最棘手的悖论之一：我们只能感知自己知道的事物，但也只有在已知的情况下才能知道自己感知的内容。

斯珀林发现的这种感觉记忆只是短期记忆的一种，它只持续一瞬间。也就是说，除非我们决定使用感觉记忆，否则信息将在几百毫秒内快速消失。斯珀林的实验也证实了这一点。然而，一旦读取这些字母、单词、数字或图像，我们的记忆就会更加持久，且可以将这些字母保留在有意识的认知当中。这就是大多数人熟悉的短期记忆，是我们进行思考、解决问题，以及理清思绪时习惯使用的一种记忆；而为我们执行大量工作的记忆称为"工作记忆"。

工作记忆

斯珀林的感觉记忆仅短短一瞬间，而名为"工作记忆"的这一种短期记忆似乎涉及工作。工作记忆是一种持续时间短、容量小的记忆形式，它呈现的是我们当下主动处理或思考的信息。工作记忆是指有意识地察觉到的记忆和思考，但我们可能无法总是有意识地察觉工作记忆中的一切。

深入了解细节之前，我们先看几个例子。假设你正在听播客或讲座，你专心致志、紧跟节奏，但这些始终是新信息；你可以对要点进行假设和预测，但接下来会出现哪些词句全然不知。然而，你需要听清并理解每一个词，如此才能在最初的感知表征消失之前理解句子大意。感知表征会迅速消失。声音只停留一瞬间，在你听到的那一刻，它便消散了。此处有一个棘手的问题需要被解决：你一听到词语，它就消失了，但你仍需一些时间将这些词语融入句子和叙述要点。你需要迅速解决这一问题，因为新词不断涌现，你必须努力跟上节奏。顺便一提，这与斯珀林研究的问题相同，只不过他研究的是短暂存在的视觉感觉记忆。

倘若有一个短期"缓存区"，让词语声音的感知形式继续活跃几秒，你就能将其融入当前所听句子、短语或概念中。如此一来，信号快速消失的问题便会迎刃而解，你将不会一直面临还未来得及理解刚听到的词，且被新词覆盖的风险。

你确实存在这样一个缓存系统——这就是工作记忆系统的本质，也是该系统进化的目的。工作记忆系统是信息的短期缓存区，与感知紧密相连，但该系统同时也具有意识、保持活跃，能够充当感知和知识之间的中介。我们的许多主动认知和思考都依赖工作记忆系统。

工作记忆可处理各种短期记忆。再看几个例子。你思考一下阅读本书的这一段文字所需的心理活动。每阅读一个词和短语，你都会激活心理表征，帮助提取意思并为阅读内容建立某种心理模型。为此，你需要使用工作记忆。在完全了解信息含义之前，你的工作记忆会初步存储信息，如此便能快速激活并获取所需概念，助你建立心理模型。至此，我发现阅读是一个视觉过程，面临的问题与听觉并不相同。书面文字可停留在页面上，不像口头词句那般，一听到即消失。虽然对大多数人来说，阅读是一个视觉过程，但它仍会激活大脑中对应口头语言活跃的部分区域。当你阅读时，文字同样会传递到工作记忆系统。当你心里默读时，内心声音将助你抓取足够的信号（视觉输入或声音），从而开始激活概念和想法。

工作记忆并非仅仅基于语言。你若正在看视频、图片或眼前的场景，在你将感知到的图像与其他概念联系起来并形成想法之前，这些图像将主动留存到工作记忆中。在解决数学、物理或其他问题时，你可能会注意到需要同时保持几个想法活跃，直到你能将它们组合起来解决整个问题。你可能内心自言自语，也可能想象一个三维物体，然后试想该物体如何移动，或者该物体从不同的角度看是何模样。你能否凭借想象解出魔方？这需要工作记忆。你能否在不列出完整名单的情况下，跟踪记录场上几名足球运动员的位置？这也需要工作记忆。你能否感知并识别不同位置的视觉物体？这还是需要工作记忆。

很明显，工作记忆在我们理解世界以及重构经验以感知和理解周围事物的过程中，发挥着重要作用。接下来进一步讨论工作记忆的模型如何运作，模型背后的理论以及支持该模型的一些证据。

前一章已讨论工作记忆理论的部分内容，但并未使用"工作记忆"这一术语。例如，为记住电话号码或单词，你可能会反复进行机械练习，此时便会用到工作记忆系统中不可或缺的内心声音。第四章的一个例子提及布鲁克斯设计的一项实验，我提到完成该项任务需使用两个"注意力池"。实验要求受试者记住一个视觉图像或重复一个句子，并要求受试者回答问题，说出或指出答案。布鲁克斯观察到，若记忆与回答使用同一"注意力池"，即产生干扰。布鲁克斯的研究表明，大多数人都可以使用"内心声音"和"内心眼睛"主动保持表征。布鲁克斯并未将其称为"工作记忆"，但他的研究为后来工作记忆理论的发展和完善铺平了道路。

我们即将讨论的工作记忆模型是一种非常具体的短期记忆理论。20世纪70年代初，英国的艾伦·巴德利（Alan Baddeley）和格雷厄姆·希奇（Graham Hitch）首次提出该理论。尽管存在许多类似的短期记忆理论，但工作记忆模型可能是其中发展较为完善的一项。工作记忆系统包含几项关键内容。巴德利的工作记忆模型假设存在一个处理即时感觉信息的神经结构系统或网络。工作记忆系统起缓冲作用，使信息得以留存、进一步处理或被丢弃。巴德利的模型有几个独有的特征和假设，这些假设可以解释人在多种不同情况下的行为。

首先，巴德利的工作记忆模型针对特定模态，这与本书一直讨论的感知、注意和记忆之间的密切联系一致。此处，"模态"指的是感知模态，这只是表明不同感觉系统有其各自对应的记忆系统的一种说法。工作记忆系统假定存在不同的单独神经回路，分别对听觉信息和视觉空间信息进行主动处理。听觉和语言信息由同一系统处理，巴德利和希奇称之为"语音回路"；视觉和空间信息由另一系统处理，被称为"视觉空间画板"；协调工作由

"中央执行系统"负责。中央执行系统分配资源，在不同系统之间进行切换，并协调系统内不同表征之间的切换。巴德利的模型并非工作记忆的唯一模型，但却是最著名的模型之一，而其他工作记忆理论也做出了一些相同的假设。

巴德利认为，语音回路是一种与听觉皮层输入相连的语音或声学存储器。正如前文在描述感觉记忆的所指出的，最初的记忆痕迹会在大约两秒钟后消失。但我们对世界的体验通常不会如此短暂。我们可以专注于自己所听到的内容，并不断思考。我们听到的内容似乎不会消失，因为我们能够通过"默读复述"——内心声音——这一声音控制过程来保持或强化这些内容。

大多数人对内心声音并不陌生。想一想你如何通过重复一则简短的信息（一个号码或一个词组）来将其记下。例如，你在网站或社交媒体账户中启用了双重身份验证，从一台新机器登录时，网站会发送一个五到八位数的验证码，然后你需要输入这串数字进行验证。将数字输入验证框之前，你可能会不断默念将其记下，输入后便会立即忘记。你只要不停重复这些数字，默读复述过程就会将其保留在记忆中。一旦复述停止，记忆消失，数字就会被你遗忘。

内心声音也是我们倾听和理解口头语言的一部分。根据巴德利的模型，我们听见的一切都须经过工作记忆，才能得以理解。在这种情况下，工作记忆通常觉察不到，但有时我们确实会意识到工作记忆的影响。你是否遇到过这种情况：有人向你提问或对你说了些什么，但你未听清楚。遇到这种情况，你可能会要求对方复述一遍问题，问道："抱歉，您刚才说了什么？"但有时，还未等对方回答，你就在脑海中回放对方说的话，并最终"听清"对方的问题。借助工作记忆系统的声音控制过程，你能够在对方开口几秒钟后听到他说话的内容。在这一例子中，你回放自己听到的信息，然后才知道对方实际说了些什么。这意味着语言工作记忆系统既以语言为基础，又以声音为基础。你能够在脑海中回放的不只有文字，还有声音。工作记忆可助你重新激活听觉皮层，再次听到刚才所说的话。

　　这种内心声音（语言工作记忆）是思维的一个至关重要的组成部分。我们需要内心声音和语言工作记忆来提出假设、通读问题描述、制定决策、测试替代方案，并考虑行为结果。换言之，主动思考需要积极主动的工作记忆，也需要语言理解能力，而推理、计划和解决问题则需要工作记忆。事实证明，这一切活动的成功都与工作记忆容量的测量结果高度相关。事实上，对许多心理学家来说，"工作记忆容量"已成为智力的一个总括特征，在稍后我讨论"执行功能"时其中缘由自会显现。

　　广泛多样的证据表明，存在以语音为基础的语言工作记忆系统，其中，系列位置效应（serial position effect）[①]是整个系统与长期记忆协同工作的最有力证明。你可能了解过系列位置效应，它是认知心理学的一个基础效应，由赫尔曼·艾宾浩斯（Hermann Ebbinghaus）于20世纪初发现。艾宾浩斯主要进行自我测试，花大量时间在不同条件下记忆单词列表、字母列表或字母组合，并仔细记录自己在识别和回忆方面的表现。艾宾浩斯发现系列位置效应似乎并不难。我可以在课堂上演示，且该效应每次都得以复证。实验过程如下：受试者将看到一个单词列表（或音节、数字、字母列表等）。列表足够长，如此受试者便无法记住所有单词，但又不至于长到需要一两分钟的时间才能浏览或听完全部单词。列表大约有20个单词，以稳定速度呈现，大约每秒一个。你若是这样一个实验的受试者，则需按要求尽可能记住更多的单词。你会试着像记下电话号码、购物清单或任何一份简短列表那样，记住这些单词，你会用内心声音（语音工作记忆系统）对自己重复这些单词，努力

---

① 系列位置效应是指在一个列表中，人们更容易回忆起第一个和最后一个项目，而中间的项目则较难回忆。——译者注

将其留在脑海中。

但此处有一个问题：单词列表太长，语音回路的单个"回路"根本无法容纳所有单词。单词实在太多，且你的回路中的单词太多，有时会忘记其中一些单词。另一问题是，你对自己复述这些单词的同时，列表还会呈现更多单词。你正尽力复述听到或看到的单词，此时，新的单词又不断地涌到你面前。你必须做出决定，要么继续复述已掌握的单词，要么放弃当前的努力，尝试记住新出现的单词。无论如何，认知系统都无法同时处理所有的信息。它无法一边以稳定的速度处理所有单词，一边试图复述单词。有些单词无法记下。但有趣的是，尽管存在可预见的学习模式，你仍无法记住所有的单词。这一现象背后的错误模式与工作记忆系统的运作方式有关。

若向你展示这份单词列表（听、看均可），你根本无法记住整份单词列表。但列表开头和结尾的单词回忆起来更容易些。也就是说，记忆对单词在列表中的系列位置很敏感，不管是顺序和上下文都很重要。艾宾浩斯首次进行这项研究时，他发现相较于列表中间的单词，自己对列表开头和结尾单词的记忆效果更好，因此称之为"系列位置效应"，它揭示了单词在列表中的系列位置会对记忆效果产生影响。艾宾浩斯并未将其描述为工作记忆系统的产物，但他的解释与巴德利工作记忆模型中更为详尽的解释大致相同。

当自己在工作记忆中复述列表开头的单词时，它们会形成更强的痕迹。这些单词似乎会更牢固地留存在你的长期记忆中，因为你即使听到并复述后面出现的单词时，也会不断复述列表开头的单词。复述有助于形成更强的记忆痕迹，所以只要不断复述这些单词，你就能尽可能长久地将其保留在工作记忆中，以便在之后的测试阶段进行回忆。在列表中较早出现的项目记得更牢，这通常称为"首因效应"，是工作记忆默读和复述产生更强痕迹的效果。然而，无法复述中间项目的部分原因是，默读复述早期项目时工作记忆已满，记住后续中间单词的能力受到影响。首因效应受工作记忆广度的限制。

艾宾浩斯发现，他还能记住列表中的最后几个单词，此现象称为"近因效应"，因为记忆增强针对的是最近出现的单词。与多次记忆复述产生的首因效应不同，近因效应的成因可能是这些单词仍停留在短期的听觉工作记忆中。工作记忆模型可解释首因效应和近因效应，假设前者是默读复述的结果，而后者则是单词经感觉输入后，仍处于短期记忆中的结果。由于语音回路已无余力，列表中间的单词未能经过默读复述；这些单词也无法继续活跃于感觉记忆存储中，因为后续每一个新单词都会不断将其挤出。

这一解释足以说明标准系列位置效应中的首因效应和近因效应。但这项实验的两个变量进一步证实了上述两种效应。变量一：若单词呈现速度更快——例如每秒呈现两个单词，则首因效应减弱或消失，你对系列中间单词的记忆表现也会下滑，但近因效应不受影响。为何如此？速度加快导致语音回路前期出现过载，复述单词的时间减少。在语音回路中你复述单词需要时间，且这一过程往往以正常语速进行。变量二：若单词列表呈现后有20秒的延迟，且延迟时间内增加额外的单词，则首因效应不受影响，但近因效应将会消失。这是因为延迟时间内的附加单词将列表末尾的单词挤出了短期记忆。若不增加额外单词，20秒延迟则不会产生如此显著的影响，因为最后的单词仍可以进行复述。

这些系列位置效应看似只能人为，且存在局限——似乎只可见于实验室内，实验室外无法复制。但你若静下心来思考一些日常生活中的例子，就会发现在实验室之外，系列位置效应也站得住脚。例如，你是否听过广播里的广告？广告结尾是一段语速极快的"条款和条件"。由于语速过快，你无法通过工作记忆进行处理，因此很难理解这部分内容。快速呈现的单词列表也是如此：时间太短，你不足以对所有单词进行编码和处理，因此部分单词永远无法通过最初的感觉激活。广告商此举是为了满足声明条款和条件的监管要求。然而，有些条款和条件会削弱推销效果。广告商加快此部分内容的语速仍能满足监管要求，但也会降低听众记住这些内容的可能性。此举对广告商有益，但对消费者来说可能并无太多益处。再举一例，我记得自己小时候经常做，且看见孩子们也在做的一件事情，就是数东西。我会数钱，数游戏币，数交易卡，等等。数数时，我得用上内心声音，甚至大声数出来。弟弟则大声喊出其他数字，试图干扰我。我数到"14、15、16、17……"，他就大喊"22、7、34"或"2、4、6"。结果我便忘了数到哪里，因为用语音回路处理的信息（数数）被声音存储信息（听到的数字）挤了出去。

上文讨论的大多数例子均有关语言处理和语言记忆，但工作记忆不仅仅是一种语言现象。人主要通过视觉来体验世界。我们能看见眼前事物，可以用"内心的眼睛"来想象事物，也可以在处理视觉表征和视野中的其他事物时保持视觉表征的活跃。这就是视觉空间工作记忆，巴德利称之为"视觉空间画板"。视觉空间工作记忆的运作方式与语言工作记忆类似，只是根据假设，视觉空间工作记忆系统将借助大脑皮层的视觉和运动区域，维持主要具有空间特征的表征。同语言工作记忆一样，视觉空间工作记忆似乎也与思维能力高度相关。

工作记忆模型需解决如下问题：语言和视觉工作记忆两个系统都与感知紧密相关，因此最终需对正在处理的信息进行管理和合并。有时我们需更加关注自己所见，而有时需更加关注所闻，有时则需兼顾两者。换句话说，系统需要某种控制，心理学家通常称之为"执行功能"，而系统控制部分发挥的作用与执行功能的作用是一样的。

在巴德利的标准工作记忆中，"中央执行系统"在其他两个子系统之间进行资源协调。但其他工作记忆理论则更强调执行功能的独立运作。这些执行功能是什么？巴德利的理论以及其他理论都强调了一系列一般认知功能，如任务转换、抑制资源和选择性注意。工作记忆的中央执行系统与注意力有关，似乎反映了我们关注这些工作记忆子系统活动的能力。

你若想在智力任务或认知要求较高的任务中取得优异成绩，如研究化学、学习编码或了解金融市场，那么了解这些执行功能的工作原理确实会让你受益匪浅。执行功能才是真正促使工作记忆发挥作用的因素。说到脑力劳动，大多数人都会想到执行功能。我们通过执行功能控制思想和行为，并促使记忆发挥作用。这些功能十分重要，接下来便细细探究一番。

其中一项执行功能通常称为"任务转换"。任务转换是指将注意力从一种行为转换到另一种行为。任务转换可见于许多不同的认知水平和多个领域，这也是任务转换似乎与其他认知和表现的衡量指标相关的原因。前文我讨论如何进行多任务处理和选择性注意时，列举了大量任务转换的例子。与多任务处理的各个方面一样，任务转换总伴随着一些代价——可能是短暂的分心，或者是你会遗漏当前关注的一小部分内容。这就是任务转换的代价。就像转换电视频道或手机应用程序一样，你既可能丢失当前频道或应用程序末尾的一小部分信息，也可能丢失新频道或应用程序开头的一小部分信息。

另一项执行功能为"抑制"，它与任务转换有关。抑制可使人忽略某些事物，让我们抑制对某事的关注、抑制反应或抑制行动。我们若要避免某件事情，也需要依赖抑制这项一般功能。这一点很重要。我们需要忽略不相关的感知特征或无关紧要、不必要的想法或情绪，如此才能将更多注意力投入相关事物中。抑制也是进行推理、决策、检验预测和假设等高阶思维所需的功能。例如，假设你正在尝试解决一个问题，可能是一个谜题、一场游戏或一道数学题。除非你运气十足，第一次尝试时问题便迎刃而解，否则你最终需尝试几种方法，才能找到正确答案。每测试一组解题步骤，你都要检验步骤是否有效。你若发现当前策略行不通，则需从头开始。此过程需要抑制功能。如何抑制？你需要抑制自己，避免将注意力集中于第一次尝试的步骤；你需要确保不再尝试同样的步骤；你需要转换一种新的解决方案，并抑制旧的解决方案。

抑制对于这些复杂的认知任务至关重要。它对社交互动也很重要，因为你可能需要抑制自己对刺激的第一反应，以一种更礼貌的方式做出回应。抑制是完成任务的关键。你需要抑制自己每两至三分钟查看手机的欲望，以便完成某些事情。若要坦然面对上一章所述的启发式和偏差带来的一些错误，抑制功能也非常重要。虽说人自然而然地依靠记忆做出决定和预测，但我们也知道这或许会导致偏差和错误。有时，为了克服记忆中的第一直觉，你可能需要抑制脑海中最先浮现的想法，让自己考虑其他可能需要更长时间才能从记忆中提取出来的内容。

由于转换和抑制等执行功能似乎在高阶思维中发挥着巨大作用，许多研究人员提出，执行功能是工作记忆的主要智力组成部分。执行功能作为一个通用的工作记忆系统，甚至是一般智力的主要决定因素。可以说，语音回路和视觉空间画板等较低层次的组成部分，对高阶思维的贡献可能不如执行功能大。执行功能的可用性和能力可能是思维和推理能力的核心决定因素。从个体差异的角度来看，执行功能能力较强的人，在与智力相关的技能和测试（如学业和思考性工作）中可能会表现得更好。一般来说，执行功能能力越强，成就越大。

结语

本章开头提到，至少有两种很好的方法可用于划分我们对记忆的理解：时长（短、中、长）和内容（事件、行动、词汇和图像）。短期记忆，即感觉系统和工作记忆系统，反映的是思想内容，与感知紧密相关。这两个系统存储着当下思考的信息，我们通过主动复述和重新激活感知将这些信息留存下来。但是，除非我们将这些表象与已知事物联系起来，否则它们将毫无意义。工作记忆系统是一个媒介，它不仅串联着外部世界、感觉和感知世界，还串联着内部世界，以及长期记忆、概念与知识的世界。

第七章

知识：
求知与解释的欲望

我们合理地利用知识的组织方式，通常可以提高回忆信息的能力。记忆和知识是思考的基础。

记忆的作用不限于让你记住钥匙放在哪里、一个电话号码或一组单词。短期记忆是一种工作记忆，促使我们思考问题、产生想法和理解语言。工作记忆帮助我们建立对世界的稳定表征。当然，我们只有对眼前之物有一定的了解，才能建立稳定的表征；我们只有在记忆中有某种表征或概念时，才能知道自己的所见所闻为何物。工作记忆是一个积极思考的系统，但它取决于我们能否将所知与感知的内容融合起来。我们究竟如何了解万事万物？如何在思维和大脑中构建表征，记录已经发生之事？如何储存感知经验，以便日后重新感知？

本书第五章讲述了我们一般如何利用记忆进行思考，以及错误和启发式来自何处；第六章讲述了短期记忆和工作记忆；而本章讲述记忆的其他部分，内容包括你如何以及为何能记住一切、如何记住几乎所有的事情。本章讲述的是长期记忆和知识。

第五章曾提示，至少有两种方法可用于思考长期记忆和知识。我们对自己身上发生之事有记忆。无论事情意义非凡还是平淡无奇，我们都会记得，比如婚礼、上周的晚餐或新工作的第一天。这些都是你过去经历的事件，这些事件构成"情景记忆"。但我们也有关于世界的一般知识或事实的记忆，即"语义记忆"。本章将解释这两种记忆以及更多相关内容，论述情景记忆的基本原理，例如情景记忆对时间感的依赖及其可塑性。接下来我将介绍语义记忆的理论，如记忆的扩散激活和知识组织的不同观点。此外，本章还将介绍如何更有效地记住实用信息。增强记忆效果、提高记忆效率的一个关键,是学会将新想法映射到现有结构上。通过利用知识的组织方式,你通常可以提高回忆信息的能力。你若想让思维更加敏捷,了解记忆的工作原理具有重要作用,它一方面能帮你进一步记牢自己想记住的内容,另一方面也能助你学会识别错误产生的方式和时机。

长期记忆的种类

当讨论短期记忆时,我建议将其分为几种不同的记忆,这种划分主要是根据时间或模态的功能。感觉记忆系统的时长非常短,记忆几乎瞬间消失,并且与感知密切相关;工作记忆系统的记忆保留时间稍长一些,其内容可通过复述过程来维持。在工作记忆系统中,记忆还有基于视觉和语言之分,但书中并未讨论这些记忆的实际内容,原因是我们认为具体内容并不重要。工作记忆缓存区存储书籍、百吉饼和棒球等记忆的方式似乎相同。而对于感觉记忆,虽然它保留了眼前事物的真实表征,但从计算的角度来看,过程似乎是一样的。并不存在单独的感觉系统可分别用于记忆汽车和红雀。

然而,长期记忆的内容更为重要,也更加有趣。人似乎会根据一般知识和具体经历来组织事物。在这一过程中,我们通常会根据概念组织和获取信息。也就是说,对于同一事物,我们脑中有许多记忆,这些记忆的存储方式可能相同。因此,相似的想法通常被集中存储于一个根据概念组织的心理空间。对于非常熟悉的事物,我们往往拥有一个丰富而复杂的事实和记忆网络。例如,你若喜欢烹饪,那么你可能积累了大量有关烹饪技巧、炊具、配料和食谱等的知识。此外,你可能对自己烹饪过的特定食物保留着丰富的记忆,比如你烤出了最美味的面包那一次,又或是你调的酱汁未达到预期效果的那一次。与其他领域的记忆相比,你对食物的知识、对烹饪技巧的记忆,以及对特定烹饪经历的记忆会更加完善,这也十分合理。举一个例子,你若对赛车几乎毫无兴趣和经验,那么对赛车的概念就不像烹饪那样完善,也不会占据太多的心理空间。此外，你的记忆中可能很少或根本没有赛车的相关经历。若你从未参加过纳斯卡赛车（NASCAR）[①]活动，记忆中就毫无相关信息。

本书第六章讨论了记忆在识别喂鸟器旁鸟类这一过程中的作用，并区分了根据事实和根据事件组织的记忆。基于事实的记忆通常称为"语义记忆"，因为语义和概念内容似乎更为重要；基于事件的记忆通常称为"情景记忆"，即特定经历的记忆，内容是关于你身上发生过或即将发生的具体事件。从功能上看，记忆和了解一般事物的能力与回忆具体事物的能力并不相同。语义记忆和情景记忆两个系统的功能需求不同，它们可以帮助你实现不同的目标。但两者并非相互独立，而是相互作用、相互重叠、相互影响。只需一个例子，你就可以轻松理解这一点。在本例中，具体事件最终会形成一个新的概念。

故事塑造记忆

许多年前我的小女儿刚开始学说话，那时的一次经历说明了语义记忆和情景记忆之间的相互作用。在生活中，你可能也有过许多类似的经历。对我来说，这次经历的记忆尤为深刻。看着蹒跚学步的孩子学会说话、观察、形成概念，我内心充满深深的满足感。

一天，我们把车送去车行更换机油。那是一辆新车，才做了几次定期保养。在这家车行，顾客可以坐在等候区，透过窗户观看车辆的保养进度。此次保养要做的是更换机油，还有换轮胎，这就意味着需要将车放在升降机

---

① NASCAR全称"National Association of Stock Car Auto Racing"，即美国全国运动汽车竞赛协会。——译者注

上，排空机油，并移动轮胎。女儿当时只有一岁半，所以这对她来说是一次全新的经历。像大多数孩子一样，女儿对一切都很着迷。无论大事、小事、人们感兴趣的事，还是只有像她这个年龄的孩子才觉得不平凡的事，她都感兴趣。而且车行有很多新鲜事物，这是一个新的地方，对她来说是一种新的体验。这个一岁半的孩子就像一块海绵，精力充沛，渴望将一切理清楚、弄明白，形成新的记忆。

女儿像往常一样，翻了翻书，吃了点零食。但走到可以看到车辆保养情况的窗口时，她停了下来，张大嘴巴盯着看。当她看到升降机上的汽车时，我觉得她被眼前的场景震撼了。我还记得车被放到升降机上那一刻，女儿瞪大了眼睛。那是我们自己的车，往常就开着这辆大家伙到处跑，而此时它悬在空中。女儿只从一个角度看过这辆车，且并非当下这个角度。根据我对她想法的直觉判断，这必定是一次震撼心灵的经历。

于我而言，这并不是什么大受震撼的经历，不过是一件寻常事、一件琐事。但女儿的反应让我觉得这次经历十分特别，这也许就是我至今仍记得此事的原因。我并未集中注意力将所有细节都记在脑中，稍后我将解释我如何对此事形成深刻的记忆以及为何会如此。

基本上，我做了大多数父母都会做的事——给女儿讲述眼前发生的事情。当时，我说了"车在上升"之类的话，女儿便跟着重复"上"。我的回应大概是"没错，车在上升"。她继续重复了几次"上"这个词，又从我这里得到一些反馈后，才安静下来。但她仍然目不转睛地盯着升降机上的汽车。然后，车子降了下来。哇！这又把她给迷住了，汽车降了下来！也许她以为汽车会永远停留在升降机上。谁知道呢？但不管出于什么原因，看到车子降下来，女儿更加兴奋了。我可能当时又说了"车在下降"之类的话，当然，她也重复了"下"这个词，重复了好几次。

接着车又被升了上去。我觉得当时的情景可能太过震撼，女儿甚至想穿过窗户，冲进维修车间。我想这可能是她长那么大最激动人心的一天。她只有18个月大，并无太多经历可做比较。但在短短30分钟里，她看到了汽车上升、下降，接着又升起来。我敢肯定，当时她一定激动得快坐不住了，一心只想知道接下来会发生什么。可想而知，车子又被降下。

这就是那次经历。对女儿来说，这似乎是有史以来最美好的一天。她又喊了一声"下"，然后笑起来，其他人也被她逗笑了。她玩得很开心，但也学到了一些新知识。她学会了"上"和"下"这两个词，知道一个词与世界上的一件事之间存在关系；她知道了"上"可能预示着"下"，反之亦然。即便是在这样简单、平常的经历中，女儿也积累了一个新想法，她学会了"上""下"二词及其对应的概念。

不能光顾着讲故事，我要将这些事件与一些关于记忆的认知心理学概念联系起来。此外，我还要指出，将事件与概念联系起来就是这个故事的全部意义，不然就聪明反被聪明误了。

女儿以前肯定见过物体上升和下降。这不是她第一次听到这两个词，因为她躺在婴儿床或椅子上时，我们会问她："想不想下来呀？"她听过这些词，只是这一次她将"上""下"二词与汽车联系起来，并把这种联想与自己看到和听到"上""下"的其他经历联系起来。她正在形成一种新的联想（汽车和词语），并将这种联想与以前的例子联系起来。这一例子展示了新语义记忆的形成，因为词语和动作之间的联系顾名思义就是语义。"上"是指事物上升，"下"是指事物下降。"上"和"下"往往相互联系，具有可预测性。这些记忆都是与词义相关的概念，也包含由这些词联系在一起的事件。

我们之所以称它为"语义记忆"，是因为我们记忆的是语义内容，且重要的是一般意义，而非具体事件。事实上，对于大多数语义记忆来说，太过具体反而不利。如果女儿认为"上"和"下"只适用于车行和汽车，那么这对她掌握"上"和"下"的相关知识并无帮助。她需要了解，"上"和"下"是适用于各种物体和事件的一般概念。语义记忆创建并存储这些一般联想，但其形成一般概念的代价似乎是不记住具体事件。实际上，我们有时确实能记住具体事件。这又是如何做到的？

对于这个关于记忆的故事，第一部分有关语义事实的编码和存储，涉及"上"和"下"两个词的学习。但故事并不止于此，它的第二部分与记忆事件有关。当时，女儿入托于一所与西大有关联的兼职日托中心。离开车行后，我们开车去了日托中心，之后我便去了学校。几个小时后，我接她回家。当我开车经过那天换机油的车行时，我指给女儿看。她眼睛一亮，又开始说"上"和"下"，好像想起了早些时候的事情。我看得出来，她在重温当时的情景。她觉得该经历似曾相识，意识到该事件已经发生。她形成了新的情景记忆。我们开车经过时，她记得这件事。她发现有一真实事件与这两个词语存在关联，自己是该事件的一部分。与语义记忆（对"上"和"下"一般概念的记忆）不同，情景记忆高度侧重具体事件的记录。情景记忆是对个人事件的记忆。我们设法存储具体的信息，并将这些具体信息与当时的自己联系起来。在女儿的例子中，她记得在该情景中学到的概念，凭借这一点可看出她意识到自己曾去过车行。

这个故事体现了语义记忆——"上""下"的一般概念——的加强，以及新情景记忆——意识到自己当天早些时候在车行看到车子上升和下降——的产生。这是两种不同的记忆，两者尽管可能与同一原始事件有关，但储存的是两种不同的内容，而且它们分别记录了事件的不同方面。语义记忆为一般信息，它与现有概念建立新的联系；而情景记忆是具体信息，它能让大脑存储不同的信息。

模糊性与灵活性

当我们回到车行时，女儿认出了这个地方。当时她说"上""车上"还是"车上升"？我并不清楚。尽管我有很多关于这个故事的记忆，但我不记得很多具体细节。仔细想想，我不记得很多重要的细节——我不记得女儿那时究竟多大，那天是星期几，那天是那一年中的什么时候。为何如此？当时这些并不重要，因此我并未尝试将其记下。若不记得那些细节，那我如何记得这一事件？我自己的情景记忆又有多准确？

不久后，我在课堂上讲了这个故事。当时我正在教授认知心理学这门课程，我将故事讲给全班同学听，这个故事说明了语义记忆和情景记忆的区别。故事以发生在我身上的一个事件（观察女儿）为背景，我可以借此谈论她的情景记忆和语义记忆。我现在能记起此事，是因为我在课堂上和后来的课程中谈论过此事。这意味着相关记忆得以强化，同时也意味着在此过程中，我可能增加了一两个细节。但这些都已成为记忆的一部分。记忆并不完全是所发生事件的完美镜像反映，而是事件和复述的反映。我想要了解哪些细枝末节是初次看到事件时直接经历的，又有多少细节是后来添加的，这几乎不可能。

情景记忆的一个奇特之处在于体验情景记忆的方式。这种体验与基于事实的语义记忆不同。每次回想一个事实，我会对信息进行较为抽象的概括、回忆或识别。可想而知，细节模糊。事实上，模糊性甚至可能对你有所帮助。正是这种模糊性，有助于第五章中提到的"填充背景信息"这一过程；正是这种模糊性，让你能够根据记忆和知识填充一些情境的细节，如此你就不必一直设法感知和识别情境中的每一个细节。例如，我积累了一些关于换机油和汽车保养的一般知识，那么依靠这些信息填充故事的细节，或许是好事。这些是一般知识，需具备一定的灵活性。

然而，当我回忆一个情景时，灵活性恰恰是我不想要的，我不希望自己对所发生之事的记忆模糊又灵活。如果说模糊性和灵活性有助于语义记忆，那么它们却不利于情景记忆。既如此，为何要有灵活性？我认为我们别无选择。问题在于，每一次回忆都会成为一个新的情景；对事件的每一次复述和叙述都是一个新的事件。因此，我现在既有对原始事件的记忆，也有对原始事件的回忆。若假设这些情景记忆会通过并活跃于工作记忆系统，那么原始事件的记忆激活工作记忆时，这种激活本身就可以被储存。换句话说，记忆行为创造了自己的新事件，新事件与原始事件和之前的回忆有关。我若回忆的内容稍有错误或稍有不同，那也会成为记忆的一部分；我若对故事润色一二，那么该润色会与回忆起的信息一样通过工作记忆系统，因此这很有可能成为记忆的一部分，且不可避免。下一次再回忆起该事件时，我可能会想起带有新增细节的事件，而这会成为我记忆的一部分，并得到强化和巩固。

不难看出，随着时间的推移，记忆会发生扭曲。这种扭曲与一般知识的模糊性源自一处。无论我们愿意与否，记忆都是模糊的。若这种模糊性有益——例如有助于填充背景细节，那我们永远注意不到。若这种模糊性有害——比如在自己期望并认为准确反映了所发生之事的情景记忆中添加或删除细节，我们可能也注意不到，除非有人指出我们的记忆并不准确。

我们如何才能学会适时从模糊中获益，适时避免错误呢？若想保留核心要点，方法就是尽量避免对故事进行详尽阐述。但这一方法不太实际。大多数人都喜欢详述故事情节，这正是故事的趣味所在。这也是许多故事的目的——娱乐，而非帮助形成准确、真实的记忆。"尽量避免详细阐述"，这做起来要难得多，因为模糊性和详尽阐述是记忆工作方式的固有部分，无法避免。然而，我们可以保持觉察，并利用这种觉察降低出错的可能性。你可以学着觉察自己记忆的本质：你记住的是故事还是事实？该记忆的目的是什么？你是否添加了新的细节？心理学家称这些为"元记忆"。元记忆是关于个人记忆的知识。如果你想要改善元记忆，那么了解个人记忆如何运作会有所帮助。

以此为目标，我们先花点时间了解一下记忆系统，这些系统如何工作以及为何如此工作。接下来的内容与故事关系不大，而是侧重心智和大脑。我将以储存在长期记忆中并用于指导行为的三种信息为基础展开讨论：一是关于一般事实的记忆（例如，鞋子是什么），二是对个人过去的记忆（例如，你是否还记得自己上一次买鞋是什么时候），三是对运动程序的记忆（例如，如何系鞋带）。心理学家分别将这三种记忆称为"语义记忆""情景记忆"和"程序性记忆"。上述三者并非划分和描述记忆的唯一方法，但这是极为有用且被广泛认可的区分方法。

陈述性记忆和非陈述性记忆

我们在讨论短期记忆和工作记忆时，需要依据模态对事物进行划分，即感觉和感知。工作记忆系统是外部感知世界和内部心理世界之间的表征缓存。工作记忆别无选择，只能如此组织，这是因为工作记忆系统与感知之间联系十分紧密。

不难想象，长期记忆也是根据感知进行组织的。事实上，我们确实有感知经历，这是长期记忆的一部分。然而，正如汽车随着升降机上下移动的故事，许多长期记忆主要根据内容来组织。由此看来，有些记忆本质上以事实为依据，而有些记忆主要围绕过去发生的个人事件进行组织。正如上一节所述，这些记忆有时会重叠。但它们并不完全相同，也并不总是交叠。

大脑会储存激活状态并将其整合成记忆，这些记忆可提取，用于指导行为。其中一些存储的激活状态与我们清楚且明确意识到的事件有关。这些记忆有关我们自己知道的事物，例如对自己名字的记忆，对喂鸟器旁鸟类名称的记忆等。心理学家通常将其称为"陈述性记忆"。陈述性记忆由"知道事物是什么"的系统组成，但不包括"知道事物如何使用"。陈述性记忆是可以说出来的记忆，包括你母亲的名字、你所在街道的名称、你最喜欢的食物、你的第一次约会或最后一次去度假的经历。你可以检查自己的记忆，回想起或识别出该信息是记忆或知识的一部分。当然，你不必总是清楚地了解陈述性记忆系统中的内容，但需要时能够将记忆提取出来。也许最重要的是，这些记忆都可以用语言谈论。

然而，记忆远不止储存那些可以被讨论、被描述的事物，还有非陈述性记忆。非陈述性记忆由"知道如何做"的系统组成，包括如何抓握咖啡杯、如何写自己的名字、如何系鞋带以及如何学习母语的语法规则等。上述大多数事情，你仍然知道自己知道，但你无法进行检查，无法真正用语言描述其内容或意义。你可以尝试，但即便是语言，也不能妥善描述这些记忆如何工作。你究竟如何存储并激活抓握咖啡杯的信息？你在真正使用记忆时，不会考虑这些，就只是使用记忆。

陈述性记忆和非陈述性记忆这两个系统是长期记忆中广泛存在的系统，它们之间存在显著区别。像心理学领域的很多东西一样，还有其他方式可用于讨论这种区别。这两者有时称为"是什么系统"和"如何做系统"，因为我们用一种记忆来记住事物是什么，用另一种记忆来记住如何做事情。这两个系统也可称为"外显记忆系统"和"内隐记忆系统"，因为我们可以清楚地记住一些事情，但另一些事情则是在我们没有意识到的情况下被记住的。此外，两者还可称为"语言系统"和"非语言系统"，因为我们通过自己的语言——内心声音——来存储和获取一些信息，而通过非语言的行为来存储和获取其他信息。

在每一个记忆系统中，还可能存在更多的分支系统。将记忆扩散并细分记忆系统一直是部分心理学家长期关注的问题。一方面，我们显然早已有一种划分方式——神经系统。所有这些记忆都作为激活状态和神经元群之间的连接，储存在大脑中。此为一个单一的生物系统。但另一方面，在认知层面上，这些不同种类的记忆以不同的方式运作。在神经层面上，其运作也有所不同，因为一些记忆依赖大脑的语言区域（位于颞叶），而另一些则依赖顶叶的运动区域。人只有一个记忆系统，还是有多个记忆系统？若是有多个系统，数量有多少呢？几十年来，记忆研究的核心课题之一就是如何划分记忆。我喜欢将记忆分为陈述性记忆和非陈述性记忆，因为此种划分方式既直观，又有数十年研究的支持。

我们现在详细了解一下这些记忆系统。我想从陈述性记忆开始，因为我之前讲的关于汽车和学习"上"和"下"二词的故事，就说明了陈述性记忆系统中的两种记忆。我论述完陈述性记忆，再介绍非陈述性记忆系统。

关于事实和事件的陈述性记忆

陈述性记忆是明确的语言记忆，包括所有可描述的事物。陈述性记忆还可进一步细分为对一般事实的记忆和对过去个人事件的记忆。加拿大多伦多大学的心理学家恩德·托尔文（Endel Tulving）详细探讨了一般事实和知识的记忆与对个人事件的记忆之间的区别。托尔文是认知心理学和认知神经科学的奠基人之一，自20世纪50年代起便在多伦多大学任教，直到2019年他退休。他职业生涯的大部分时间都用于发展和探索记忆的理论模型。①

托尔文在1972年发表的关于记忆系统的论文中，对20世纪60年代末之前研究的不同记忆类别进行了区分：主动记忆、听觉记忆、短时记忆、工作记忆和长时记忆。这些分类与20纪初艾宾浩斯描述的分类大致相同，与我在本书此处讨论的分类也大致相同。他还提到了当时新描述的知识组织系统，即语义记忆。在托尔文之前，大多数理论仅简单区分短期记忆（上文讨论过的工作记忆）和长期记忆（即其他一切记忆）。当时的假设是，任何你想记住超过几秒钟的东西，都可以在短期记忆中进行复述，直到可存储到长期记忆中。但在20世纪60年代末，一些经常使用计算机知识存储模型的研究人员认识到，大部分长期记忆都按照语义内容组织。换句话说，并非所有的长期记

---

① 除理论贡献之外，托尔文还是一名研究生导师，他的许多学生也是该领域有影响力的人物，包括夏克特——第五章讨论过他的研究，还有亨利·罗迪格（Henry Roediger）——稍后本章将会讨论他的研究。

忆都相同。对事实的记忆——内容具有语义且基于意义的记忆，以反映实际内容的方式进行组织。托尔文认为陈述性记忆概念中包含的语义记忆系统是对事实的记忆系统，如我们所知的事实包括地点、名称、概念、颜色、城市、动物、植物和食物等。语义记忆具有意义，也有标签和名称。语义记忆在你自己的头脑中形成一个紧密相连的网络，而且在许多情况下，语义记忆的意义可通过语言和常识与他人共享。我们很快就会发现，语义记忆与上文讨论的程序记忆系统不同，它是一个高度依赖语言的系统。

语义记忆

语义记忆通常被认为是按概念进行组织的。我女儿对"上、下"概念的认知表明，她开始对这些概念形成语义记忆。后来，她能够将"上、下"的例子与其他例子联系起来。这就是语义记忆的重要之处。组织是关键，是影响思维的关键。

大多数关于语义记忆组织的理论都认为，记忆中观念的组织反映了词语中事物的组织。如果两个事物在外部词语（你所感知的世界）中彼此相似，则在感知和记忆的词语中也应该彼此相似。此时，相似意味着两者会以一种让它们看起来很接近的方式进行储存。如此，每当想到一种事物，比如"面包"，你就会自然而然地轻松想到相关事物，比如"黄油"。这就是所谓的语义距离。相似的事物在心理空间中彼此接近，因此语义距离较小。不相似或无联系的事物在心理空间中可能相隔甚远，故而语义距离较大。

这不仅是一个简单的隐喻。该隐喻具有一定的预测能力，且语义空间的概念是心理学理论和模型中的一个重要假设。举一个简单的例子：杂货店内，不同种类的苹果放在同一区域出售。我如果驻足于澳洲青苹果前，接下来却决定买红色苹果，那么该过程只需几秒钟的时间，因为两种苹果在店里相距不远。而洗涤剂却在不同的地方，从青苹果售卖区到洗涤剂售卖区所需的时间，长于从青苹果售卖区到红苹果售卖区的时间。距离的差异能够影响行为所需的时间，而记忆提取的过程同样如此（概念关联越紧密，记忆检索的速度就越快）。理论家和心理学家一直在试图理解为何会出现这种情况。

语义记忆组织的原型是柯林斯（Collins）和罗斯·奎利恩（Ross Quillian）首次提出的层次理论。这一理论于20世纪60年代问世，当时计算机科学刚刚兴起。与现代标准相比，当时的计算机内存和存储空间十分有限。计算机科学家面临的一项挑战就是如何组织信息，实现信息存储量最大化，同时保证存储信息所需的物理空间最小化。奎利恩开发了一种层次数据结构，既能存储观点，又不会占用太多空间，在知识表征基础上增加的层次结构提高了效率。在该系统中，知识被组织成一个扩散激活系统中的层次结构。扩散激活这一想法受实际神经架构的启发，因而语义网络的一个区域被（感知或思考）激活时，激活会扩散到其他区域，并激活这些区域。两个想法或概念的关联度越高，激活扩散的速度就越快。

在柯林斯和奎利恩的记忆模型中，单个节点代表概念和事实。这些节点与存储在语义记忆中的信息层次相对应，并与其他节点相连，就像你记忆中的想法和事实一样。节点之间的连接代表概念之间的不同关系。图7.1举例说明了概念和事实如何以结构化、层次化的方式相互连接。此处最重要的一点——也是柯林斯和奎利恩分层方法的关键之处——在于，在这个层次结构中，高阶节点（如动物）的任何属性也适用于低阶节点（鸟、鱼等）。下级事实和概念继承了上级节点的属性。

若语义记忆系统需存储一些关于金丝雀的事实，例如"金丝雀是一种会鸣叫的黄色鸟类"，则系统只存储金丝雀节点关于金丝雀的特有事实（黄色、会鸣叫），并带有指向其他层次的指针。通过这一指针（"金丝雀是一种鸟类"），可提取鸟类的特征（"羽毛"）和其他指针（"鸟类是一种动物"）。其他事实（"鸵鸟是一种不会飞的鸟"）可使用指向鸟类节点的指针提取一些相同的信息。如此，有关鸟类的事实只需被存储一次，

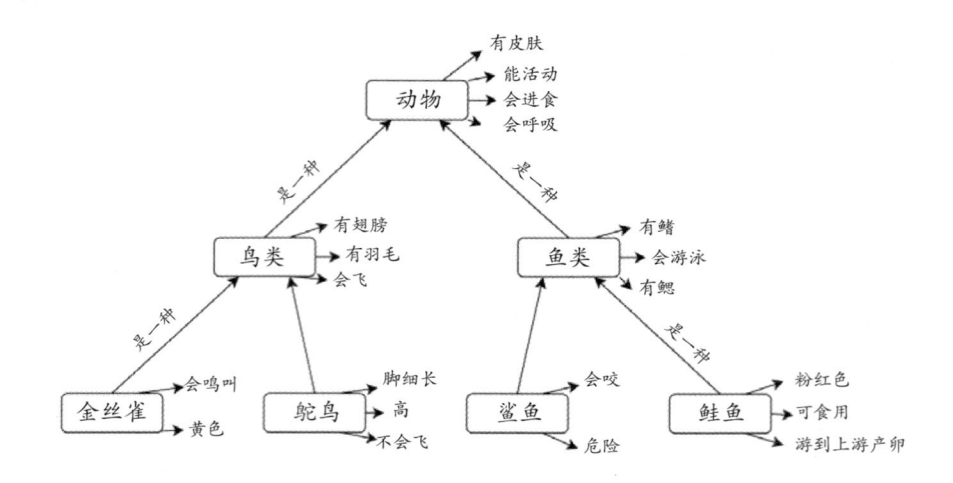

图 7.1 语义层次结构示例。每个节点都从其上级节点继承属性。金丝雀是鸟类，因此也具有鸟类的特征（以及动物的特征）

我们就可以多次重复使用和循环。系统将这些有关金丝雀和鸵鸟的复杂信息隐式地存储为一个分布式层次网络。在这个网络中，激活从一个节点向语义相近概念扩散的速度，比向语义较远的概念扩散的速度更快。层次组织和扩散激活这两项假设，使该模型能够对思维模式和行为做出一些具体且可检验的预测。根据这一思维模型，每当你想到金丝雀时，"黄色"应该会很快、很容易地浮现在你的脑海中；但与其他层次相关的特征（如"有皮肤"）则不会那么快出现在你的脑海中，因为激活扩散到心理空间的那个区域需要更长的时间。这是一个为计算机内存存储而设计的模型，但它同样能预测人类行为。

柯林斯和奎利恩意识到该模型很有效，便猜想这可能是人类思维组织的一种合理方式，也是存储信息的一个上佳模型。所以，他们设计了一项实验来验证这一想法，要求受试者完成一项"句子验证"任务。在句子验证任务中，受试者会得到一个陈述，按要求验证该陈述是对是错，并尽快完成陈述确认。在这些任务中，重要的因变量是回答"是"或"否"的反应时间，即反应速度有多快。陈述语句本身简单明了，足以供任务受试者正确回答"是"或"否"。例如，若给出"金丝雀是黄色的"这一陈述，受试者可迅速回答"是"。若给受试者提供"金丝雀有皮肤"的陈述，受试者应该也能够回答"是"。然而，根据模型，此次作答需要更长的时间，因为激活需要扩散到"鸟类"和"动物"的层次，才能验证这一属性。"金丝雀"和"黄色"以及"金丝雀"和"皮肤"之间的语义距离应反映在反应时间的差异上。柯林斯和奎利恩的研究证实了这一预测。在假设的语义网络中，确认真实语句的时间可通过节点之间的距离预测。提取语义相近的属性的速度，比提取语义较远的属性的速度更快。语义记忆表征的结构反映了世界上许多自然概念的组织结构。因此，这种层次结构会影响行为，影响我们对概念、概念属性的思考方式以及回答问题的方式。

语义网络是一种有力的方法。柯林斯和奎利恩进行的严密控制实验，展示了语义组织和层次结构的证据。但也有证据表明，人类在人造环境中组织事物的方式，同样存在语义组织和层次结构。你可以从商店的组织方式中发现语义组织和层次结构。比如类似产品组织成不同品类，而这些品类又对应地组织成上级产品类别。类似商店甚至也可能彼此相邻。互联网的组织方式同样存在语义组织和层次结构。雅虎（Yahoo）是最早的互联网搜索公司之一，其设计初衷是为早期的网络提供一个分层指南，而Yahoo则是"Yet Another Hierarchically Officious Oracle"[①]的首字母缩写。甚至图书馆的组织方式也是如此，将概念相似的书放在书架的同一区域。这些事物和地点

[①] Yet Another Hierarchically Officious Oracle意为"另一个层次化的、非正式的预言"，而Yahoo一词最早出现在1726年，源自乔纳森·斯威夫特（Jonathan Swift）所写的《格列佛游记》。——译者注

皆是按语义和概念组织，且往往含有层次结构。这显然是一种自然的信息组织方式，我们的行为也遵循同样的事物组织方式。

不过，基础的层次模型并不完美。严格的层次结构不能妥善处理典型性问题。若要求受试者验证"知更鸟是鸟类"的属性，他们的反应速度可能比验证"企鹅是鸟类"的属性更快。这是因为知更鸟是更典型的鸟类。与企鹅相比，知更鸟与其他鸟类之间存在更多的联系、更多的共同特征。尽管我们知道企鹅也是鸟类，且处于同一层次，但企鹅似乎属于自己的类别。为了让层次理论适应这种典型效应，它需要对节点之间的连接强度做出一些额外的假设。它的连接越强，速度就越快。

激活扩散和语义网络这两个概念构成了大部分知识的基础。了解二者的工作原理大有裨益，这样既有助于你提高记忆力，也可助你理解为什么有时会犯第五章概述的记忆错误。记忆力的提高和许多常见错误往往源自相同的过程：语义网络和激活扩散。以下分别举例。

就在柯林斯和奎利恩发表关于语义记忆的研究后不久，托尔文提出陈述性记忆本质有关观点的同时，1975年，弗格斯·克雷克（Fergus Craik）会同托尔文着手研究编码对记忆的作用。虽然他们的研究重点是学习过程中信息的编码方式，但其研究成果可通过扩散激活和记忆组织这些概念做充分解释——不过，克雷克和托尔文并非这样描述自己的研究。克雷克和托尔文认为，在感知信息并试图将其存储到记忆中时，会采用不同层次的处理方式。根据这一理论，输入的刺激（如正在处理和学习的事物）需经过不同类型的编码。浅层次处理是指对信息进行感觉和表层处理——视觉特征、声音和其他与感知更密切相关的特征；深层次处理是指对信息进行语义和意义层面的处理。总的来说，克雷克和托尔文认为，深层次处理有助于在后续测试中更好地回忆信息。

在一系列创造性研究中，他们要求受试者在不同编码条件下（这些条件的加工深度逐渐增加）学习单词列表，这些条件包括：结构条件、音位条件、类别条件和句子条件。在结构条件下，受试者将看到一个单词，然后按要求回答"单词是否为大写字母？"，说出"是"或"否"。列表中一半的单词为大写字母，如TABLE（桌子），另一半为小写字母，如chair（椅子），因此答案非"是"即"否"。请注意，这个问题并不要求学习者花费任何精力思考单词本身或词义。实际上，在不认识单词、非单词字符、视线不清等情况下，你也能轻松完成此项任务。你甚至不需要读懂单词，只需注意是否出现大写或小写字母，即可正确回答这个问题。

在另一条件——音位条件下，受试者需按要求回答即将学习的单词是否与另一单词押韵。例如，受试者会看到单词crate（板条箱），然后回答：这个单词是否与WEIGHT（重量）押韵？这种情况下，受试者需读出单词并思考它的发音，才能正确回答问题。这就是更深层次的处理。至于类别问题，受试者被问及单词是否属于某个类别。例如，对于"这个单词是否为鱼类？"这一问题，受试者若看到单词table（桌子），答案为"否"；若看到单词shark（鲨鱼），答案则为"是"。与结构和音位条件不同，你需要知道单词的意思才能回答问题，这会激活你的语义网络。在你考虑如何回答问题时，激活将会扩散。这也是更深层次的处理。最后，在句子条件下，受试者需按要求回答一个关于单词放入句子中是否恰当的问题。对于"He met a ____ on the street"（他在街上遇到了一个____）这样的句子，若填入friend（朋友），问题的答案为"是"；若填入cloud（云），则答案为"否"。与类别问题一样，句子问题要求受试者思考单词的意义，甚至可能要求受试者想象该词放入句子中是否恰当。这同样也是更深层次的处理。与结构条件不同，若受试者不认识该单词，他们将无法回答问题。

在后续记忆测试中，相较于与结构问题或押韵问题对应的单词，受试者对与类别问题或句子问题对应的单词记得更牢。正如克雷克和托尔文预测的那样，更深层次的处理会增强记忆。受试者关注词义能促进更深层次的处理，使得表征更突出，并在记忆测试中表现得更好。此举激活了语义网络，而激活必须扩散到其他区域和层次，受试者才能回答问题。该项研究成果可靠，在多项不同的研究和实验中均得到复制和延伸。即使受试者不知道这是一项记忆测试，语义条件所需的深层次处理仍然能促使他们在记忆测试中获得较好表现。其他实验对受试者处理初始单词的时间加以控制，即使让受试者在浅层次加工条件下对这些单词进行更长时间的加工，但在深层次语义条件下的表现仍然更好。此处核心要义为：受试者若对信息经过深思熟虑，对信息的记忆就会加强。

这对你的记忆力意味着什么？当真的想牢记某件事情时，你试着把它与已知的事情联系起来，试着关注细节，并试着将你正在学习的新事物与现有的强大语义网络联系起来。因为细节会呈现新信息与已知信息之间的众多共同联系，促使信息更易于学习和记忆。记忆与其他事物相联系时，记忆会得到增强。因此，细化有助于记忆。

但有时细化也起不了作用。事情果然没那么简单，总有陷阱。

陷阱的形式是一种非常巧妙的范式，该范式用于制造错误记忆。它不是遗忘，而是错误记忆，即你认为自己经历过的某些事情实际上从未发生过。为了证明错误记忆十分容易制造，心理学家罗迪格探索了一种有趣的范式，现被称为"德泽-罗迪格-麦克德莫特范式"或"DRM（Deese, Roediger, McDermott paradigm）任务"。DRM任务的最初版本要求受试者记住看到的单词列表。例如，受试者可能会看到以下单词：床（bed）、休息（rest）、醒着（awake）、疲累（tired）、做梦（dream）、醒来（wake）、打盹（snooze）、毯子（blanket）、瞌睡（doze）、沉睡（slumber）、打鼾（snore）、小睡（nap）、平静（peace）、打哈欠（yawn）、昏昏欲睡（drowsy）。注意到什么了吗？"睡眠"（sleep）一词并不在这个列表中，但所有这些词都与睡眠这个概念有关。在DRM任务中，受试者会收到几份类似的单词列表，并在看到每份列表后尽可能回忆单词，越多越好。看过六个单词列表后，受试者又接到一项识别任务，其中包括所学列表中的旧单词、新单词，以及不在列表上但与"睡眠"高度相关的目标单词。研究人员发现，受试者会错误地识别"睡眠"等目标词，他们确信目标词已经出现。在另一任务版本中，受试者需按要求区分是否记得该单词，抑或仅是认识该单词，大多数受试者都表示自己清楚地记得看到过该单词。

我在大学的认知心理学课上讲授记忆时，每年都会在课堂上演示DRM任务。有时，我会将单词显示在屏幕上，让学生试着记住这些单词。然后，我在屏幕上逐一展示测试，请记得看到过单词的人举手。展示到"睡眠"这个词时，很多人都举起了手。如今，学生们几乎人人都有笔记本电脑或其他设备，于是我创建了一个谷歌表单，一次显示一个单词。然后，学生们会看到一个包含所有测试单词（旧单词、新单词和新目标单词）的列表，然后点击"是"或"否"，回答是否明确记得见过每个单词。同样，很多人错误地识别出目标单词。有时，学生不相信单词列表中没有"睡眠"一词，于是我们又重看单词列表，证明列表中没有这个单词。学生对单词实际上不在列表中感到惊讶，这很正常。毕竟"睡眠"一词在列表中的感觉非常强烈。

这显然是记忆错误。"睡眠"一词虽然关联度很高，但并未出现。这一现象表示记得该词的人犯了来源归因错误。所有单词之间的激活扩散会导致目标单词被高度激活，这足以产生错误记忆。换句话说，受试者认为自己看到过"睡眠"这个词，部分原因是他们确实见过这个词。他们不是在屏幕上见过该词，而是由于激活扩散，他们在脑海中看到了这个词。受试者在心灵之眼（mind's eye）中看到了这个词，当然，通过这种方式，他们也看到了其他所有的词。床（bed）、休息（rest）、醒着（awake）等词被感知，然后在长期记忆中被激活。这些词与其他有关睡眠的词语联系在一起。你甚至会有意识地注意到它们是睡眠相关词语。你甚至会用内心声音对自己说："哦，这些都是关于睡眠的词语"。你要说并未强烈地激活"睡眠"一词，且主观认为没见过这个词的，这几乎不可能。

激活扩散和语义网络是大脑和思维组织信息的设计特征。两者是不可避免的，且通常是有益的。但是，克雷克和托尔文描述的处理层次中的这些特征既可以提升记忆力，也可能导致罗迪格所描述的错误记忆。语义记忆非常适合用于存储我们所知的事物、阐述观点以及与概念建立联系。然而，就保留对过去的精确记录而言，语义记忆的用处不大，它并非为此而设计。

我们有时确实会重新体验过去；有时甚至喜欢把重温过去作为一种娱乐方式。我们重温事件，回忆过去的人、地点和事物。在本书写作过程中，我想起了许多不同的事情，最终笔下就呈现了：一场险些发生的车祸、一位朋友的真实车祸、一次课堂上的经历、一段与女儿一起学习的回忆。有时，这种体验就像在看电影一样，我能看到事件发生时的情景，或者更准确地说，是我认为事件发生时的情景。但有时，这种回忆只是一种简单的验证行为。我在店里是否买了咖啡？我早餐吃了什么？在餐厅帮我点餐的人叫什么名字？这些过去的个人事件是否与构成语义记忆的一般知识系统不同？或者说，它们在结构功能上相似，唯一的区别在于内容：个人事件与一般事实。

情景记忆

让我们回到1972年，回顾托尔文的奠基之作。托尔文对陈述性记忆的最初描述还包括另一种个人化程度更高的记忆形式，他称之为"情景记忆"。情景记忆是对过去甚至未来个人事件的记忆，它可以让你回忆起过去发生在自己身上的事情，并为你将来可能发生的事情设置心理预警。正如托尔文所说，这是一种心理上的时间旅行。尽管情景记忆依赖的基本神经机制与语义记忆相同，但它在内容和用途上却与语义记忆截然不同。一般知识即根据自身经历存储并提取关于世界的信息，但情景记忆是经过深思熟虑的记忆，通常用于存储我们的意识体验，包括我们在哪里、我们在做什么、我们已经做了什么，以及我们将要做什么。

情景记忆的例子比比皆是。只要你开始找寻相关的例子，你就会发现情景记忆与一般知识有何不同。不过，它仍与语义记忆重叠，因为任何事物都难免有重叠。你今天早上做的第一件事是什么？你能在不需要暂停回想的情况下答出这个问题吗？也许可以。你很有可能需要花几分钟回想自己今天早上做了什么，但并非每个例子都需要你构想过去。此外，你会依靠情景记忆来记录正在发生的事情。你还记得几分钟前挡住你去路的那辆车是什么颜色的吗？上周的会议讨论了什么内容？你还要依靠情景记忆来计划和设想尚未发生的事情。你下次理发是什么时候？下一堂课在哪里上？记住，你需要早上7:30出门，开车去多伦多。在大家都适应了新型冠状病毒疫情之后，明年会是什么样子？[1]

托尔文认为，情景记忆如同一场心理时空旅行，这项能力乃人类独有。这种记忆依靠我们的内心声音来描述事物，还需要发达的自我意识来接收源源不断的信息流。托尔文认为，情景记忆依赖语义记忆，但又有别于语义记忆。他在2002年写道：

> 情景记忆是一种新近进化而来、发育较晚、退化较早、面向过去的记忆系统，比其他记忆系统更易受到神经元功能障碍的影响。它可能也是人类独有的记忆系统。情景记忆使心理时间旅行成为可能——穿越主观时间，从现在回到过去，从而使人能够通过自我意识重新体验自己以前的经历。情景记忆的运作需要语义记忆系统，

---

[1] 我认为，在应对包括新型冠状病毒疫情在内的各类疫情时，最困难的一点是我们无法借助情景记忆提前制订计划。2020年3月疫情首次袭击加拿大时，我原先计划居家工作两周。而现实是，我后来居家工作两个月，甚至更久。大多数学年，我都期待着秋季学期的到来，期待着回到校园。但受疫情影响，我已无法继续怀有这份期待。我惯用的穿越时空想象秋季学期的机制已经失效，因为我也知道秋季学期再也不会像从前那样呈现。下文写到归纳（induction）时，未来与过去相似这一观点还会再次出现。

但又超越了语义记忆系统。

本章开头，我讲述了女儿学习"上"和"下"概念的故事。我认为对她来说，这些概念是了解事件的重要信息。再次开车经过车行时，女儿似乎对这一事件产生了情景记忆，她认出了车行。我特意记住此事，反复思考、详细阐述，还调动了我的情景记忆，在课堂上谈论这件事。不过，正如我在故事中指出的那样，情景记忆易受我们详细阐述的影响。情景记忆与相同的语义网络相连，激活扩散在此处也会起作用。正因如此，我们仍然会犯错误。

还记得前面提到的DRM任务吗？前文说到，激活扩散会导致"睡眠"一词开始活跃，并被受试者错误地回忆起来，因为该词受呈现的其他词语和概念激活。激活是语义记忆的结果。但实际任务中的问题是关于情景记忆的："你是否在列表上见过'睡眠'一词？"受试者之所以犯这样的错误，是因为他们依赖语义激活来回答一个关于特定情景的问题，而该情景的信息编码可能很薄弱，且很难与其他情景——受试者看到的其他单词——区分开来。

情景记忆远非完美，但它对我们用处巨大，我们无法想象没有情景记忆将会是何情形。情景记忆是人类的一个特征。托尔文认为这种记忆为人类独有，但事实可能并不完全如此。情景记忆的某些方面在其他动物身上也能看到。例如，灌丛鸦这种鸟类就能记住自己很久以前贮藏的食物。若虫子被放得太久，不新鲜了，它们就不会食用这些贮藏的食物。灌丛鸦的这一行为可能与我们回想生日聚会或记得设置闹钟的行为不同，但它也是一种与时间相关的记忆。

非陈述性记忆和程序性记忆

我们记忆的内容远不止事件和其他信息。托尔文认为，我们有一个"非陈述性"记忆系统，其中包括我们无法轻易解释或表述的内容。例如，你知道如何打字，你知道按键在哪里，如何按下按键，以及如何操作按键来生成文字。打字时，文字可能反映了你陈述性记忆系统中的内容，你选择打字的动作则是非陈述性记忆系统的一部分。心理学家也将其称为"程序性记忆"。这些记忆仍然是你长期记忆的一部分，但不易明确地被表述或描述出来。记忆的提取和使用往往在我们无意识的情况下自动发生。此类记忆非常丰富，对生存极为重要。而且我们在不知不觉中不断地使用和更新这些记忆。

例如，驾驶汽车这一基本行为多个方面都涉及非陈述性记忆。首先，对于掌握方向盘、加速和刹车等所需的动作，你需要积累记忆。若你不会开车或从未开过车，同样的原理也适用于骑自行车（或滑雪、玩滑板、使用轮椅或游泳）。此类记忆有时被称为"运动记忆"，因为记忆用于驾驶和感觉运动协调所需的动作。这些运动记忆的积累需要时间，可能还需要大量的练习，但你一旦学会，就很容易提取和使用。而记忆提取和使用几乎是自动发生，无论出于何种目的，这一过程都几乎不需要任何意识。

尽管大多数非陈述性记忆都与运动有关，但这种记忆也不总是严格意义上的运动记忆。我们继续以驾驶为例。除了知道如何操作车辆，你还需要学习驾驶规则：速度限制、交通信号的含义、谁拥有优先通行权，以及车后有应急车辆时该怎么做。你可能通过学习和实践相结合的方式掌握了这些规则，就像操作车辆所需的动作一样，使用这些规则时你并无意识，且很难清楚地将这些规则描述给自己或他人。

驾驶汽车是一项复杂而危险的操作。鉴于其复杂性和危险性，所有人都必须按要求通过严格的测试，才能驾驶汽车。但正如上文描述的那样，操作车辆所需的许多记忆和能力几乎无法通过意识和语言检索获取。由于无法简单明了地获取驾驶汽车这一复杂而危险的活动所需的记忆，你可能会觉得困扰。但这其实并不会造成问题，实际上反而是一种好处——不需要通过意识筛选这些程序性记忆，无须耗费注意力，也不需要明晰的回忆，这些程序性记忆可快速、高效地自动显现。但代价是很难向别人描述你在做什么。你若确实会开车，试着回忆一下刚开始学开车的感觉或学习类似复杂行为时的感觉，又或者试着回忆一下教别人开车是什么感觉。顺便一提，回忆这些事情涉及陈述性记忆和情景记忆系统，这再次说明了事物之间的相互联系。

你一旦积累了丰富的驾驶经验，开车就毫不费力。1985年至1986年间，我才学习驾驶几种不同类型的小汽车和卡车，但我很早就学会了如何驾驶配备有"标准变速箱"的车。现在的标准变速箱其实并不十分标准，但这只是意味着你必须手动换挡。驾驶员选择挡位，而挡位是将动力从发动机传递到车轮的装置。低速挡能以较低的速度最大限度地提升动力；高速挡则是最大限度地提高速度，车需达到一定车速才能换到高速挡。自行车也是如此。换挡时，你需要踩一个名为"离合器"的踏板。踩下离合器后，挡位齿轮会松开，动力传递中断，从而实现安全换挡。松开离合器后，挡位齿轮会重新啮合。如果在尝试挂挡时发动机转速过快，车就会摇晃或嘎嘎作响。如果发动机转速过慢，车则会噼啪作响和熄火。

刚学习开车时，和其他人一样，我搞不定手动变速箱的离合器。起步时车总熄火、嘎嘎作响。但我学会正确操作后，这些程序性记忆得到加强。随着练习的增加，记忆进一步加强，直到最后，我终于学会了驾驶带有手动变速箱的汽车。2003年，我在美国伊利诺伊州任博士后研究人员，当时开着一辆老式福特F-150皮卡车。自那以后，我再也没有开过手动挡汽车。但我知道，即使时隔18年，如果需要再开手动挡的汽车，我也不会遇到任何困难。因为那些程序性记忆依然存在，我几乎还能感觉到踩离合器、松油门、换挡，再松开离合器，再踩油门等的动作。虽然我能大致描述这些步骤，但我无法清楚地解释这些动作。这些记忆无法用语言表达。我知道它们是我记忆的一部分，但我就是无法将其描述清楚。

非陈述性记忆系统非常适合这类记忆，因为该系统不需要语言，而这也不会真正妨碍记忆。非陈述性记忆系统涉及的大脑区域与正在进行的行动直接相关。在许多情况下，语言并不是记忆初始编码的一部分。试图用语言来回忆或描述事情甚至会影响记忆。试着做一个简单、熟练的动作，一边做一边详细讲解，要做到这一点并不容易。

结语

人类的记忆非凡。大脑神经元之间数以百万计的密集连接所产生的计算能力使我们能够认出自己的朋友、为句子选择恰当的词、驾驶汽车、回忆高中生活，以及规划未来等。结构化组织和激活扩散使我们能够详述并建立联系，但它们也可能产生错误的记忆。了解自己的记忆如何运作有助于你提高记忆力，了解什么时候应该详细阐述以加强记忆、什么时候应该注意可能会造成错误的阐述，也是有益的。

你的记忆和知识是思考的基础。思考即利用记忆、利用过去来影响现在和规划未来。接下来的两章将讲述我们如何为思考构建信息结构，以及如何使用语言来操控这些结构表征。接下来的两章将基本完善第二章讨论的"信息流"隐喻。我借助这一隐喻，描述了信息如何通过感觉感受器从外部世界流向大脑，信息如何与记忆和知识混合，以及信息如何激活并更新概念。为了有效地思考，我们有时会将信息压缩成结构化的表征，即概念。我们用语言与他人（以及自己）交流，而语言将信息浓缩成清晰的形式：概念和词语。

第八章

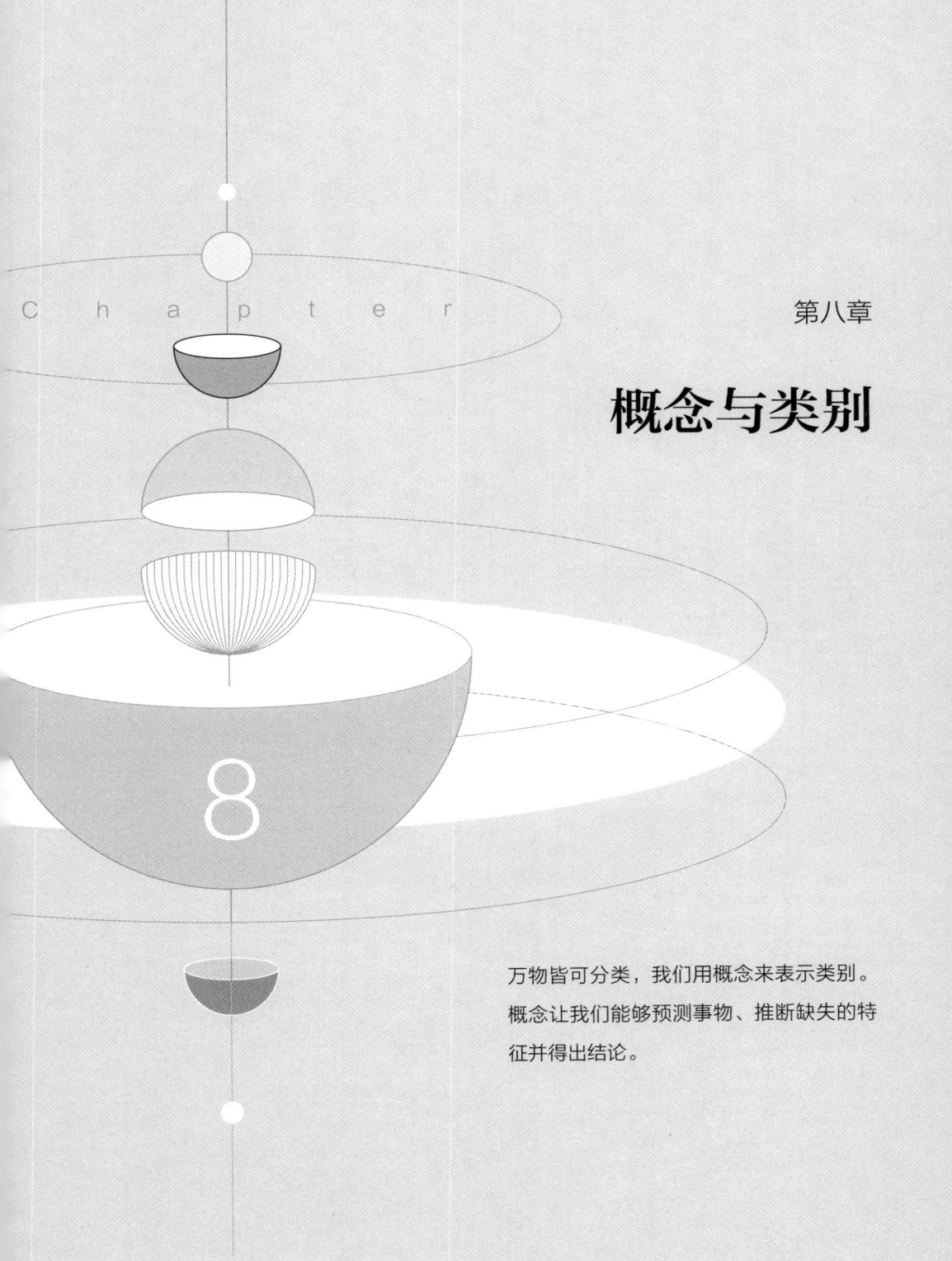

概念与类别

万物皆可分类，我们用概念来表示类别。概念让我们能够预测事物、推断缺失的特征并得出结论。

我们将经历过的事情组织为类别和概念。万物皆可分类,我们用概念来表示这些类别。没有概念,我们就无法工作;没有概念,每一次经历都是独立的;没有概念,我们就无法识别事物。概念是我们组织过往经历的方式。若无概念,我们就会迷失方向。举个例子:你走进一家日用百货商店或杂货店,甚至在进入商店之前,你就期望能找到可预测的组织方式。你会看到童装区、五金区、玩具区以及食品区和杂货区。在这些分区中,往往还有另一个可预见的次级组织层次。例如,在食品和杂货区,产品按烘焙食品、新鲜农产品、肉类、干货等进行区分。有时,在这些分区还会按品牌、功能和成分进一步细分。你可能会发现冷冻比萨放在一起(分类分组),也可能会发现意大利面酱与意大利面位置靠近(功能分组)。在第七章中,我曾提到一个类似的例子:青苹果和红苹果之间的物理距离比青苹果和洗涤剂之间的距离短。我建议以同样的方式组织我们的心理体验,用语义距离来替代物理距离。有了稳定的概念,我们就能预测事物的位置,并预期所有商店都以同样的方式布局。这种预期反映了概念结构。

这些分区是可以预测的,因为大多数商店都采用类似的分组方式。这些分区有助于购物者了解每个分区将看到什么产品以及在哪里可以找到所需之物。如果你要找速冻胡萝卜,那你可能会在速冻豌豆附近找到它们;如果你要找腌洋蓟,且你以前从未买过这种食材,你可能会去腌制食品区寻找。如果腌制食品区找不到腌洋蓟,你会做推断,思考其他可能陈列或不会陈列这一产品的地方。商店是按概念组织的。概念分组是根据销售产品的种类与使用方式设计的。这些分组十分合理，可帮助我们更容易地找到所需产品。

你的思维也是如此运作的。思想和记忆虽然是通过神经元的分布式连接在神经层面上表现出来的，但却是以概念的形式进行组织的。这些概念反映了世界的组织结构（狗和猫是自然分组）以及功能关系（面包和黄油同为一组）。第七章语义记忆部分已介绍过部分内容，但概念和类别的研究重点在于记忆如何通过思考和行动进行组织，又如何为思考和行动服务的。

我们存储和提取记忆，但思考要借助概念。

什么是概念与类别

概念是组织记忆和思维的一种方式，概念为精神世界提供结构。我们依靠概念进行预测，推断特征和属性，并理解事物和事件，乃至整个世界。对概念、类别和思维的研究，强调的是类别如何产生和习得，概念如何在头脑中呈现，以及这些概念如何用于做出决策、解决问题和推动推理过程。概念是人类精神生活的核心，因为概念让我们能够将许多经历整合为统一的表征。

此处可借助图解说明概念是如何巩固经历的。图8.1展示了低层级感知反应（感知、注意力、工作记忆）、结构化表征（语义记忆中的概念以及与情景记忆的联系）和高级思维过程（行动、决策和计划）之间的假设安排。这是从第二章便开始讨论的更详细"信息流"的简要体现。在较低层级，信息尚未经过处理，基本仍处于未经加工的原始形式。原始表征即我们感知到的特征。边缘、颜色、音色等特征接收来自感觉系统（视网膜、耳蜗等）的输入，并存储在第六章讨论的感觉记忆系统中。然而，为了让我们能够制订计划和做出决策，这些原始表征需要以某种方式进行处理并组织起来。前两章讨论了工作记忆和陈述性记忆。而概念又进一步提供了抽象信息。概念是高度结构化的心理表征，包括彼此相似的思想和观点。这些思想和观点在神经

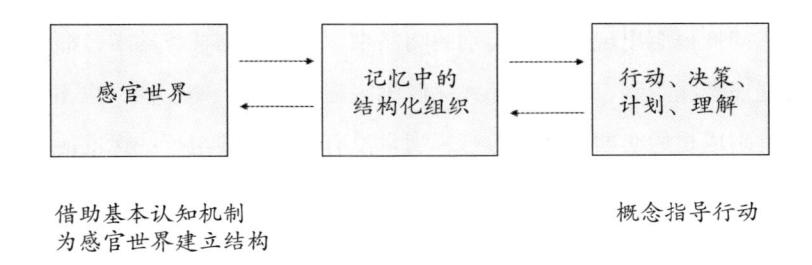

图 8.1 概念对其他思维行为所起作用的假设安排。外部感官世界是根据特征、相似性和规则构建的。我们利用这些概念信息做出决策、进行推理和解决问题

层面上共享激活、相互重叠。概念的结构性和连贯性足以影响预测、推理和效用。

我交替使用概念与类别这两个术语。两者经常一起出现，有时看起来像是同义词。它们很相似，但又不是一回事。我用"类别"一词来指代外部世界中那些被归为不同分组的事物或事件；用"概念"一词来指代类别的心理表征。类别是存在于思维之外的自然或其他非自然事物的分组，它是同属事物。而概念则是表征，它是抽象的。概念存在于脑海中，是我们表示类别分组的方式。有时，概念能恰当地反映类别，但情况并非总是如此。

你如果身边有电脑或智能手机，请用谷歌搜索"咖啡杯"的图片。页面随即会出现一张又一张不同颜色、形状的咖啡杯图片。有标准的马克杯，也有较高的旅行杯，但这些图片都能让人一眼认出是咖啡杯。有些咖啡杯的图片可能比其他图片更明显；有些杯子的标准特征多于其他杯子；有的杯子则带有一些新颖的特征，如标语或奇特的手柄。但你仍然可以识别出这些图片构成了一个连贯的类别——谷歌图片搜索也做了同样的假设。

当我们学习对这些物体进行分类并将它们识别为咖啡杯类别的成员时，我们要学会忽略一些独有的特征，仅仅依据最典型和最具预测性的特征。这听起来很简单，但过程并不像看起来那么简单。常见的例子有许多，比如圆

柱体，它同样也会出现在其他类别的物品中，例如，酒杯、罐子、瓶子等。我们可能还会注意到，即使是那些关联性很强的特征，如手柄，也不一定是咖啡杯类别成员的必要特征。旅行杯通常没有手柄，甚至一些标准的马克杯也没有手柄。咖啡杯应该是一个简单明了的类别，但其中仍然存在相当多的复杂性和可变性。尽管如此，我们大多数人已经对"咖啡杯是什么"形成了一个可靠的概念，可能很快就能轻松地做出分类的决定。

对于像咖啡杯这样简单直接的物品，偶尔的模糊性似乎影响不大。只要能用于盛咖啡，它就应该属于咖啡杯这一类别。① 但是，类别的模糊可能会产生真实而严重的后果。你若是选择了错误的类别或概念，就有可能做出错误的决定或行为。

以对乙酰氨基酚（又名扑热息痛）为例，它是泰诺（一种治疗感冒的药物，通用名称为酚麻美敏）和其他非处方头痛药和感冒药中常见的止痛成份。你如果还在电脑前，或智能手机就在身边，请再用谷歌搜索一下对乙酰氨基酚的图片。你看到了什么？应该是一张又一张的泰诺或类似药物的图片。如果让你说出对乙酰氨基酚属于哪一类，你可能会说"药物"或类似的词。由此，你可能会激活对药物的一般概念，并推断对乙酰氨基酚是有帮助且有益的。它能减轻头痛，达到止痛效果。

你可能还会想到很多相关的概念。你可能不会将其归类为"毒药"，也可能不会激活有毒物品的概念。但对乙酰氨基酚的副作用非常严重，每年都有许多人因服用过多的对乙酰氨基酚而死亡。事实上，对乙酰氨基酚中毒通常是美国急性肝衰竭常见的原因之一。每年有数百人因此而死亡，还有成千

---

① 一个杯子即使有盛咖啡的功能，这也不能作为它属于咖啡杯类别的准确依据。许多人用咖啡杯装桌上的钢笔和铅笔，但这种咖啡杯并不能盛咖啡。还有很多人，比如我的两个女儿，经常用广口玻璃瓶喝冰咖啡。这种杯子不属于咖啡杯的类别，但它可以盛咖啡。

上万人因此被送进急诊室。长期以来，对乙酰氨基酚一直作为一种安全的药物销售。我们如果认为它是安全的，就可能会放心服用。毕竟，它应该属于对人体有益的药物类别。但事实证明，对乙酰氨基酚的治疗窗口非常狭窄。若只服用推荐剂量，对乙酰氨基酚是安全有益的；但若超过推荐剂量，哪怕是轻微过量，它也会导致你中毒，让人住院甚至死亡。人们常常错误地认为药稍微多吃一些也无妨；或者，如果孩子发烧不退，人们可能会给孩子服用第二或第三剂退烧药，以增强药效。而且，许多非处方药（如感冒和流感药物）中都含有对乙酰氨基酚，这加剧了重复用药的情况，因此我们可能很难判断用药量是否超过推荐剂量。

对乙酰氨基酚归类为药物是正确的，但这种归类可能会助长一种错误的假设，认为它可能比实际更安全。对事物进行分类可以让你做出预测和假设。但在这种情况下，将对乙酰氨基酚归类为安全、无害的非处方药可能会导致严重的错误。我并不是说对乙酰氨基酚不安全。只要遵循用药说明，对乙酰氨基酚就是一种非常安全有效的药物，这也是它如此被普遍使用的原因。但将它归类为绝对安全的药物是不正确的。

概念是心理和感知经验的抽象体现，因此以这种方式表示信息既有代价，也有好处。概念可以有效地表示类别中一组事物的大部分重要信息，帮助人们做出快速且通常准确的判断（如咖啡杯或非咖啡杯）。但因其抽象性，类别成员的一些细微差别和个性特征难免会有缺失，偶尔也会产生错误分类的代价（如安全药物或毒药）。

我们为何进行分类

人们对事物进行分类，部分原因在于所有生物体都有一种根据过往经历进行归纳的自然倾向。这种现象被称为"刺激泛化"，它存在于所有物种中。刺激泛化可以让生物体将习得的行为反应扩展到类似的事物中。你以同样的方式看待许多不同的咖啡杯时，你从餐车买了一个三明治并希望它的味道和上周买的那个一样时，你的猫或狗对罐头打开的声音做出反应时，都会出现刺激泛化的情况。这种行为甚至在最原始的生物体身上也能看到。19世纪末，心理学奠基人之一詹姆斯曾指出：

> ……智力水平极低的生物也有可能产生概念。它们只要能够再次识别同样的经历，就能产生概念。若水螅的脑海里闪现过"啊！又是这个！"的感觉，它们就会形成概念思维。

撇开詹姆斯的一些富有想象力的说法，上述话语清晰地描述了行为的概念含义。詹姆斯提到的"水螅"指的是构成珊瑚的微小、具有触角的水生生物。詹姆斯谈及"产生概念"，他指的是形成概念的能力，而不是构想出另一只水螅的能力。当然，此处的水螅并没有思想，但针对某些事物，它们的行为是相同的。它们从先前的联想中概括出一种反应。这表明，刺激泛化以及将记忆和经历分类的倾向，是功能性认知架构的一个固有方面。这些刺激泛化是以相似性为指导的，所以一种行为对新刺激的反应速度，取决于新刺激与之前所见刺激的相似程度。通过反复联想，水螅最终学会以同样的方式对待同类事物。

人类和其他生物对事物进行分类，是为了获得指导行为的认知效率。这一过程涉及形成一组事物的概念，意味着需要保留的有关该组别所有成员的信息量会减少。概念将许多经历浓缩为一个抽象的表征，这种抽象可以被视为一个行为等价类。这意味着，尽管一组或一类事物可能各不相同，数量也很多（如不同的咖啡杯），但我们对所有这些事物的行为方式都是相同的（用它们喝咖啡）。

例如，我的猫Pep像许多猫一样，经常投机取巧。它慵懒却可爱，对自己的食物异常敏锐，熟知罐头被打开的声音。它通常在楼上的床上或我的办公椅上睡觉，但如果有人在厨房打开一罐食物，我就能听到它跳下床或办公椅，啪嗒啪嗒地跑下楼，然后小跑进厨房。虽然有多种不同的罐头，有些罐头在打开时发出的声音也不一样，但Pep对每种声音的反应都如出一辙。每种罐头被打开时声音的独特特征无关紧要，因为只要听到开罐头的声音，我的猫就用单一的行为做出反应。事实上，我们对自己的概念也是如此——用一个核心表征来代表许多相似的事物，这就是认知效率。本章稍后将讨论关于概念表征的理论，这些理论的不同之处在于对概念表征中存储、丢失的信息量做出的假设。大多数概念表征理论认为，概念储存的是一般信息，其认知效率高于许多独特的个体表征。

形成概念所获得的认知效率受世界自然结构的影响。人们之所以对事物进行分类，是因为世界上的事物在某种程度上进行了自我分类。世界是有规律的，包括物理和功能上的规律；而作为这个世界的居民，我们的工作就是了解这些规律。概念记录并代表这些规律。"事物具有自然结构"的观点至少可追溯到古希腊哲学家柏拉图。[①]柏拉图认为，当我们描绘自然世界时，我们是在"对自然界进行正确切分"（carve nature at its joints）。柏拉图举的例子是猎人或屠夫如何将动物备妥用作吃食。在动物的关节处进行切分，比直接砍断要容易得多。这就是为什么鸡有鸡胸、鸡翅和鸡腿等部位，我们不会将鸡翅切成两半。有很多自然的方法可用于切分动物。假如你不吃肉，或者从未想过将动物切成可食用的部分，这一类比仍然成立。剥橘子、切橙子等都存在自然的方法；吃豌豆或剥核桃壳也有自然且明显的方法。无论人类是否要进行切分，这些自然方法都是存在的，因为关节处就在那里。可以

---

① 这一观点可追溯到更久远的年代，可能并非柏拉图独有的观点。这一哲学传统是众多试图解释世界和人类行为方式的哲学传统之一。此处之所以使用这一观点，是因为它是我熟悉的内容，更重要的是，它与现代心理学的理论有关。

推论，人类是根据已存在的自然界限来分类的。我们有水果、鸡和咖啡杯的概念，因为事物是彼此相似的。此处，相似是指由相似的材料构成，具有相似的形状和大小。无论人类是否认识到这种相似性，这些属性和特征都会重叠并聚集在一起；无论我们是否认识到互不相联的类别，这些属性和特征都会切分并离散开来。与自然世界接触时，我们别无选择，只能按照这些原则对其进行分类、形成概念。

我们如果考虑所有这些因素——概括归纳的倾向、有效中心表征的可能性以及世界中的自然分组，则分类似乎不可避免。如果分类是认知架构中不可避免的一部分，那它们又是如何影响行为和思维的？

概念的作用

从根本上说，概念是一种影响反应方式的认知表征，这就是概念可以描述为行为等价类的原因。就像我的猫Pep对罐头食品形成了行为等价类一样（见上节），概念可概括经历并驱动行为。一旦某个物体被归类为一个类别的成员，我们就可以把它当作该类别的成员来对待。这一点可见于许多新产品类别。例如，智能手机与许多人从小使用的手机不同。智能手机是掌上电脑，没有电线，没有拨号音，也没有"接线员"。在20世纪90年代，你若想拨打语音电话（只能通话）时，你会拿起听筒（用于说话的部件），然后就会听到拨号音。如此，你就知道电话已经接通。随着电话发展为无线电话和智能手机，"电话"一词保留至今，而不是将这类事物称为"掌上电脑"。已知的事物得以延续，如此，我们便能对物体进行分类，将其与已知的概念联系起来，并预测如何与之互动。像智能手机这样的新概念，也会激活其自身的相关概念。当拿起一部新的苹果手机或三星手机时，你就知道如何使用大部分功能，这得益于现有概念；当拿起一部旧的翻盖手机，你会激活一个不同的概念，并对它采取不同的行为。你一旦知道某物属于哪一类别，你就可以依靠概念进行推断。还有很多其他例子：一场归类为古典乐的音乐会与一场归类为民谣的音乐会，我们看待两者的态度或着装风格往往不同；一款归类为甜品酒的葡萄酒，人们可能不会用它搭配牛排，而是以特定的方式饮用；归类为越野鞋的鞋子与归类为运动鞋的鞋子会激活不同的概念。

"类别有助于了解行为或反应方式"这一观点也可能对思维过程产生负面影响。许多对于种族、民族和职业的刻板印象，根源就在于此。由于思维倾向于从我们拥有和形成的概念中进行概括，我们既可能做出有益的概括，也可能做出无益的概括。跟本民族同胞对话时与跟其他民族的人对话时不同，我们可能会（甚至无意识地）调整自己的行为；面对医生和同一诊所的接待员时，我们的举止也会不同；面对不同的种族群体，我们的态度也有差异。许多关于刻板印象和种族偏见的研究和文献都属于社会心理学的经典主题，且认为这些类别会以微妙和隐性的方式影响态度和认知。

几十年来，美国一直面临警察团体、黑人社区，有时还有抗议者之间的暴力问题。此类冲突时有发生，例如20世纪60年代的民权运动时期、20世纪70年代的"禁毒战争"时期，以及洛杉矶警察殴打罗德尼·金（Rodney King）事件，以及2020年密苏里州骚乱和乔治·弗洛伊德（George Floyd）被杀事件。一旦发生此类冲突，相关评论、照片和视频就随处可见。至于警察、嫌疑人、受害者和抗议者在冲突中的角色，看法也存在分歧。这些概念对人们来说都有一定的意义和连贯性，但对不同的人来说，概念的界限和特征会发生变化。比如"警察"这一概念的含义就因人而异。一个人的概念取决于他的经历，因为概念是个人记忆、感知和经历的总结。这些经历是什么样的呢？

同样，思考该问题的一个方法是使用谷歌进行图片搜索。你可以搜索"警察"，页面将呈现各种各样的图片。其中许多图片描绘的是行动中的警察，还有一些是警察的肖像图片。你对警察的第一印象是什么？这些图片是否符合你对警察的概念？你多尝试搜索几个不同的关键词又有何不同呢？如果我搜索"新西兰警察",图片中大多是友好的警察形象;而搜索"美国警察",图片的内容并不那么友好,而且这些图片描绘的是一个全副武装的警察团体。我如果搜索 "防暴警察",则看不到任何友好的面孔。实际上也根本没有多少面孔,因为他们的脸都被头盔和面罩遮住了。警察的世界仍在进行划分,但切分的"关节处"不同。

试想一下,你对警察的概念建立在互动的基础上,且主要基于那些与家人、朋友面孔相似的较友好、武装较少的警察形象。你的这一抽象概念将包括对"警察"这一类别来说重要的事物(实施逮捕、携带手铐),也许还包括一些与个人经历有关的具体事物(乐于助人、保护社区、看起来像自己认识的人)。现在想象一下,你的经历主要来自你曾看到过的配备军用车辆、重型武器、头盔、面罩的警察,而且他们出现在枪击、暴乱和冲突等暴力情境中。不难看出,在这种情况下,你可能会形成一个截然不同的概念。这个概念可能包括相同的一般特征——实施逮捕、携带手铐,但基于不同的经历其具体的特征描述——恐吓、攻击性、使用武力,可能会形成与前一种情形不同的具体特征。尽管带有相同的"警察"标签,但两者并非同一个概念。拥有前一种较友好概念的人会推断出与该友好概念相符的特征;而持有后一种具攻击性概念的人会推断出与攻击性概念相符的特征。这两种推断都源自个体思维中的概念,而这些概念旨在将许多经历抽象和压缩成一个有组织的、可用的心理结构。

我们一直在使用概念与类别进行预测。通过这些预测,我们可以推断出事物的特征,并指导行为。当一个物体被归于某个类别时,我们可以利用对该类别的了解来预测其他属性,这些属性可能不会立即显现,但我们知道它们与该类别相关。前几页提到不同种类和形状的智能手机,还记得这个例子吗?手机有不同的品牌、不同的型号,由不同的厂家制造。如果你拿起一部不熟悉的新手机或一款较旧的手机,其外观可能与你习惯的手机略有不同,但你只要知道它的类别(智能手机或非智能手机),就可以做出合理的预测。你知道有方法可以改变音量、拨打语音电话或拍照。你可能会根据一般类别知识对它的操作方式做出一些假设。你如果对它的类别（智能手机）有足够的了解，就能在一定程度上做出有把握的预测。而且，因为我们给许多概念赋予了名称和标签，所以我们可以将核心体验传达给他人。类别标签是概念的一部分，是向他人传递抽象信息的有效方式。我们与其讲述开机、拨打电话和拍照的方法，不如直接说"这是一部旧款苹果手机"。让对方了解设备所属类别，就能让对方获得该类别设备的信息。此举非常有效，也非常高效。

概念与类别也有助于你解决问题。人们经常采用解决问题的策略和启发式方法，包括从记忆中寻找恰当的解决方案。经验丰富的问题解决者可能通过在记忆中搜寻恰当的方案来解决问题，而非研究解决方案。基于概念的问题解决方案可见于诸多领域。例如，国际象棋高手会将步法分类储存起来；专家医生根据患者与过往诊断的患者之间的相似性进行诊断，且对于诊断时如何形成概念，专家医生之间似乎存在很高的共识。事实上，几年前，我和我的两位医生同事曾直接询问专家医生：他们在诊室与患者初次见面时，会激活和考虑哪些类型的概念。医生表示，他们会根据患者的即时需求、治疗安排或转诊情况激活相关概念，从而确定面诊的框架。他们还会激活既往疾病、患者管理等有关概念。此外，专家医生指出，这些概念都是根据以往经验建立起来的。当医生第一次见到患者时，此次接诊会激活他们对过往诊断类似患者的记忆和概念，而这些表征为医生与患者的互动提供指导。

我一直在讨论预测、交流和解决问题等不同的功能，以及它们是如何受概念的引导和驱动。概念总结了我们的经历，帮助我们行动和思考。尽管这些复杂的心理功能在很大程度上是人类思维的一部分，然而，它们并非人类独有。前文提及詹姆斯，他认为，最"原始"的生物体也有概念。概念——或者至少是行为等价类——对人类和非人类都很重要，然而概念和分类对机器也很重要。例如，大多数人都知道，互联网公司正在孜孜不倦地收集用户数据、生成趋势并对事物进行分类，以便根据他们对用户想要之物做出预测。这就是我既能建议你用谷歌搜索图片，也知道你可能会看到什么内容的原因。亚马逊会根据你的购买记录和浏览历史，向你推荐可供消费的新产品。网飞、声田（Spotify）和苹果音乐（Apple Music）等其他公司也采用了复杂的算法来推荐新的内容。

虽然上述公司使用的是专有算法，不向公众开放，但其使用的信息与你在形成概念时使用的信息相同——经历和相似性。我们通过注意组别间的相似性来形成概念，从而对事物做出预测。购物和流媒体算法也是如此，它们能够推荐与你过往经历和与网站互动相似的新事物。所以，概念有助于公司进行预测。

这些模式可以让我们洞察自己的行为，甚至能揭示我们的行为如何影响公司的运营。英国伦敦大学的心理学家亚当·霍斯比（Adam Horsnby）提出了一个很好的例子。霍斯比及其同事认识到购物者和商店都依赖分类，于是他们指出，人们的购物行为受商店组织方式的影响，同时也影响着商店的组织方式。霍斯比及其同事的研究方法非常有创意。他们收集了一家商店数百万购物者的购物收据，接着应用一个计算模型来研究清单上物品的模式，即分析购物收据上物品共同出现的情况。牛奶和麦片，豆类和大米，培根和鸡蛋，以及意大利面、番茄酱和奶酪等物品往往成组出现。于是，他们从中提取出更高阶的概念。这些概念往往围绕购物者的目标和采购模式进行组织，从具体的食物（如"炒菜"和"夏季沙拉"）到一般的主题（如"自己烹饪"的食材或"即食"食物）。他们的研究表明，人们会根据主题购物，商店也会围绕这些主题进行组织，反之，这又进一步强化基于主题的相同购物行为。

我们购物时，实际上是在给商家提供信息，他们依据这些信息布置卖场，从而为购物者提供便利。以后你购物时，请记住这一点。例如，你若购买素食食品和特定品牌的肥皂，商店就会了解你的一些信息，这些信息会成为商店规划的一部分，而这又成为你购物计划的一部分。我们每个人都在观察对方、形成并修改概念、调整自身行为，从而做出预测。

关于我们为何形成概念、概念如何运作、概念为何运作，以及我们如何利用概念进行思考，本书已经做了充分讨论。下面将更深入地讨论这些概念在思维中如何呈现的一些基本理论。概念是一种抽象，它并不代表每一个类别成员的所有可能的特征和细节。因此，不同的理论对形成抽象并存储的信息量以及丢失的信息量做出了不同的假设。

概念表征的理论

人为什么要依靠心理类别来思考？我们人类为什么会有这样的概念和类别？一种可能是，进行分类、界定并形成概念来反映世界的自然结构是人类的适应性反应。或者正如柏拉图所言，这是"对自然界进行正确切分"。根据这种说法，我们可以认为，思维之所以有结构，是因为世界存在结构。我对猫和狗有相当清晰的概念，源自这两种动物之间有着天然的区别。猫和狗都属于更大的宠物类别，甚至会生活在一起，但它们并不相同。无论是否存在指定的概念名称，"猫"和"狗"都可能属于不同的类别。就像动物、山脉、河流、植物、岩石和雨水都源于自然，也是自然的一部分。世界本就存在这些界限，等着我们去获取、去学习、去命名。

但这并不是唯一的概念类型，也不是了解类别和分类的唯一途径。另一种可能是，正如购物行为研究表明的那样，人类形成概念是为了实现目标。又或者，我们将事物组合起来并形成概念，以此帮助我们解决问题。这些类别可能并不反映任何特定的自然结构。事物之所以被分类，可能是因为我们对待事物的行为方式相同——纵然事物看起来并不一样，我们也会如此。我们似乎有不同的概念，世界上也存在不同的类别，因此心理学家以不同的方式探索概念表征。

我们对记忆的研究包括短期记忆、语义记忆、情景记忆和程序性记忆。如同对记忆的研究一样，划分概念空间的方法有很多。我将重点介绍四种不同但并不相互排斥的理论，它们都对认知科学产生了影响。四种理论没有"正误"之分，它们在某些方面存在重叠。每种理论都能恰当地描述我们的一些概念经验，但它们也存在着各自的局限性。任何一种有关心智的科学理论本质都是如此——我们能捕捉到一些正确的内容，但也会错过其他一些事物。

上述四种理论中，第一种有时被称为概念的"典型观点"，该理论与哲学密切相关。这种观点强调界定类别的特征规则，因此将概念定义为受规则约束的类别成员。第二种理论强调类别内部和类别之间的相似性关系，以及概念在语义记忆中的组织。我将其称为"层次观点"，因为这一理论包括前文在记忆章节中讨论过的理论，如柯林斯和奎利恩的层次模型。概念的第三种理论于20世纪70年代被提出，是典型方法的替代理论，有时也被称为"概率观点"。与层次观点一样，概率观点也强调类别内部和类别之间相似性的重要性，但它并不像典型观点那样依赖明确定义的观点。在概率观点中，心理表征作为一种抽象概念，概括了类别中所有成员的典型特征。最后，一些心理学家认为，关于世界的知识和原始理论的作用是上述三种理论都无法解释的。这种观点有时被称为概念的"理论观点"。

这些理论均以几种不同的方式进行了实例论证。对于概念表征中保留了多少关于个别对象的独特信息，而抽象化的分类信息中又有多少独特信息遗失，这四种理论也分别提出了一些核心主张。

典型观点

典型观点之所以谓之"典型"，是因为这是理论家从西方典型哲学传统中理解概念表征的方式。此外，我们可以认为这种观点强调类别是明确的等级划分。定义最严格的典型观点版本中，有两个核心假设。首先，这一理论的核心是将必要条件和充分条件作为类别成员关系的限定条件。其次，分类是绝对的，一个类别的所有成员都具有同等地位。典型观点似乎过于僵化，不符合实际，但它的确是指导心理学早期概念和类别研究的基本理论框架，并且它仍多方面影响着我们给事物、观念甚至人下定义的方式。

例如，正方形。正方形的定义：四条边相等、四个角都是直角的形状。这是我能想到的最佳定义。只要形状具有这些特征，我们就把它归类为正方形。确实，这些属性通常足以让一个形状被称为"正方形"。而且任何具有这些特征的物体都是正方形这一组别的成员，这些特征足矣。颜色、大小、纹理和材质对于这一分类并不重要，重要的是几何定义属性。也就是说，四条等边和四个直角这些属性中的每一个都是必要条件，而它们组合在一起，就足以成为正方形类别的成员。可以说正方形的定义就是由这些必要条件和充分条件共同构成的。此外，一旦某一形状具备这些特征，它就可以被视为正方形类别的成员。我们很难想象还有什么因素能增强或削弱这种分类的有效性。换言之，四条等边和四个直角足以构成正方形，这就保证了正方形成员的平等性。在正方形类别中，所有正方形都是具有同等地位的成员，它们没有好坏之分，都是正方形。

试想一下，其他具有此类定义结构的类别：偶数类别包括所有能被二整除的数；美国25美分硬币类别包括政府生产的所有具有一定大小和形状的25美分硬币。可惜，除了这些基本例子，定义的解释就开始站不住脚了。例如，你要在纸上快速画一个正方形，现在就画。画出来的形状看起来像正方形，你可能乐意称它为正方形。你若把画拿给别人看，并提问："这是什么？"他们可能会说这是正方形。但这真是正方形吗？你如果用尺子测量每一条边，可能会发现它的四条边很接近，但长度并不完全相等。因此，根据定义，它不应该归类为正方形。然而，你可能还是会将它称为正方形。虽然我们仍然认同正方形的概念存在明确的定义，但如果你愿意将一个画得不好的正方形称为正方形，那就意味着你并未真正使用该定义来进行分类。定义是正确的，但过于抽象，无法使用。

另一个问题是，即使我们都认同一个定义，一些符合定义的例子也可能比其他例子更适合特定类别。当人们认为类别的某些范例比其他范例更好或更典型时，就会产生典型性效应。一个简单的例子就是狗的类别。拉布拉多犬、寻回犬或德国牧羊犬等体形中等、常见的狗，可能会被视为该类别更典型、更好的范例；而体形较小、没有毛发的狗或体形很大的狗（即使属性与拉布拉多相差无几），却可能被认为没那么典型。常见类别的典型范例不难想象：红苹果、四门轿车、带手柄的12盎司咖啡杯和苹果手机。我们若要按要求描述某一概念的成员，这些典型的例子似乎会自动浮现在脑海中。甚至在具有严格定义的类别中也能观察到典型性效应。我们知道，偶数有一个定义——能被二整除的数，因此所有的偶数应该都是等同的。然而，若要评价数字是否为偶数或奇数类别的恰当范例，人们会认为比起"34"和"106"等数字，"二"和"四"是偶数类别中更好的范例。这给概念的定义解释带来一个问题：即使一个类别中的所有成员都同样恰当，人们仍会表现出典型性效应。

20世纪70年代，埃莉诺·罗施对典型性效应进行了系统研究，她的研究改变了心理学家对类别和概念的思考方式。在罗施的研究问世前，典型或定义论即使存在各种潜在问题，也仍是当时的最佳理论。她的研究影响力为何如此显著？首先，罗施询问了概念的问题，但她并非要求受试者定义一个概念，而是要求他们描述属于某个类别的例子。例如，在一项研究中，她要求研究对象列出工具、家具、车辆等常见类别的所有特征。她发现，有些物品与同一类别中的其他成员存在许多共同特征（典型物品），而另一些物品的共同特征较少，区别特征较多（非典型物品）。受试者按要求列出类别成员时，首先想到的也是这些高度典型的例子。这些高度典型的例子典型性更加突出。换句话说，这些高度典型的例子似乎拥有特权地位。这对于概念的典型或定义论来说是个问题，因为严格的定义论认为，这些典型范例不应该获得任何行为特权。然而，罗施指出，高度典型的范例的分类和命名速度更快。人们若表现出对典型范例的偏好，就可能忽略定义或一系列必要条件和充分条件，直接给它们分类或命名。

然而，罗施认为在了解类别时，应当依靠家族相似性。家族相似性意味着某一类别的成员彼此相似，但各自不具有任何典型特征。试想在一个每逢节假日便齐聚一堂的大家庭中，很多家庭成员也许长得很像，很多成员也许都有某种特定的发色或同类型的眼睛。但不太可能存在一种特征能够完美地代表家庭成员。我们可以想出很多这样的类别：猫、胡萝卜、糖果和凯迪拉克汽车。每个成员会与许多其他成员相似，但也许不会与其他成员都相似。罗施的研究表明，我们将"特征群"描述为中心概念，而非定义。一个例子与特征群的共同特征越多，家族相似性就越强。

基本层次概念

罗施认为，我们往往会形成关于家族相似性结构的层次概念，在某些层次上，这些概念似乎最大限度地提高了家族相似性和典型性。请看图8.2中的例子，你脑海中浮现的第一个想法或词语是什么？或许是"狗"，但你一开始可能不会想到"哺乳动物""动物"或"德国牧羊犬"。在更为抽象的层次——上位层次，概念和类别成员在特征和属性方面的重叠程度并不高。类别之间的相似性相对较低：动物的外观或行为通常与其他高层次的概念（如植物）并不十分相似。但与此同时，类别内部的相似性也相当低：动物种类繁多，并非所有动物的外观或行为都相似。狗、蜈蚣和秃鹰相当不同，但它们都属于动物类别。相似性和特征重叠程度都很低，因此若要预测类别成员关系，相似性并非一个特别有用的线索。在最底层、最具体的层次——从属层次，类别内部的相似性很高（德国牧羊犬与其他德国牧羊犬相像），类别

图 8.2　德国牧羊犬

之间的相似性也相当高（德国牧羊犬和拉布拉多犬长得很像）。同样，由于特征相似性相当高，所以它并不是一个非常可靠的类别成员关系预测指标。相似性太高，在最具体的层次上无法发挥作用；但在更一般的层次上，这种相似性又不足以发挥作用。因此，我们倾向于在上位层次和从属层次之间进行分类和思考。罗施把这个中间层次——也是我们在识别事物和进行思考时最常使用的层次——称为"基本层次"。

　　基本层次是一个特例。类别内部的相似性很高，但类别之间的相似性很低。虽然狗类别的成员往往与其他的狗相像，但狗类别的成员与其他动物类别（如猫和蜥蜴）之间的重叠程度却很低。基本层次类别这一类别抽象水平能最大限度地提高类别内部的相似性，同时又能最大限度地降低类别之间的相似性。正因如此，相似性或特征可作为类别成员关系的可靠线索。狗具有狗的形状，通常与其他的狗相似，而与其他类别的相似性重叠不多。树木、汽车、桌子、锤子、杯子等也是如此。基本层次类别在其他方面也很特殊。罗施及其同事观察到，基本层次类别是最抽象的层次，在这一层次，同一类别中的物体往往具有相同的形状、相同的动作，且往往具有共同的部分。差异明显的类别很容易进行比较，而且相似性是一种预测线索，故而基本类别也显示出命名优势，就像我们在上面狗的图片中看到的那样。儿童很早就学习了基本层次类别；受试者需按要求列出上位层次类别的成员时，他们会首先列出基本层次类别。总而言之，罗施和许多其他人的研究表明，尽管物体可在许多不同的层次上进行分类，但人们似乎是在基本层次上对物体进行操作和思考的。

当然，并非所有事物都能在基本层次上进行分类。经验丰富之人有时会本能地按从属层次对事物进行分类。举个例子，假设你是一名狗饲养员或展示犬的训练员。前面的例子展示了一张德国牧羊犬的照片，新手的第一想法应该是"狗"，这位专家则可能会本能地回答"德国牧羊犬"。如果你花大量时间研究和思考与细微差别和非常具体的分类相关的工作，你就会掌握这些专业知识，从属层次分类便只是一种习惯。

概率观点

我认为，典型观点虽然历史悠久，定义也很直观，但存在几个方面的不足。那么，在思维中我们如何将家族相似性表示为一个概念？罗施的研究直接提出了一种可能性，即类别成员关系基于概率，分类是通过将事物与一系列典型特征进行比较来完成的。概念既不是建立在必要条件和充分条件的基础之上，也没有严格的层次结构，而是代表一个由具有共同特征和重叠相似性的事物组合而成的类别。这种解释被称为"概率观点"。在这一观点中，类别成员关系不确定，也不存在定义。

例如，思考一直在讨论的常见类别：狗、猫、咖啡杯、水果等。我们与其为它们下定义，不如考虑其特征，想想这些类别的成员通常具有哪些特征。狗通常有尾巴，会叫，有四条腿，通常有皮毛，等等。有些狗具有大部分特征：体形中等，有四条腿，有尾巴，会叫。如果缺少其中一个特征，你可能会降低这只狗的视觉典型性，但这并不会导致其丧失狗类别成员的资格。你可能见过少了一条腿的狗，但即使这只狗不符合"四条腿"的特征，我们也不会认为它不是狗。从概率观点的角度来看，典型的例子能够更迅速地识别出来，因为它们与其他类别成员之间的共同特征更多。从某种意义上说，典型的类别成员更接近类别的中心，在特殊类别成员身上也可以观察到类似的效应。某一类别中明显的非典型成员就是一个离群者。例如，蝙蝠是非典型哺乳动物，你若基于可观察到的特征来划分"鸟类"类别，它甚至是非典型鸟类。蝙蝠确实不是哺乳动物类别的恰当成员。它的外形像鸟，行为也像鸟，而且视力不佳。概率分类系统假设蝙蝠有时被错误分类，给人们带来一些困惑。我们无法轻易地对蝙蝠进行分类，这似乎很合理，而且与蝙蝠常令人感到害怕的事实相符。也许很多人害怕蝙蝠的一个原因就是它们很难归入一个简单的基本类别。

但是，这种类别中固有的分级典型性结构在思维中如何表现为概念呢？关于这一问题，存在两种截然相反的说法：原型理论和范例理论。原型理论认为，某一事物类别在思维中的表征为一个原型，并假设该原型为该类别的概括表征。它可以是迄今为止所有类别成员的平均值，也可以是频繁出现的一系列特征，甚至可以是一个理想表征。根据这种观点，物体是通过与原型进行比较来分类的。这种表征方式有一个优点——这是一种抽象表征，是一系列特征的集合，最适合概念性的思考和行为。警察的原型可能并无特定的例子，但这一抽象的警察原型应该具备警察最常见的所有特征。拥有大量这些特征的警察接近这一原型，因此我们可快速轻松地进行分类。原型理论快速可靠，但并不完美。通常，它就像我们的记忆一样，虽是个有用的抽象概念，但并不是一个完美的表征。

与原型理论相对的另一种理论是范例理论。该理论假设，一个类别以许多存储的记忆痕迹（称为"范例"）作为表征。与原型理论不同，范例理论并无高层次的抽象。相反，该理论认为，单个事物记忆痕迹之间的相似性可以促使我们将其视为同一类别的成员。我们不会因某种动物与抽象概念相似而将其归类为"狗",而是因为它与许多已归类为"狗"的事物相似。这种方法十分受欢迎,因为它省去了习得过程中的抽象过程。由于决策是基于记忆存储中单个事物的相似性做出的,所以范例理论与原型理论有许多相同的预测。梳理并区分这两种理论是可行的,且此举具有重要意义,但此项工作并不适合胆小保守的研究者。这也是我过去20年一直在实验室里所研究之事,但我仍不确定哪种模型或理论能更贴切地描述人类的思维。

理论观点

典型观点和概率观点非常关注新的概念如何学习和表示,但两者常面临一种批判——支持这一理论的大部分研究都依赖在实验室环境中定义的人工概念和类别。这是事实,因为我自己也进行过这些研究。要求人们学会根据复杂的规则或关系对形状进行分类,这确实触及了概念感知层面,但这种认知心理学研究忽略了世界的复杂性以及我们理解世界的方式。狗不仅仅是狗特征的集合;狗在人们的家庭中扮演着某种角色,它们以特定的方式行事,有其文化背景。到目前为止,上述理论均未包含太多关于这一点的论述。因此,除了规则理论和特征理论,还有一种理论通常被称为"理论观点",又被称为"理论论",但这一说法不免有些夸张。

根据这种观点,概念和类别是在已有知识和我们自己关于世界的理论背景下学习的。学习新事物,如玩新游戏、品尝新食物或使用新设备时,你不仅仅是在对这些新物体进行分类。你同时也会激活已有知识,而这些知识会帮助你理解正在分类的事物。已有知识有助于激活特征并对其进行优先排序。例如,近年来电动自行车非常流行。这些自行车与踏板车或摩托车无关,本质上是装有电动马达的自行车,用于辅助而非取代脚踏动力。据此将它们归类为自行车,这意味着你已经对其使用方式和操作方法有了一定的理论基础。比如,刹车在哪里,踏板如何工作,以及可以在哪里骑行。你的这些知识能帮助你了解哪些特征对了解电动自行车很重要，哪些特征无关紧要。这使得理论观点远远领先于其他主要依靠相似性来理解概念行为的理论。

理论观点还认为，属性和特征可能相互关联。例如，就鸟类而言，"有翅膀"和"会飞行"等许多共同特征经常同时出现。我们认为这些相关性是有意义的，也了解这些特征为何相互关联。有翅膀不仅仅是一种特征。有了翅膀，鸟儿才能飞翔。此外，理论观点依赖我们关于物体和概念的现有知识，而不仅仅是相似性，因此该理论或许能解释一些奇怪的发现，即人们似乎经常忽视自己的相似性判断。说到这一点，我最喜欢的例子来自兰斯·里普斯（Lance Rips）的一项研究。受试者需按要求思考一个三英寸的圆形物体和两种潜在的对象比较类别，一种是25美分硬币，另一种是比萨。研究要求一组受试者评价三英寸圆形物体与25美分硬币或比萨之间的相似性。毫不奇怪，受试者认为三英寸圆形物体与25美分硬币更相似，因为两者大小更接近。然而，当要求受试者指出他们认为三英寸物体属于哪一类别时，绝大多数人都选择了比萨。出现这一结果有两个原因：首先，比萨的可变性比25美分硬币大得多。虽然三英寸的比萨非常小，但它也有可能属于这个类别。而25美分硬币的可变性很小，而且有一些非常明确的特征。25美分硬币必须由硬币材料制成，且必须由相关政府部门铸造，还有正反两面。简而言之，尽管25美分硬币在尺寸上与三英寸圆形物体更为相似，但受试者无法将三英寸圆形物体归入25美分硬币类别，因为他们知道25美分硬币意味着什么。仅25美分硬币能纳入25美分硬币的类别，只有了解这种知识的受试者才能做出这样的判断。与相关属性的情况一样，强调相似性的原型或范例模型都无法轻易解释这一结果，缺乏必要背景知识的机器分类器也无法解释这一结果。但理论观点却可以。

图式理论

在上文所有关于记忆、知识结构和概念的讨论中，我都强调了知识存储和表征的方式。概念是总结性的表征。思考和行事需使用概念，因此，我们还关注概念如何参与思维过程。我们如何利用概念进行思考行为，例如解决问题和检验假设。图式理论就是用于解释这一心理过程的一种理论。图式是一种通用的知识结构或概念，用于编码信息并存储有关常见事件和情况的信息。这种表征用于理解事件和情境，因此，图式即实践中的概念。

你想想你去市场（农贸市场或城市开放市场）购物时的情形。假设作为购物者的你以前去过农贸市场或城市开放市场，你已经对每个事件的信息进行了编码，储存了情景记忆和语义记忆，并在事件中提取、使用了这些记忆。图式是一个概念框架，可令这些记忆表征产生预期。到达市场时，你预期会看到几个卖农产品的摊贩，预期有人在卖鲜切花，预期大部分交易都是用现金而不是用信用卡。你甚至不需要在农贸市场看到卖鲜切花的小贩，就以为他会在那里。如果稍后有人问及，即使实际上并未看到那个小贩，你也可能会做出肯定的回答。图式是一个帮助我们填充背景的概念。

然而，有时候，激活的图式会导致错过与该图式不符的特征，这有点像第五章和第七章写到的错误记忆。1973年，布兰斯福德（Bransford）和约翰逊（Johnson）的开创性研究就证明了这一普遍观点。他们在一项研究中发现，若文本中的关键特征与给定图式不符，人们往往会错过这些特征。他们要求受试者阅读以下段落，标题为"从40楼观看和平游行"。

这里的景色令人叹为观止。透过窗，你可以看到下面的人群。从这么远的地方看，一切都显得格外渺小，但五颜六色的服装仍清晰可见。似乎每个人都井然有序地朝一个方向移动，似乎既有小孩也有大人。着陆过程很平稳，幸好当时天气不错，人们不需要穿特殊服装。起初，场面十分热闹。后来，演讲开始了，人群便安静了下来。拿着电视摄像机的人拍摄了许多环境和人群的镜头。每个人都非常友好，音乐响起时大家似乎都很高兴。

这个段落简单明了，它可能符合我们在城市中观看某种示威、游行或公民活动的图式。我们在社交媒体和电视上都能看到这些活动。因此，我们可能会想象或填充文本中可能存在或不存在的细节。如果使用"和平游行"的概念来填充细节，我们可能会错过一些与图式概念不符的实际细节。最重要的是，我们可能会遗漏"着陆过程很平稳，幸好当时天气不错，人们不需要穿特殊服装"这句话。这句话与观看和平游行毫无关系，它不符合城市环境或示威游行的激活图式。因此，当受试者被要求回答有关所读段落的问题时，他们往往不记得这句话。我们会忽略不符合图式的细节和特征。

但其他研究表明，与图式不符的细节可能仍会被编码，但除非引入新的图式，否则这些细节可能不会成为主要表征的一部分。这些细节需要找到一个可以依附的概念。请看安德森和皮切特的一项经典研究。实验要求受试者阅读一篇关于两个男孩穿过房子的文章。此外，在阅读之前，他们还给受试者限定了这些段落的背景：一组受试者要想象自己是一名入室盗窃者（窃贼图式），而另一组受试者从潜在购房者的角度来考虑这篇文章（房地产图式）。这些图式以不同的方式引导受试者的注意力。受试者若使用某一种图式来填充背景，则可能会错过与该图式不符的细节。

然后，实验要求受试者记住以下段落的细节：

两个男孩一直跑到车道上。"看，我就说今天适合逃学吧！"马克说。"妈妈周四从来不在家。"他补充道。高大的树篱把房子遮挡得严严实实，所以他们俩漫步在精心布置的院子里。皮特说："我从来不知道你家这么大。"马克又说道："是啊，不过自从爸爸装上了新的石头壁板并添置了壁炉后，房子比以前漂亮多了。"

房子有前门、后门，还有一个通向车库的侧门，车库里只停了三辆自行车，空无一人。两人走到侧门，马克解释说，侧门总是开着的，以防妹妹们比妈妈更早到家。

皮特想看看房子，于是马克从客厅开始介绍。和楼下其他地方一样，客厅的墙壁也是新粉刷的。马克打开了音响，这声音让皮特有些担心。"别担心，最近的房子也隔着四分之一英里呢。"马克喊道。皮特从这个巨大的院子向外看，四周都看不到房子，于是放松了许多。

餐厅里摆满了瓷器、银器和切割好的玻璃，不适合玩耍。于是两人移步厨房，在那里做起了三明治。马克说他们不会去地下室，因为自从安装了新的水管，地下室就一直潮湿发霉。

俩人朝书房看了看，马克便说："这是我爸爸收藏名画和钱币的地方。"马克接着吹嘘说，因为他发现爸爸在书桌抽屉里放了很多钱，所以他随时都能拿到零花钱。

楼上有三间卧室。马克给皮特看了他妈妈的衣橱，里面挂满了皮草，还有一个被上了锁的箱子，里面放着她的珠宝。妹妹们的房间除了一台彩色电视机，别无他物。马克把那台彩电搬到了自己的房间。马克炫耀说，大厅的浴室是他的，因为妹妹们的房间里新建了一间浴室供她们使用。不过，他房间里最大的亮点是天花板上渗漏的部分，那是旧屋顶之前腐烂导致的。

不出所料，受试者回忆起的信息更多与所给图式背景一致。如果以窃贼的背景来阅读这些段落，他们就会记住名画和钱币收藏、装满皮草的衣橱以及总是开着的侧门；若是从潜在购房者的角度进行阅读，他们可能会想到浴室的扩建、天花板的渗漏以及楼下新粉刷的墙壁。这些都是与图式一致的细节。然而，研究人员随后要求两组受试者从对方的那一种背景出发，思考已读过的段落。从窃贼角度阅读过这一段文字的受试者，需从购房者的角度重新思考（但不是重新阅读），反之亦然。被要求从另一种背景重新审视自己的记忆时，受试者回忆起了更多的细节。这似乎意味着信息已经受到编码和处理，但由于最初不符合某一图式，所以没有被回忆起来。如果给受试者一个重组背景或重组框架，他们就能回忆起新的细节。我们的记忆和概念是相当灵活的。

结语

　　解决问题、得出结论和做出决策等思维过程依赖结构良好的心理表征。概念让我们能够预测事物、推断缺失的特征并得出结论。我们如果感知到的事物符合现有的概念或类别，就能凭借概念获得关于物体的大部分重要知识。一旦某个物体被归入某个类别，该物体就能继承或获得与同一类别中许多其他物体相关的属性。有组织的记忆形成了概念，因此，概念可以有效地利用记忆来指导行为。对概念的研究提供了一种理解知识和记忆如何优化，以进行适应性思考的方法。概念使记忆和知识得到有效利用，为其他类型的思维服务。

第九章

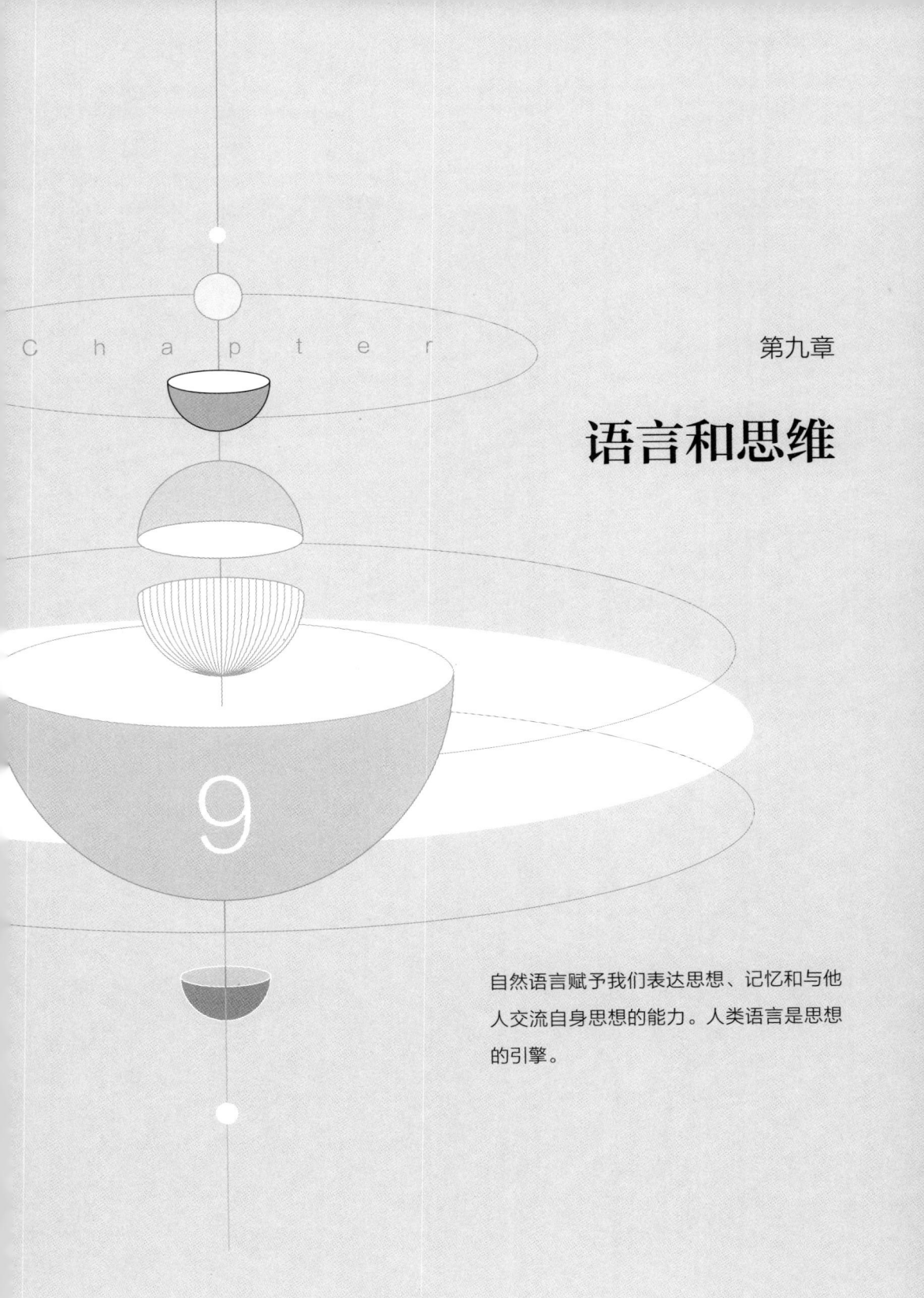

语言和思维

自然语言赋予我们表达思想、记忆和与他人交流自身思想的能力。人类语言是思想的引擎。

思考是利用心理表征与环境互动并对外部世界采取行动的过程。但思考不仅仅是行动，它也意味着计划、决定，意味着花时间考虑其他选择。思考是将我们所知、所见、所闻付诸行动的过程。为此，我们进化出了神经认知系统。我们依靠感知系统和注意力从外界获取信息，以记忆和概念作为当下和过去所见所闻的表征。但我们也需要评估记忆中的内容，需要检查和处理感知与记忆的内容。为此，我们又进化出了一套语言系统。表征处理是语言的一项功能。自然语言赋予我们给事物命名归类的能力，赋予我们表达思想和记忆，并与其他人交流自身思想的能力。人类语言是思想的引擎。

　　我们当然可以在没有语言的情况下学习知识。不使用语言，我们也可以决定自己的行为并对刺激做出反应。但是，没有语言，几乎无法思考。你不妨试着思考一些司空见惯的或近期发生的事情。例如，你试着回忆上周四晚餐你吃了什么。回忆这件事时，你要注意你到底是如何回忆的，回忆时你在想什么。你现在就试着全神贯注地回忆一下，然后再回来阅读这一章。

　　你注意到了什么？首先，你真的还记得自己吃了什么吗？如果记得，你是如何想起来的？记忆的实际形式是什么？你是如何探究记忆并从中获取信息的？你可能会这样想：让我想想周四吃了什么，那是三天前的事了，我应该吃了米饭和前一天剩下的一些蔬菜。或者你可能会想：那天晚上我工作到很晚，真的不确定有没有吃晚饭。无论你想什么，无论你记得什么，这个过程都可能涉及某种内心独白或叙述。你可能用内心声音（工作记忆系统的一部分）问自己晚饭吃了什么，也可能试图用语言来回答这个问题。即使没有与自己进行大量对话，你在考虑不同记忆时进行的思考和回忆也涉及语言。

换句话说，你的记忆提取是由语言引导的，而记忆本身也引导着你的内心对话。每考虑一段可能的记忆，你可能都会通过语言来评估它的准确性。若要将这次记忆搜索的结果传达给别人，你绝对需要使用语言。你尽可能尝试在完全不使用任何语言的情况下思考问题——你也许能做到，但并不容易。语言和思维紧密相连，我甚至不确定这两者之间是否可以划清界限。我们需要语言来思考。

语言和交流

我们若想了解思维过程中究竟如何使用语言，应首先了解语言是什么。语言研究——或者说语言学领域——范围十分广泛，涵盖了从人们如何使用语言进行交流到语言本身的形式结构等方方面面。狭义的心理语言学关注语言习得和使用的认知心理机制。本章节的内容将借鉴语言学和心理语言学，以及更广泛的认知科学领域。我们接下来便讨论一下语言是什么，语言如何用于思考，以及我们所说的语言如何影响思考事物的方式。

语言作为交流工具的心理学就是一个很好的起点，因为语言似乎是人类独有的行为。我们使用语言进行思考，起源于人类更早、更原始地使用语言作为交流，以及规划与他人及环境互动的方式。尽管语言可能为人类独有，但大多数（或所有）其他动物都能相互交流，甚至植物也会相互交流。例如，蜜蜂依靠一种舞蹈和摆动的动作将花蜜的位置传达给蜂群中的其他蜜蜂。您可以在YouTube上看到相关例子，蜜蜂从花朵中采集花蜜。如果你是一只蜜蜂，发现了新的蜜源，你就需要告诉蜂群中的其他蜜蜂，因为你们都需要这些花蜜为整个蜂群酿蜜。但你若不会说话，怎么告诉其他蜜蜂呢？蜜蜂从采蜜地点返回时，它会跳一种舞蹈，这种舞蹈包括与飞行时间相对应的摆尾动作，以及与飞行角度相对应的舞蹈角度。对其他蜜蜂来说，这两个坐标或信息就足够了。它们沿着这个方向，以特定的角度迎着太阳飞行约90秒，就能采到花蜜。这只蜜蜂在向其他蜜蜂传递集体生存所需的信息，但它并没有思考。它几乎没有选择是否跳舞的权利，也没有决定任何事情，跳舞只是它的天性。即使没有其他蜜蜂观看，这只蜜蜂也会跳这种舞。我们都知道，蜜蜂在交流和行为上表现出色，但它们似乎并没有思考或使用语言。

其他动物也有不同的交流方式。鸣禽显然有一套完善且高度进化的求偶鸣叫和警告鸣叫系统。这些鸟鸣对每种鸟类来说都是独一无二的，需要接触其他鸟鸣才能习得。狗通过吠叫、咆哮、吼叫、摆姿势和摇尾巴等行为来交流。养狗的人都知道，狗会对人类的语言和非语言暗示做出反应。除了狗就连我的猫Pep也如此。

这些都是动物用于交流的复杂方式。但我们并不认为这些是语言。与人类语言不同，这些非人类物种的交流有限而直接。蜜蜂的舞蹈只有一个功能——传达食物的位置。鸟鸣不仅与求偶有关，还具有特定的功能。一只鸟只能学习自身种类的鸟鸣。像非洲灰鹦鹉这一类的高智商鸟可以学习模仿人类的语言，但它们并非利用人类的语言随意交谈或推进某种议程。即使是能够做出非常复杂行为的狗，实际上也无法利用交流能力来思考新想法、解决复杂问题和讲故事。狗确实能解决问题，但不是通过使用语言。

众所周知，猩猩，特别是倭黑猩猩和红毛猩猩，能够学习复杂的符号系统。其中最著名的是雄性倭黑猩猩坎兹（Kanzi）和雌性西部低地大猩猩可可（Koko）。坎兹通过观察母亲接受符号键盘交流系统的训练，学会了交流。2018年去世的可可也学会了与人类交流。与坎兹使用的符号键盘不同，可可通过一种手语进行交流。尽管这些猿类的认知能力明显更先进复杂，但它们绝大多数的交流不能随意进行，也无明显成效，内容多是直接的请求和回应。猩猩与人类不同，它们似乎不会花太多时间闲聊，不像人类那样用语言来指导自己和其他猩猩的行为。它们似乎不会为了聊天而坐在一起闲聊。换句话说，非人类交流和"类语言行为"主要用于直接交流或对外部刺激做出反应。非人类的类语言行为并不像人类语言那样与思维相联系。因此，人类语言非凡而又独特。

是的，语言确实非凡且独特。但语言是什么？是什么让它如此独特？这种特殊的信息处理和交流机制究竟如何赋予人类指导后代、将记忆转化为书面文字、讲故事和说谎话的能力？这个系统非同凡响。

1960年，在认知心理学发展早期，语言学家查尔斯·霍克特（Charles Hockett）就描述了人类语言的13个（后来发展为16个）特征。要了解语言是什么，这份设计特征清单就是一个适当的切入点。完整清单见下表。

表 9-1　霍克特的语言设计特征

特征	描述
发声／听觉通路（Vocal/auditory channel）	交流包括发声器官和听觉器官之间的信息传递。后经更新，这一特征承认手语在语言和心理上是等同的
广播传输／定向接收（Broadcast transmission/directional reception）	语言信号从多个方向发出，但只能从一个方向感知
瞬时性（Rapid fading）	语言信号（或手语中的视觉信号）很快就会消失
互换性（Interchangeability）	说一种语言的人可以复述他们能理解的任何信息
全面反馈（Total feedback）	说话者能听到自己所说的一切
专门性（Specialisation）	说话时使用的发声器官专门用于发声
语义性（Semanticity）	语言有意义和语义内容
任意性（Arbitrariness）	语言信号不需要提及所描述的事物的物理特征
离散性（Discreteness）	语言由一组离散的单位有限集合组成
易境性（Displacement）	语言可指当下不存在的事物

多产性（Productivity）	这组单元的有限集合可产生无限的想法
传统传播（Traditional transmission）	语言是通过传统的教学、学习和观察来传播的
双重性（Duality of patterning）	少量无意义的单位组合在一起产生意义
非真实性（Prevarication）	用语言说谎或欺骗的能力
反身性（Reflexiveness）	用语言来谈论语言。元认知的一种形式
可习得性（Learnability）	语言是可教可学的。我们可以学习其他语言

这些都是人类语言的特征，表明人类语言是一种独特、高度进化的系统，它主要用来与他人以及自我进行交流（如思考）。其他物种的交流系统也包含其中一些特征，但并非全部。

让我们进一步详细讨论其中几个特征。例如，语言是一种可全面反馈的行为。无论你说什么或发出什么声音，自己都能听到，而且你收到的反馈与你想说的话直接相关。霍克特认为，这是人类思考的必要条件。我们无须太多想象，就能想到这种直接反馈如何演变成语言的内化，而语言内化对于许多复杂思维行为是必要的。语言也具有多产性。有了人类语言，我们可以表达无限的事物和想法。我们可以表达的或者可以思考的，几乎是无限制的。但实现这一切的系统是有限的。我们能说出前人从未说过的话，但英语却只有26个字母。英语中有24—28个辅音音素，根据方言和口音的不同，有20个元音。即使考虑到不同说话者和不同口音之间的差异，这也是一组有限的单位。然而，这些单位的组合几乎可以表达任何内容。元音、辅音根据语言的语法规则组合成单词、短语和句子，形成一个极富生产力的系统，这与非人类物种的交流方式形成了鲜明对比。鸟类、蜜蜂和倭黑猩猩都非常善于交流，但交流的内容范围受到本能和生理结构的严重限制。

人类语言的另一个设计特征是任意性。一个词的读音和它所表达的意思并不一定要对应。英语（和其他语言）中，通常会存在一小部分例外，如"smack（猛击）"或"burp（打嗝）"等词听起来有点像所描述的内容，但这只是一个有限的子集。正如口语或手语并不需要与世界直接对应。然而，并非所有的交流系统都具有任意性。前文讨论的蜜蜂舞蹈就是一个非任意交流的例子。舞蹈的方向表示蜜源相对于蜂巢的方向，摆尾的持续时间表示距离。这些属性与环境直接相关，并受到环境的制约。这是一种复杂的交流，但并不是霍克特所说的语言。大多数情况下，我们用于表达想法的声音与想法的具体方面没有联系。事实上，声音是可以将感知输入和概念联系起来的心理符号。人类语言是一个离散、任意且富有成效的符号系统，用于表达思想、进行交流、从事复杂的思考和行动。

语言和思维

语言是一系列复杂的行为，并且能帮助我们完成更复杂的行为。交际语言本质上是一种"思想传递系统"。一个人用语言向另一个人传递思想。内心语言是我们与自己思想交流的一种形式。语言传递思想并使之成为可能。

思想及其表达方式之间的语言双重性通常被描述为交流的表层结构与深层结构之间的关系。表层结构指的是所使用的词语、说话的声音、短语、语序、语法等。它是我们说话时的产物，也是我们听声音时感知到的内容。而深层结构则是指语言实体的潜在意义和语义。这些思想或观点既是你希望通过表层结构传递的，也是你试图通过表层结构感知的。

在理解表层结构和深层结构之间关系方面的一个挑战是，通常很难找到直接的对应关系。例如，有时不同的表层结构会产生相同的深层结构。你可以说"我很喜欢这本书"，也可以说"这本书很有趣"，尽管表层结构略有不同，但深层结构却大致相同（尽管并不完全相同）。人类语言非常灵活，可以用多种方式表达同一件事。当相同的表层结构可以指代不同的深层结构时，更棘手的问题就出现了。例如，你可能会说"Visiting professors can be interesting"[①]。此时，从该陈述中引申出的一个深层结构是：当一堂课由访客——客座教授——讲授时，肯定有趣，因为客座教授可能很有趣。从该陈述中引申出的另一个深层结构是，到教授的办公室或家里拜访可能很有趣。这是另一种意思。在对话中，周围的语境可能会使该陈述更加清晰，但同时也表明，在试图将表层结构映射到深层结构时会遇到挑战。挑战在于如何解决歧义。

歧义

语言充满歧义，而理解认知系统如何解决这种歧义是一项极大的挑战。我曾在美联社看到过一则关于土豆种植户的新闻标题，内容为"麦当劳薯条是土豆农民的圣杯[②]"。这一标题看起来很滑稽，但大多数人很快就能理解其中的深层结构。麦当劳炸的不是"圣杯"。相反，标题作者用"圣杯"一词来比喻难以寻得的奖赏。为了理解这句话，我们需要阅读，构建一种解释，判断该解释是否正确，激活关于"圣杯"的概念，激活关于这句话隐喻用法的知识，最后构建出对这句话的新解释。这通常会在几秒钟内完成，在处理口语时几乎会立即完成——这是一项令人惊叹的认

---

① 对于下文提到的两种深层结构，第一种理解是将visiting professors这一名词词组当作主语，表示客座教授有趣；第二种理解是将visiting这一动名词当作主语，表示拜访教授一事有趣。——译者注
② 圣杯是在公元33年，犹太历尼散月14日，也就是耶稣受难前的逾越节晚餐上，耶稣遣走加略人犹大后和11个门徒所使用的一个葡萄酒杯子。耶稣曾经拿起这个杯子吩咐门徒喝下里面象征他的血的红葡萄酒，借此创立了受难纪念仪式。后来有些人认为这个杯子因为这个特殊的场合而具有某种神奇的能力。——译者注

知技巧。

通常，当句子的表层结构导致对深层结构的误解时，它就被称为"花园小径句"（garden path sentence）。花园小径的隐喻本身来自这样一个概念：在花园中沿着一条小径散步，小径要么通向死胡同，要么通向令人意想不到或惊喜的结局——花园小径句的含义大致如此。也许最著名的例子就是"The horse raced past the barn fell"[①]。大多数人读这个句子时，根本读不通。或者说，在读到"barn"（谷仓）一词之前，句子都比较合理。但一读到"fell"（跌倒），你对句子的理解就会大打折扣。原因在于，听到一个句子时，我们会构建一个关于其含义的心理模型。如若句子的模型与听到的内容不符，我们就需要暂停并构建一个新的模型。这些句子的心理表征是在我们听到它们时被构建的。作为听众，听到"The horse raced"（马赛跑）时，你会构建一个马在跑的心理模型。你还会产生一种关于接下来可能发生之事的预期或推断。听到"past"（过）时，你就会做出预测，认为马跑过了某样东西，即"barn"。这是一个完整的想法，任谁都会觉得合理。而当你听到"fell"一词时，句子并不符合你设想的语义或句法结构。

然而，从语法角度看，这个句子是正确的，也有适当的解释。在特定的语境中，句子便说得通。假设你要对一些马匹进行评估，你就请马场的人让马跑起来，看看它们跑得怎么样。那匹经过房子的马表现很好，但经过谷仓的马跌倒了。此时，这个花园小径句就说得通了。这个句子虽仍然欠妥，但在这种情况下是可以理解的。

---

① The horse raced past the barn fell，按单词出现的顺序，可译为"马跑过谷仓跌倒了"。——译者注

语言推论

很多时候，我们需借助推论、语境和自己的概念来处理语言的歧义，并理解语言的深层结构。在解释看似明确的句子背后的深层含义时，我们也会用上同样的推论过程。我们通过推论促进理解，推理也可以引导我们的思维。例如，福克斯新闻网（Fox News Network）是美国一个非常受欢迎的新闻媒体。21世纪初在它创立时，其最初的口号是"公平且平衡的新闻"（Fair and Balanced News）。希望做到公正和平衡无可厚非，这也是我们对大多数新闻媒体的期望。但仔细想想这句口号，你会得出什么推论？一种可能的推论是，如果福克斯新闻"公平且平衡"，那么它的竞争对手就不公平且不平衡。福克斯并没有这样说，但你可能会自己做出这样的推论。和许多口号一样，这句口号表面上很简单，但其目的是鼓励推论。

这让我想起了另一个推论，也是一段情景记忆的线索。21世纪初，我还是伊利诺伊大学一名博士后研究员，当时正应聘美国和加拿大的教职。请记住：我在美国长大，在美国上学。我几乎所有的观点都基于美国视角。2003年3月，我到西大（目前的工作单位）参加了一次面试。正是在2003年3月，美国对伊拉克发动了"震慑"（Shock and Awe）行动，拉开了美国领导人针对伊拉克萨达姆·侯赛因政府开展军事行动的序幕。就在我离开美国飞往加拿大参加面试的当天，震慑行动启动。战争是在我飞往加拿大的途中打响的。当自己国家的政府刚刚发动了一场仍存在饱受争议的袭击时，我在国外参加加拿大机构的面试，这让我感觉很尴尬。让·克雷蒂安（Jean Chrétien）[1]

---

[1] 加拿大前总理。1993年，自由党在联邦大选中获胜，克雷蒂安就任总理。1997年、2000年大选中，自由党连续获胜，克雷蒂安蝉联执政。2003年12月，克雷蒂安宣布退休，保罗·马丁（Paul Martin）继任总理。——译者注

领导的加拿大政府并不支持美国。但这也让我有机会从非美国的视角，看待该事件。2003年的互联网新闻很少，也没有社交媒体。我在酒店房间里看电视时，加拿大新闻播报员的措辞令我印象深刻。在美国，媒体称之为"伊拉克战争"（War in Iraq）。而在加拿大，新闻播报员则称之为"对伊拉克战争"（War on Iraq）。"on"替代了"in"，一个小小单词的改变，含义全然不同。"in"一词意指美国正在与伊拉克境内的敌人——"恐怖分子"——作战。在美国看来，这是更广泛"反恐战争"的一部分。"on"一词意指美国向另一个主权国家宣战。也许这两个词都不完全正确，但新闻媒体讨论战争的方式可能会改变人们对战争的看法。我们描述事物、谈论事物的方式，都会影响他人对事物的看法。

隐喻和非文字语言

如果语言能促使人们进行推断，而且如果正如霍克特所言，语言会用于欺骗，这就意味着语言的内涵比表面显而易见的内容更加丰富。我们还使用语言进行类比和隐喻。类比和隐喻都是非文字语言的例子，我们依靠这两者来帮助理解事物。隐喻通常涉及相关概念的激活。最简单的例子是，如果你知道某物A具有某种性质，并且有人告诉你另一物B与A类似，你就会利用这种类比来推断关于B的信息。

我们经常看到这样的例子。当讲课和解释问题时，我会使用类比。我会说："这就像你……"，然后就开始偏离正题。我写作的时候也会使用类比和隐喻。在本书中，我曾讨论"计算机隐喻"或"水流隐喻"，也提到过思想的"引擎"，探讨过"信息流"。使用类比和隐喻是一种习惯。

你在向别人解释事情时可能也会做类比。这样的例子不胜枚举。大多数人都看过21世纪初的电影《怪物史莱克》（*Shrek*），也许看过整部电影，或者是部分视频片段或表情包①。史莱克便是一个可用的隐喻来源，因为它为人们所熟知。在电影的一个片段中，史莱克向驴子解释食人魔为何复杂难懂。它说，"食人魔就像洋葱"。这是一个明喻形式的类比（A就像B）。后来史莱克又解释说："洋葱有层次，食人魔也有层次。"虽然我不喜欢解释笑话，但此处还是要解释一番（你如果没看过这一个片段，在YouTube上也许能看到）。当史莱克说"食人魔就像洋葱"时，驴子误解了，并把注意力集中在表面的相似性和洋葱的感知特性上。它心想：食人魔像洋葱是不是因为它们闻起来都很臭，或者食人魔也会让人流泪？它把这些错误的属性转移到史莱克身上，但这很有趣，因为这些也是食人魔的属性。后来，它才明白史莱克那个类比的含义。食人魔和洋葱都有层次，外表和内在可能不同。这个笑话很成功，是因为史莱克借助洋葱做了更深层次的类比，而驴子理解的却是表层的类比，确实滑稽有趣。

非文字语言对于理解个人如何思考问题和一种文化非常重要。2008年，语言学家拉科夫指出，概念隐喻在一个社会如何看待自身方面发挥着重要作用。这反过来又会影响我们所说的话、卖的东西、报道新闻的方式以及讨论政治的方式。上文举过"伊拉克战争"与"对伊拉克战争"的例子，每种表达都有不同的隐喻——一种是在一个国家内发生战争，另一种是针对一个国家的侵略性行为。拉科夫认为，这些概念隐喻制约并影响着思维过程。他举了一个"争论"的例子。争论的一个概念隐喻是：争论就像一场战争。如果以这种方式来看待争论，你可能会说"我击溃了他的论点"或"他彻底摧毁了对手的论点"。这些表述很可能源于将争论作为战争的某种类比的概念隐

---

① 表情包甚是有趣，因为它们往往能激发人们对某些事物普遍或近乎普遍的反应。真人秀节目中的动态图片和表情包都是非文字传统的一部分，但都是为网络时代而诞生的。

喻。"____是一场战争"的隐喻在美国似乎尤为盛行。事实上，美国的许多政策都明确指出了这一点："禁毒战争""向贫困宣战""反恐战争"都是正式确定的立场。我们与疾病做斗争，正如2019年暴发的新型冠状病毒疫情是"看不见的敌人"。我们需要"提高警惕"；我们也谈论那些"战胜癌症"的人们。这并不是思考公共卫生问题的唯一方式，但这种方式似乎"占领了思想领域"。

还有其他一些例子。我们通常认为金钱是一种有限的资源和宝贵的商品。以此类推，我们通常以同样的方式看待时间，关于时间的许多说法都反映了这种关系。我们可能会说"你在浪费我的时间"，"我要进一步做好时间预算"，或"这个小玩意真能省时"。根据拉科夫的观点，我们之所以使用这些表述，是因为有这些潜在的概念隐喻，而这些隐喻是我们文化的一部分。拉科夫称之为"框架"。这些隐喻构建了我们的理解，并鼓励我们进行推理。"框架"一词本身就是一种隐喻，它让人联想到一种描述周围环境的方式。

这些概念隐喻从何而来？有些是文化因素，另一些则反映了物理事物与心理概念之间的概念相似性。例如，有许多概念隐喻都与"快乐是向上的"这一概念有关。我们可以用乐观向上形容一个人，人们如果不快乐，就可以说他们心情低落。音乐可以被描述为轻快上扬，嘴角向上代表微笑，等等。所有的这些习语和表述都来自同一个隐喻。其他例子也反映了"意识是向上的"这一观点。如你起床（get up），等等。另一个常见的隐喻是，控制就是凌驾于某物之上。你可以"高高在上"，可以管理"在你手下工作"的人。滚石乐队曾录制过一首名为《在拇指下》（*Under My Thumb*）的流行歌曲。这些认知隐喻在英语中很常见，但在许多其他语言中也很常见。这表明这些隐喻具有普遍性，且不同语言和思想之间的文化也存在共性。

拉科夫的理论自20世纪80年代提出以来一直颇具影响力，但自2016年特朗普当选美国总统以来，以及许多其他国家普遍支持民粹主义，该理论又有了新的意义。几十年来，拉科夫一直在思考和撰写语言及其如何影响行为，他的最新著作讨论了大众媒体和政治家的言论如何影响我们的思维方式。我们不想被误导或愚弄，因此认识这些问题具有重要意义。然而，思维有时却使得我们易受误导或愚弄。拉科夫以特朗普为例，指出我们是如何在不知不觉中被误导的。虽然他以特朗普为主要例子，但这些现象在许多政客身上都可以看到。然而，特朗普却将此作为其执政和竞选风格的核心部分。

一个明显的例子就是简单的重复。特朗普总统重复使用一些术语和口号，使其成为美国人民概念的一部分。他的名言是：

我们会胜利。我们一定会胜利。我们会在贸易上获得胜利，在边境冲突上获得胜利。我们必定胜利，你们甚至会厌倦胜利。届时你们会来找我，说"请到此为止吧，我们不能再继续胜利了"。

在那次演讲中，"胜利"一词被重复了七次，此后他又多次重复了类似的言论。此外，我们会反复听到和看到"假新闻"和"从未串通"等声明。拉科夫认为，简单的重复就是特朗普的终极手段。即使你不相信他，你仍然会接受这些词语和概念。而人们的评论和转发往往会放大这些词语和概念。随着激活扩散，思想形成了连接。

特朗普善于通过塑造人物和观点来控制交谈，并至少通过两种方式做到了这一点。一是使用绰号。例如，他称前总统候选人希拉里·克林顿（Hillary Clinton）为"骗子希拉里"（Crooked Hillary）。顺便说一下，"crooked"一词的认知隐喻为"不诚实"，我们认为"真相是直截了当的"（truth is straight）[①]。称希拉里是"骗子"并不断重复这一说法看似愚蠢，但此举还

---

① "crooked"其中一个词义为"歪的"，而"straight"意为"直的"，故而此处用crooked隐喻希拉里不诚实。——译者注

是达到了强化希拉里不诚实或不可信这一概念的预期效果。就连特朗普的竞选口号"让美国再次伟大"（Make America Great Again）也包含了大量的语言推论。该口号暗示美国过去曾经伟大，现在并不伟大，而特朗普将采取行动使美国再次伟大，就像过去一样。

拉科夫认为，我们都应该意识到这些做法如何影响我们的思维。我们可能不同意特朗普的观点，但根据拉科夫的说法，这些重复以及框架和隐喻的使用无论如何都会催人产生联想。而且听的次数越多，记忆就越深刻。不仅是特朗普，拉科夫的观点同样适用于其他领导人、政客和媒体。如果你是在英国、荷兰、印度、南非或巴西读到本书，这些例子延伸到你所在的地方，也可能适用。特朗普可能是一个极端的例子，但在政治、广告领域以及我们试图影响他人的想法和行为时，框架和隐喻无处不在。

无论好坏，语言都会影响我们思考事物的方式。语言会强化某些表征，创造新的记忆；它会激活图式和概念，促使我们做出推论并得出结论。语言会使我们受到欺骗和误导，而防止被误导的最佳方式就是了解为何会发生这种情况，以及如何将其识别出来。

语言如何影响想法

上述讨论说明了语言如何影响我们记忆和思考的方式。语言和语境对思维有影响。或者说，正如我一开始所言，语言就是我们思考和行动的方式。对此，语言学家形成了一套理论，即"语言相对论"。该理论认为母语会影响我们的思维和行为方式。这一理论假设并预测，由于母语的作用，不同群体之间会存在差异。也就是说，思维跟语言相关。语言相对论的一种强化形式是语言决定论，有时也被称为"萨丕尔-沃尔夫假说"，以爱德华·萨丕尔（Edward Sapir）及其学生本杰明·沃尔夫（Benjamin Whorf）的名字命名。这一假说的强化形式认为，语言决定思维，甚至可以限制一个人的感知。换言之，若你无法用词语来表达某个事物，那就意味着你对该事物没有概念；若你对某一事物没有概念，你就无法像可用词语表达该事物的人那样去思考或感知它。

总的来说，无论强弱，该理论都来源于沃尔夫，不过他把自己的理论称为"语言相对论"。在开始研究语言学之前，沃尔夫是一名化学工程师，并担任过防火工程师。以这样的身份开始研究语言似乎有些奇怪，但两者之间似乎存在某种联系。一个来源不明的故事称，沃尔夫对语言学的想法和兴趣是在他担任防火工程师和检查员期间产生的。当时，沃尔夫注意到有工人在汽油罐附近吸烟，但他们声称汽油罐上标注罐子是空的。如果罐子是空的，在附近吸烟应该是安全的，对吗？并非如此。若是出现烟雾，空的汽油罐也会非常危险。烟雾是易燃的。然而，工人并没有意识到这些空罐子并不是空的。这是因为工人为汽油罐贴上"空罐子"的标签，并形成概念。从语言角度来看，汽油罐是空的，但实际上并不空。于是，沃尔夫开始认为，一个人的母语决定你的思维，甚至决定你感知事物的能力。这个故事真伪不明，但它仍然提出了一个有趣的观点，即语言描述的事物与实际的事物之间的差别。换句话说，"空"未必真的是空。

语言相对论

沃尔夫认为：

> 我们按照母语制定的思路来剖析自然。我们从现象世界中分离出来类别和类型，是因为它们显而易见、不容忽视；相反，世界由万花筒般变幻不定的印象呈现，而这些印象必须由我们的头脑来组织——主要是由我们头脑中的语言系统来组织。我们切分自然，将其组织成概念，并赋予其意义，这很大程度上是因为我们达成了以

这种方式组织自然的契约。这种契约贯穿我们的语言社区，并编入我们的语言模式……任何观察者都不会因相同的实证而趋向相同的宇宙图景，除非他们的语言背景相似，或者可以通过某种方式形成统一标准。

沃尔夫是在挑战柏拉图"对自然界进行正确切分"的概念（详见第八章）。柏拉图认为存在一种自然的方式可将世界划分为不同的概念，沃尔夫则认为概念和类别是由一个人的母语决定的。这通常被认为是语言相对论的强烈形式。在这种情况下，该理论认为一个人的母语必然决定思维、认知和感知。

你听说过"爱斯基摩语（今称因纽特语）中有几百个表示雪的词语"一说吗？这一说法之后，还有人表示：如此一来，与英语使用者相比，说这种语言的人可以区分出更多种类的雪。这种说法背后的想法是，术语或标签越多，能感知的类别就越多。沃尔夫就此提出了一个假设，后来媒体将其作为一个具体的说法加以报道。而随着后续版本的推出，假设的因纽特语中"雪"的单词数量也在不断增加。很明显，这种说法既不真实，也不相关。沃尔夫本人从未对这一说法进行过研究或检验，而且对这一说法的大多数报道均未区分北方土著居民所说的多种不同方言。根本不存在一种"因纽特语"。北方土著居民使用多种语言，加拿大和格陵兰的因纽特人说因纽特语；阿拉斯加土著居民说尤皮克语。英语和因纽特语、尤皮克语一样，都有修饰词可对雪进行多种描述。尽管如此，上述说法流传已久，大多数人都相当熟悉。

然而，语言限制或决定感知和认知的说法十分大胆，在20世纪中叶引发了激烈的讨论。人类学家、心理学家和语言学家开始寻找并研究检验这一观点的方法。最重要的一个挑战来自罗施的研究。你可能还记得罗施，上一章论述概念时曾提到她，提及她在家族相似性方面做出的贡献。罗施指出，人类学的大量研究发现，描述颜色的语言有规律可循。例如，在基本颜色方面，所有语言似乎都包含形容深色和浅色的词。这些词的界定并不总是相同，但有些语言只用一个词来表示较暖和较浅的色调，而表示较深色调的词也只有一个。红色相当常见，即便一种语言只有三种形容颜色的词，也总有一个词代表黑色、白色和红色。红色对人类来说非常重要，因为热的东西和血都是红色的。随着语言的演变和发展，一些语言引入了更多的词汇。

如果沃尔夫的主张正确，尤其是他以"表示雪的词语"为例提出的最强烈主张，那么这就意味着，只有两种颜色词汇的语言将倾向于根据这两种颜色来看待世界。该种语言的使用者也许能看到其他颜色，但应该很难分辨同名颜色之间的区别。这种说法不无道理。我们知道，感知在一定程度上取决于你对所感知的事物是否有所了解。上文已经讨论过感知如何激活概念，以及概念如何影响我们的所见所想。在基本的语音感知中，我们倾向于对语音进行分类感知。你很难分辨出那些不属于母语的声音。因此，这一预测并非毫无根据。

1972年，罗施对巴布亚新几内亚的一个土著群体进行了类似的测试。达尼人只有两个词用于表示颜色，因此他们的语言将颜色分为两类。一类称为"mili"，指冷色或深色，如英语中的蓝色、绿色和黑色；第二类是"mola"，指较暖或较浅的颜色，如英语中的红色、黄色和白色。在多项实验中，罗施要求受试者使用色卡进行颜色学习和记忆任务。这些被称为"色卡"的卡片来自孟塞尔颜色系统。该系统从色相、色值（明度）和饱和度（色彩纯度）三个维度来描述颜色。自20世纪30年代以来，孟塞尔系统一直被科学家、设计师和艺术家用作标准化的色彩语言。色卡是一种小卡片，一面有统一的颜色，通常是哑光的。它们看起来很像油漆商店里的物品。

罗施使用的一项任务是配对联想学习任务。这项任务要求参与者学习一系列事物，而每种事物都与他们已知的事物匹配；一个单词作为一个记忆线索。在罗施的任务中，需要学习的事物是孟塞尔色卡，每个色卡均与一个单词对应。其中一些色卡被称为焦点色。换句话说，这些色卡处于其颜色类别的感知中心。在之前对英语使用者进行的研究中，焦点色被选为颜色类别的最佳范例。当她要求受试者选出"最佳范例"时，罗施发现他们普遍选择了饱和度最高的颜色，而且英语使用者能更好地记住这些中心范例。红色的焦点色是大多数英语使用者认为最能体现红色的单个色卡。其他色卡也可能被称为红色，但均未被认定为红色类别的中心或最佳范例。还有一些色卡可能更加模棱两可。有时候可能被称为红色，而有时候可能看起来是另一种颜色。你可以自己选择焦点色。你如果要在文字处理程序中为文字选择一种新的颜色，就会看到各式各样的颜色，但其中一种可能是红色的最佳范例、蓝色的最佳范例和绿色的最佳范例，等等。换句话说，关于哪种颜色是绿色的最佳范例，我们可能会形成共识，而这就是绿色的焦点色。

在罗施的实验中，受试者会看到一个色卡并对应地学习一个新名称。该实验共包含16对颜色单词。罗施推断，英语使用者在学习焦点色的对应名称时不会遇到困难，因为现有颜色类别的原型已激活；而在学习非焦点色的对应名称时，英语使用者应该会表现不佳，因为没有语言标签可用于标记这些颜色。也就是说，记住焦点色"红色"轻而易举，因为它看起来就像你印象中的红色。要记住一种介于红色和紫色之间的颜色则比较困难，因为它可能没有对应名称。另一方面，达尼语使用者在大多数焦点色上应该没有优势。这是因为如果语言决定论发挥作用，所谓的焦点色就不会有任何特别之处，因为达尼语没有与之对应的相同分类。就语言决定论而言，达尼语使用者应该没有与英语使用者一样的焦点色，因为母语导致这两者颜色类别不同。对于达尼语使用者来说，看到焦点红色应该不会激活现有的语言类别，因此对他们来说，学习焦点色或非焦点颜色的对应名称应该并无区别。

然而，罗施的发现并非如此。与英语使用者一样，相较于非焦点色的学习，达尼语使用者在学习焦点色时也表现出了优势。这表明，尽管达尼人的语言只用两个词表示颜色类别，但他们也能像英语使用者一样感知颜色的差异。因此，这似乎是反驳语言决定论的证据，达尼语并没有限制其使用者的感知。从许多方面看，这并不奇怪，因为颜色视觉是在生物水平上通过计算实现的。无论语言定义的类别如何，我们都拥有相同的视觉系统，视网膜上布满了对不同波长敏感的光感受器。

最近的研究者继续对语言决定论提出怀疑。芭芭拉·马尔特（Barbara Malt）的研究着眼于人工制品，以及英语和西班牙语之间的语言差异。实验参与者看到许多不同的常见物品，如瓶子、容器、壶和罐子。对于讲北美英语的人来说，"壶"通常用来装液体，容积约为四升，有把手。"瓶子"通常较小，瓶颈较长且没有把手。"罐子"通常由玻璃制成，有一个宽口。"容器"通常不是由玻璃制成，而是由塑料制成。容器有圆形和方形两种，通常用来装非液体产品。英语使用者可能会对确切的类别界限持不同的看法，但大多数人在哪些物品称为"瓶子"、哪些物品称为"壶"等方面能达成一致。

北美英语使用者会区分壶和罐子，而说西班牙语的人通常只用一个词来称呼这些物品。玻璃瓶、壶和罐子都可以用"frasco"（瓶）来表示。如果语言决定论适用于人造物品，那么西班牙语使用者根据表面相似性将这些物品划分为不同类别的能力应该较弱。换句话说，你若使用的语言只有一个术语用于称呼所有这些物品，那么你应该会尽量减少对个性化特征的关注，而倾向于将它们归为同一类。然而，马尔特的研究结果并不支持这一预测。在通过整体相似性对这些容器进行分类时，说英语和说西班牙语的受试者并无太大差异。这意味着，西班牙语使用者可能对所有不同的物体使用相同的标签，但要求他们根据相似性对这些物体进行分类时，其分类方式与英语使用者大致相同。语言标签并未干扰他们感知和处理表面特征的能力。简而言之，这些结果并不支持强语言决定论。

语言如何影响思维过程的最后一个例子来自莱拉·博格迪特斯基（Lera Boroditsky）的一项研究。2011年，她指出，在不同的语言和文化中，人们用来谈论时间的隐喻存在差异。这与拉科夫关于概念隐喻的观点（前文已讨论过）相关。英语使用者在谈论时间时，经常把时间说成类似横向的概念。故横向隐喻会形成"截止日期延后"或"将会议提前"等表述。另外，汉语使用者在谈论时间时，时间似乎在一个纵轴上移动。汉语使用者会用"上"和"下"来指代事件、星期和月份的顺序。

这种情况在英语中并不罕见，从竖排日历出发考虑时间时更是如此。事实上，智能手机上的谷歌日历，是以纵轴排列的，一天的开始在顶部，一天的结束在底部。虽然我仍会使用类似"这个项目的进度落后了"等表述，但我也非常习惯在纵向维度上思考时间。英语中也有纵向时间隐喻，比如将某事"置顶"。除了例外情况，这些隐喻似乎从语言和文化上深植于当地的习语和表述中。重要的是，这些差异似乎与书面语言的产生和阅读方式密切相关。

为了测试概念隐喻和语言是否会影响受试者理解场景的能力，研究人员首先向受试者展示一个视觉启动，引导他们从横向或纵向维度思考。接下来，要求他们确认或否定关于时间的陈述（如"3月先于4月"）。此时，"启动"是突出横向或纵向维度的简单图表。例如，一张黑球与白球并列的图片，配以"黑球在白球前面"的陈述，就是横向维度；一张黑球在白球之上的图片，并标明"黑球在白球上方"，则是纵向维度。博格迪特斯基推断，如果启动激活了纵向隐喻，且你说的语言又鼓励从纵向维度思考时间，则对处理过程应有促进作用。也就是说，你判断时间陈述的速度会更快。你若看到的启动激活了纵向隐喻，但你说的语言鼓励从横向维度思考时间，此时将产生一些代价，在判断时间陈述时就会慢一些。

博格迪特斯基在几项研究中的发现正是如此。与看到横向启动时相比，看到纵向启动后，汉语使用者确认或否定时间命题的速度更快。她发现对英语使用者来说，情况正好相反。这表明语言差异可以预测说话者时间推理的某些方面，这一发现支持语言决定论。然而，随后的研究表明，这种默认导向是可以被推翻的。例如，博格迪特斯基训练说英语的受试者从纵向思考时间，给他们展示纵向隐喻的例子。这些经过训练的受试者表现出纵向启动效应，而不是之前的横向启动效应。虽然这项研究显示了语言对思维的明显影响，但它并不是语言决定论的有力证据，因为母语似乎并不决定人们如何感知时间。相反，语言环境的局部效应发挥了大部分作用。

语言即我们的思维方式

虽然许多不同的物种都能相互交流，但只有人类发展出了一种广泛、高效且灵活的自然语言。因为语言是我们了解自己思想的主要途径，所以语言和思维完全交织在一起。我们用语言来检查和描述自己的记忆。记忆具有灵活性和可塑性。然而，这种灵活性有时也会成为一种不利因素，因为这意味着记忆并不总是准确的。记忆是编码和提取过程中所用语言过程的直接反映。我们也用语言标记世界万物，并将感知与概念联系起来。语言标签为我们的想法提供了一个接入点。

不过，没有语言的动物也会使用记忆，也有概念；没有语言的动物也可以表现出智慧。但人类语言赋予了我们一种超越当下的思考能力，并为我们提供了一种思考世界、思考自身和思考行为的方式。我们花时间仔细思考和推理时，通常都是通过语言实现的，而不是依赖本能或直觉。我们会劝阻自己做错误的决定；我们通过自言自语的方式来思考事情的利弊。在演绎推理中，语言的使用必须准确无误，以便从无效论据中确定论证。而且语言的使用可以通过提供背景或框架来影响决策的制定方式。同一决策依据不同的语言描述，可能被视为有利决策，也可能被描述为潜在的损失。因此，语言内容和语义可对决策的行为结果产生重大影响。

本章和前面关于概念的章节最接近中心主题。我们如何思考？我们用概念思考，使用我们的自然语言来进行大量的思考。

第十章

对认知偏差的思考

情境、动机和情绪等对思维的干扰,使得人们倾向于依赖认知偏见做出推断和决策,为此我们需要克服偏见。

情绪会影响你的思维方式吗？情境和背景是否会影响你的推理和决策能力？对我来说会。你可能认为自己也一样。有些时候，你可能会觉得自己正如鱼得水，工作得心应手，身心俱畅。这也许是在你感觉精神清爽的清晨；也许是在你做自己真正喜欢之事的时候；也许就是现在，你阅读这本书的时候。在这些情况下，你可能会发现工作起来不那么累，问题似乎也更容易解决。但有些时候，你可能会觉得无法集中精力，或者感觉大脑不听使唤。这些情况可能发生在你疲倦的时候，你想新闻的时候，或者玩智能手机导致分心的时候。研究人员推测，思维会受到新型冠状病毒疫情等危机的影响。为何如此？对很多人来说，疫情给我们带来巨大的消耗和压力。即使是那些没有直接感染病毒的人，也可能会因为担心感染病毒、思考工作、考虑不确定的未来而产生负面的心理影响，进而造成思考能力和注意力的损耗。

大多数心理学研究表明，所有这些因素都会对我们的思维能力产生影响。思维心理学最激动人心的领域之一，就是研究情境背景、动机因素和情绪状态如何影响人的思维。这种情况既可见于广告、营销、政治和舆论，也可见于我们在压力大、疲倦、心情好或心情不好时做出判断和决定的能力。有时，我们会同时受多种因素的影响。

我住在安大略省南部，地处五大湖①的伊利湖（南面）和休伦湖（西面）之间。我以前住在纽约州的布法罗，那里位于伊利湖东岸。这两个地区的冬季气候都非常恶劣，有时会遇到一种叫作"湖泊效应"的雪②。在湖泊效应中，极冷的空气横扫五大湖区，沿途吸收水汽，然后形成大量的白茫茫的暴风雪。降雪可能来得十分突然和猛烈，并局限于相当小的区域。暴风雪导致我驾驶困难甚至无法驾驶。当遇到暴风雪时，我视线模糊，难以驾驶，上班或回家后，身心疲惫。这时的我不适合做需要复杂思考的工作。在白茫茫的大雪中开车，我的身心会因面临压力和付出精力而感到疲惫。长时间紧张驾驶后，马上投入重要的会议或讲座中去，我当然没有信心做好。

无论你住在哪里，也无论你如何上班，我们大多数人都有过这样的经历：早上上班路途令人沮丧或十分费力，或者早晨日常活动非常繁忙。这些事件将如何影响你解决问题或做出重要决定的能力？你若在上班途中遇到过压力，且到岗后需要立即做出一个重要的决定，那么"你做出决定的能力可能会受到影响"这种想法不无道理。事实上，一些研究表明，在经历一些认知疲劳后，你很可能使用快速的决策启发式，而且使用时很可能不明智，导致陷入决策偏差。

这种认知疲劳是情境影响的结果。在压力过大、必须集中精力的情境下，可用于思考的认知资源相对较少。这种情境效应还体现在其他方面。假设你刚坐下，打开笔记本电脑正要工作，就收到了好友发来的一则暖心信息。于是你心情大好。好心情让你精力充沛，你就能着手解决一个困扰自己一段时间的工作问题。好心情给了你耐心，让你坚持下去，于是你就能解决

---

① 五大湖：指北美洲东部美国和加拿大之间的一组大湖，包括苏必利尔湖、休伦湖、密歇根湖、伊利湖和安大略湖。——译者注
② 沃尔夫说，生活在五大湖地区的人应该有很多专门的词语用于形容雪和恶劣天气。

问题。不过，并不是每一次这样的互动都能给人带来好心情。我如果正在等待一项研究经费提案的结果，并且期待在某一周的某个时间得到消息，我就根本无法集中精力做其他事情。我会不停地等待、查看电子邮件或刷新浏览器。这种等待确实令人烦躁，但在得到消息之前，我也只能焦急等待。这段时间不适合研究复杂问题，因为我发现自己分心过于严重。

几年前，我正在学校讲课。当时弟弟因严重感染入院，我一直在等消息。得知他当天早些时候进了急诊室，我很担心他。某些感染可能会危及生命，他的情况就是其中之一。我当时正在讲课，脑子里一直惦记着这件事。因为担心，我将手机放在口袋里，未关闭震动模式。当手机开始震动时，我担心是医院打来的电话，此刻我无法思考、说话，也无法关注自己讲课的内容。虽然通常情况下，忽略电话对我来说很容易，但这次不同。我无法置之不理，只好离开讲台去接电话。

结果是推销电话，并不是医院打来的。后来，我还是没听到弟弟的消息（过了很久，我才得知他的情况很好）。那天的课讲得很不流畅，因为我无法集中注意力。但我确实在课堂上用这件事举了例子来说明分心、注意力和认知疲劳等，就像现在一样。

在前面的例子中，面对问题的情境可能会影响我们决策或思考能力的正常发挥。这是必须考虑的问题。如果我们要提高思维能力，就必须了解情境如何以及为何影响认知。上文谈到过这个话题，我们讨论了语境在激活图式中的作用，也讨论了语言的框架能力。本章将讨论生理、情境和社会因素如何影响许多上文提及的核心思维过程。先从一个有时会引起争议的理论开始，该理论认为人有两种思维模式。你如果读过丹尼尔·卡尼曼的《思考，快与慢》，就会对这两种模式有所了解——一种快思考模式，一种慢思考模式；一种是直觉模式，一种是理性模式。其中，慢思考模式会耗费更多的认知努力，如果情境影响了认知资源数量，你就会切换到快思考模式。

双过程理论

长期以来，心理学一直认为行为有两种互补过程或机制。本书前文提到的短期记忆和长期记忆，以及内隐记忆和外显记忆都体现了这一点。也有些理论将两者称为有意识过程与无意识过程、受控反应与自动反应或认知反应与情绪反应。双过程理论是一种元理论方法，它将这些观点联系在一起。双过程理论的影响巨大，原因之一是它为人类思维能力提供了一个组织原则，将一些以语言为导向的复杂思维与其他可能在非人类动物身上也能看到的更快直觉区分开来。这一理论涵盖了人类思维的大多数方面，十分庞大，颇为熟悉。这也是双过程理论存在一些争议的原因，它过于宽泛。因为它能解释很多事情，所以很难被证伪。尽管如此，这一理论确有用处。

为了消除一些困惑，特此说明：双过程理论有时也称为"双系统"理论，前者更为常见。但由于双过程的两个组成部分通常被称为"系统"，这可能会让人混淆。双过程理论由两个系统组成，通常称为"系统一"（快思考系统）和"系统二"（慢思考系统）。我们可以将系统看作认知操作、神经结构和输出的组合。当然，有些东西是重叠的：两个系统都依赖记忆，且都容易出错，但它们处理信息的方式不同。

对于这两个系统，我喜欢这样记："一"更快，就像比赛中跑得最快的人。论及思维过程，双过程理论是最近20年来影响较大的理论之一。许多关于情绪如何影响思维或认知疲劳如何影响思维的研究，都可以在这一双过程理论的框架内加以理解。让我们仔细研究每个系统，探究它如何工作，以及每个系统对哪种思维产生影响。

系统一

系统一被描述为一种进化的原始认知形式。这意味着很可能许多动物物种同样具有与系统二相关的大脑结构和认知过程。在最低层次上，所有动物物种都能对威胁性刺激做出快速和一般化的反应；满足基本驱动力①的刺激也是如此。动物可对潜在的食物来源、潜在的配偶等做出快速反应。对于具有原始认知的物种来说，我们并不认为这些反应行为是在思考。一只老鼠靠近食物来源，远离可能会让自己暴露在捕食者面前的空地，这并不是在思考自己的行为。相反，这些是行为，是先天反应、本能和习得联想的结合。那只体形较大的猫在观察老鼠，似乎在等待最佳时机而扑上去，但它也没有思考自己的行为。这只猫只是根据本能和习得联想做出这些行为。猫和老鼠都没有语言，没有人类拥有的概念，也没有足够的脑容量来进行人类那样的思考。因此它们无法思考各种结果，无法考虑什么时候该逃跑，什么时候该扑食。猫和老鼠没有思维，只有行为。

让老鼠和猫做出快速决策的机制，同样适用于认知能力更复杂的动物，如非人类灵长类动物和人类等。人类有许多与其他动物相同的本能。我们会不假思索地把手从导致疼痛的刺激物上拿开。而驱动这种本能的神经结构不需要较高层次的认知过程参与。杏仁核和边缘系统等皮层下结构调节对刺激的情绪反应。因此，我们才能对饥饿做出反应，并在发现潜在威胁时谨慎行事。这也是情况不确定时我们感到焦虑的原因。这就是系统一。

系统一并不是一个单一的系统，而是由认知与行为子系统和过程组成的一个群集，它们独立运行并具有一定的自主性。例如，所有动物的本能行为都是系统一的一部分；负责操作性条件反射和经典条件反射的一般联想学习系统也是系统一的一部分。其中还包括多巴胺奖励系统，因此正面结果会加强神经反应之间的联系，而非正面结果则不会加强联系。大多数双过程理论

---

① 基本驱动力是指人类或动物的基本需求和欲望，如食物、水、睡眠、性等。——译者注

家认为，构成系统一的一系列认知过程所进行的信息处理在很大程度上是自动的，在无意识的情况下发生，并且不受认知评估的影响。只有这些过程的最终结果才会进入意识。系统一的认知通常也是并行的。也就是说，许多子过程可以同时进行，且不会产生任何代价。

系统一根据我们已知的信息快速提供解决方案和决策。在此过程中，系统往往依赖相对快速、容易获取且认知资源消耗较少的信息。由于倾向于依赖快速、易于提取的信息，我们的思维呈现出系统模式——这些通常被称为启发式或认知偏差。上文已谈及其中的几种启发式（可用性启发式、代表性启发式），下面进一步讨论。以下的列举并不完整，此处主要目的是强调系统一在理解中的作用。为了便于理解，术语我已做加粗处理。常见的情况是，系统一会根据记忆内容、熟悉的内容和你相信的内容快速给出答案。这些通常是正确的答案或合理的判断，但并非总是如此。

按字母顺序开始讨论（按字母顺序排列本身就是一种启发式），有一种效应叫作**锚定效应**。这是一种普遍的启发式或偏差，即一个人的判断基于一个共同的参照点或一个非常突出的例子。例如，你若面对捐钱的数额选项，相比于从一美元开始的数额，如果选项从20美元开始，你就会考虑捐更多的钱。系统一通过考虑接近锚点的选项提供快速响应，如此更容易思考，也更省力。而**可用性启发式**，即根据记忆中可用性最高或最容易获取的信息做出判断。但系统一根据最容易提取的信息做出判断，降低了对判断的认知要求。逻辑方面，**信念偏差**指的是一种倾向，即仅仅因为某个论点是真实或可信的，就认为该论点是有效的。当我们根据记忆和熟悉的事物进行推理，而不是使用语言驱动、认知资源更密集的推理逻辑形式时，就会出现这种情况。

另一种常见的偏差——也许是最出名的一种——就是**确认偏差**，即倾向于寻求那些能证实自己所信的信息，或者那些能证实现有决定或判断的信息。这种偏差几乎对一切都有影响。我们浏览的新闻网站都是自己倾向于认同的；了解时事时，我们只看自己想看的，对自己不赞同的内容则不屑一顾。这种偏差可通过减少需考虑的选项数量来减少任务所需的认知处理。但如果我们甚至不考虑那些与自己所信不一致的证据，这种偏差就可能有害。下文写到推理时，还会涉及更多有关这种偏见的内容。

再举几例。当判断或决策的背景影响决策时，就会产生**框架效应**。系统一可以根据与框架相关的信息做出快速判断，而这些信息可能更容易被检索。正如我们在第九章中所看到的，框架通常以语言为基础，并引导思维朝一个或另一个方向发展。**近因效应**是指根据记忆中最近的例子做出判断和决定的倾向。这一偏差与可用性有关，并假设我们记得且更重视最近的事例。系统一将根据最近的信息做出决策，以减少对回忆较早例子和记忆的需求。最后，常见的**代表性启发式**即倾向于将一个例子视为其类别的代表。此举可降低做决策的认知需求，因为它利用了我们熟悉的概念和自然的归纳倾向。

这些只是认知偏差的一部分，其共同点是，这些认知偏差全表明：掌握部分信息并需要做出决定或判断时，我们往往会将这些偏差当作认知捷径。系统一负责这些快速决策。大多数时候，当这些启发式和偏差提供的是正确答案（或足够好的答案）时，我们根本没有注意到它们是认知偏差。而当它们提供错误答案时，我们可能就会犯这些认知错误。克服这些偏见和减少犯错倾向的一种方法就是在做决定和判断时慢下来，理性思考。慢思考、理性思考的思维方式属于系统二的范畴。

系统二

2003年，根据史蒂文·斯洛曼（Steven Sloman）、乔纳森·埃文斯（Jonathan St.B.T.Evans）和基思·斯坦诺维奇（Keith Stanovich）等人的研究，他们认为人类进化出系统二的时间远远晚于系统一。大多数理论家认为，系统二是人类独有的。与系统一相比，系统二的思考速度更慢、更理性。此外，研究者认为系统二是以语言为中介，即思维内容可通过语言来描述。我们高效地使用语言，通过系统二做出决定。系统二思考以顺序排列的方式进行，而非像系统一那样以并行的方式进行。这意味着操作需要更长的时间，这也意味着系统二思考依赖工作记忆和注意力系统。换言之，相对于系统一，系统二的认知和信息处理速度更慢、更理性，且处理能力有限。尽管存在这些限制，系统二仍能进行系统一根本无法进行的抽象思考。举个例子，试想做出一个简单决定的两种最常见方式。面对购物机会时，你可以根据感觉做出冲动的决定，也可以深思熟虑，考虑购买与不购买的成本和收益。冲动决定很可能是由系统一的过程驱动的，而深思熟虑则需要在工作记忆中同时保留两个备选方案、评估属性并主动思考成本和收益的能力。这需要时间和认知努力，而快速、直观和联想的系统一思维无法实现这一点。这种思维只能在慢思考、理性思考的系统二中进行。

我们同时使用两个系统，但最终往往依赖系统一的输出，因为它速度快，而且通常具有适应性。然而，情况并非总是如此，我们可通过巧妙的研究揭示其中的偏差。要证明两个不同系统在推理能力中的作用，最有力的范例之一就是所谓的信念偏差任务。前文曾提及信念偏差，这是一种与确认偏差相关的认知偏差。这种偏差意味着我们倾向于具有可信结论的逻辑前提，即便这些结论并非有效的推论，我们也会如此。同年，埃文斯进行了许多这样的实验。在实验中，受试者看到的逻辑语句是为了在系统一输出和系统二输出之间制造冲突。在这种情况下，系统一的输出是记忆提取和信念的结果，而系统二的输出则是逻辑推理的结果。记忆提取是一个快速、自动发生的过程，是做出启发式反应的快速方法；而系统二通常进行逻辑推理。

在信念偏差任务中，参与者会看到不同类型的三段论（一种逻辑论证），这些三段论的系统一输出和系统二输出之间存在不同程度的冲突。第一种是无冲突三段论，其中的论证既有效又可信。例如：

前提：没有警犬是凶恶的。

前提：一些训练有素的狗是凶恶的。

结论：因此，一些训练有素的狗不是警犬。

这是从前提中得出的唯一结论。此外，"一些训练有素的狗不是警犬"是可信的。因此，人们的记忆和信念与他们理解逻辑任务的能力之间并不冲突。其他陈述也有效，但结论没那么可信。例如：

前提：任何营养品都不便宜。

前提：一些维生素价格低廉。

结论：因此，一些维生素没有营养。

在上述情况下，结构在逻辑上是有效的，因此能够从所述前提中明确得出结论。然而，大多数人认为维生素片有营养。此时，"一些维生素没有营养"的结论就不那么可信了。此处存在冲突。另一种冲突论证是指论证无效，但结论仍然可信。例如：

前提：上瘾的东西都不便宜。

前提：一些香烟价格低廉。

结论：因此，一些容易上瘾的东西不是香烟。

这个三段论可能会引起争议。它在逻辑上无效，因为结论不是唯一可能的结论，但该结论似乎又是有效的，因为它可信：一些容易上瘾的东西不是香烟。这个三段论呈现出可信性和有效性之间的冲突。最后，实验还向受试者展示了无冲突的三段论，因为它既无效，也不可信。例如：

前提：没有百万富翁会努力工作。

前提：一些富人会努力工作。

结论：因此，一些百万富翁不是富人。

这里并不存在冲突，因为无论从可信度和记忆，还是从逻辑推理的角度来看待这个三段论，它都是错误的。

实验明确告知受试者要完成一项逻辑推理任务，并指出可接受的三段论——只有逻辑有效的三段论可接受。如此说来，受试者应该会认可此处展示的前两个例子，因为两者都合理。至于它们是否可信，应该无关紧要。但在埃文斯的实验中，参与者受到可信度的影响。也就是说，无冲突时，合理论证被认可的频率更高，不合理论证被认可的频率更低。有冲突时，实验结果并不清晰。根据双过程理论，系统一基于记忆的解决方案和系统二基于逻辑的解决方案之间存在冲突，受试者无法达成一致。无冲突时，两个系统产生相同的答案，那么认可结论就是正确的。存在冲突时，认可结论则是错误的。冲突似乎无处不在。

以寻求奖励的冲动性为例：快思考的系统一会寻求快速、确定的奖励；而慢思考的系统二可以等待，并权衡利弊。迅速行动有时是件好事，但有时并不见得是最佳方法。有时候，等待和延迟满足会是更好的选择。我们通常称之为"棉花糖测试"。

棉花糖测试是沃尔特·米歇尔（Walter Mischel）及其同事在20世纪70年代首次发现的一种效应的俗称，但这一术语已成为流行词汇，我们都用它来指代延迟满足。如果你想看稍微夸张的例子，可以在YouTube上搜索"棉花糖测试"，你就会看到很多版本。当然，这些都不是标准的棉花糖测试，为了显示效果，这些测试都进行了程式化处理。最初的研究旨在调查儿童的延迟满足现象。四到六岁的儿童坐在桌边，面前摆放着诱人的食物（通常是棉花糖，但也可能是饼干或类似的东西）。研究人员告诉儿童，他们可以立刻就吃；或者，他们如果能先不吃并且等15分钟，就可以得到两份食物。研究人员随后离开房间。一般来说，年龄较小的儿童等不到15分钟，他们就会吃掉点心。其他儿童为了让自己坚持15分钟，会捂住眼睛或转过身去。某些情况下，儿童们会变得焦躁不安，在等待时根本坐不住。总的来说，结果表明许多儿童可以等待，但其他一些儿童却等不了。年龄是一个主要的预测因素。但研究人员推测，个性特征或性情可能也会产生影响。后来的研究发现，那些对即时满足诱惑抵制力最强的同龄儿童，日后在美国学业能力倾向测验（SAT）等标准化考试中可能会取得更高的分数。

10年后，我们对参与最初研究的儿童进行了跟踪调查。许多能够延迟满足的儿童更容易获得同龄人"能干"的赞许。后来的研究发现，能够延迟满足的受试者前额叶皮层的密度更高，而不太能够延迟或延迟时间较短的受试者腹侧纹状体（这一区域与成瘾行为有关）的激活水平更高。这表明，棉花糖测试利用了一种自我调节的特征或资源，而这种特征或资源能够可靠地预测日后获得成功的其他指标。

一种可能是，在立即或尽快吃掉棉花糖与延迟满足获得更大奖励之间的挣扎，代表了系统一思维与系统二思维之间的冲突。系统二思维与前额叶皮层区域高度相关，那些能够延迟满足更长时间的受试者前额叶皮层区域的激活水平更高。这意味着他们可能更早地接触构成系统二的子结构。这些儿童能够考虑成本和收益；这些儿童能进行推理，因此能够延迟满足，而其他受试者无法延迟满足。相对而言，抑制性控制过程不太发达，这意味着快速的系统一会启动并实施行为，而系统二无法推翻该行为。

棉花糖测试通常不会在双系统理论的背景下进行解释，但是本能反应和适度反应之间的冲突概念却可以根据该理论进行解释。

政治辩论中的偏见

我在大学讲授思维课程时，经常会结合课程内容讨论时事。我们都会读新闻，关注社交媒体。许多课堂话题都自然而然地延伸到时事讨论。在美国发生大规模枪击事件后的一堂课上，我提出了以下问题：

有多少人认为美国是一个危险的地方？

大约八成的学生举起了手。令人惊讶吗？我确实感到惊讶。大多数学生在回答问题时都提到了校园枪击案、枪支暴力和美国警察等问题，以此力证自己的回答。[①]重要的是，这些学生中没有人真正遇到过美国的枪支暴力事件。学生之所以会想到枪击事件，是因为新闻曾报道过。他们根据现有证据对暴力事件发生的可能性做出判断。当然，这也是可用性启发式的一个例子。正如前文记忆章节描述的那样，人做判断和决定的依据是自己检索到的最相关记忆，以及做评估或判断时可用的记忆。大多数情况下，这种启发式会产生有用且正确的证据。但有时候，可用性证据可能与世界上的证据并不完全一致。例如，我们通常会高估鲨鱼袭击船只、航空事故、彩票中奖和枪支暴力的可能性。

另一种影响人们反应的认知偏差是代表性启发式。这是一种将个体视为其对应整个类别或概念的代表的普遍倾向，前文也讨论过这一偏差。假设有人根据他们在新闻中读到或看到的内容，对美国持枪者形成暴力的刻板印象，他们可能会推断，每个美国人都是暴力持枪者。这种刻板印象可能会导

[①] 我是在新型冠状病毒疫情暴发前提出的这一问题，疫情可能会导致答案发生巨大改变。

致他们在待人接物方面产生偏见。与可用性启发式一样，代表性启发式源于人类概括信息的自然倾向。大多数情况下，代表性启发式会产生有用且正确的证据。但有时，代表性证据可能与个别证据并不完全一致。

这和枪支有什么关系？我认为这些偏见是人们无法在热点问题上找到共同点的部分原因。广泛报道显示，美国是世界上私人持枪比例最高的国家之一，与其他国家相比，美国的枪支暴力发生率也很高。我们都知道"相关性不等于因果关系"，但许多强相关性确实源自或暗示着因果联系。许多人认为，最合理的做法是开始实施限制获取枪支的立法。立法并未实施，而人们对限制枪支的必要性却充满热情。美国人为何一直对此争论不休？许多人没有枪支暴力事件相关经历，只能依靠记忆和外部信息，因此，我们很容易受到认知偏见的影响。

让我们从枪支持有者的角度进行思考。大多数枪支持有者都负责任、有见识且小心谨慎。他们持枪的目的是练习射击和自我保护。从他们的角度来看，最大的问题并不是枪支本身，而是利用枪支伤害他人的潜在罪犯。毕竟，如果你能安全地保管枪支，你的大多数朋友和家人也会安全，遵纪守法的持枪者同样如此。那么这些例子将是你做出决定时最可用的证据。你会根据这些可用证据对持枪者和枪支暴力做出判断，并认定持枪者也是安全的。因此，你会得出结论：枪支暴力不是枪支及其持有者的问题，罪魁祸首一定是居心不良的罪犯。进行这种概括是可用性启发式的一个例子。概括可能并不完全错误，但它是认知偏差的结果。

然而，许多人并不拥有枪支，依然觉得家里安全。对于那些安全持枪的人，这些人成为受害者的可能性非常小。你如果没有枪，就不会觉得枪支管制会侵犯个人自由。非持枪者如果根据自己的经验进行归纳，可能很难理解为什么人们需要枪支。在他们看来，减少枪支数量可能更明智。此外，如果你不持枪，也不认为自己需要枪支，那么你甚至可能就会以偏概全，认为任何持枪者都很危险或是不理智、令人害怕。这种概括是代表性启发式的一个例子。概括可能并不完全错误，但它是认知偏差的结果。

在每种情况下，人们都倾向于依赖认知偏见对他人和枪支进行推断。这些推论可能会扼杀辩论。

要克服偏见并非易事，因为这些认知启发式根深蒂固，实际上是思维运作的必要功能，具有适应性和实用性。但有时我们需要克服偏见，依靠系统二进行思考。

我不愿意回到"双方"的争论，这本身就是一种认知偏差。但对于绝大多数持枪者和非持枪者来说，信息的主要来源是他们自己的经历。判断很容易受到认知偏差的影响，且这种影响实则有意为之。支持枪支管制的人也应该看到，几乎所有枪支爱好者都是安全、守法、对个人枪支负责任的人。在他们眼中，问题在于不负责任的持枪者。更重要的是，对合法拥有的枪支加以限制的愿望催生了另一种名为"禀赋效应"的认知偏差。在这种效应下，人们对已经拥有的东西给予高度评价，他们会厌恶失去这些东西的可能，因为这会增加他们对未来的不确定感。

支持持枪的人应该从非持枪者的角度来考虑这场辩论，并认识到管制枪支的提议并不是试图没收或禁止枪支，而是试图解决问题的一个方面。因为美国枪支数量庞大，其中任何一支都有可能被用于从事非法活动。大多数严肃的提案都不是为了禁枪，而是为了规范枪支，鼓励人们在使用枪支时承担更大的责任。

美国确实存在枪支暴力问题，暴力事件发生率极高。我们要解决这一问题，就必须认清枪支数量庞大这一现实，兼顾非法持枪者和持枪者的观点。为此，我们必须先了解这些认知偏差，并尝试求同存异、克服偏见。认识到这些，或许再各退一步，我们就能开始一场更富有成效的对话。

思绪正起

前面关于枪支的部分是否改变了你的心情？容易受偏见影响的想法是否会导致你心情不佳？新闻是否也会影响你的心情？听完某首歌曲后，你是不是会感觉好些，感觉思考问题更容易？如果是，那你并不孤单。事实证明，情绪状态也会影响思维和认知。情绪和心情与生理状态存在关键联系。情绪是复杂的，有积极和消极之分，还包括轻微激动、愤怒、喜悦、得意、满意和失望等。这些情绪也有相应的面部表情。在本书中，我将大致区分积极情绪和消极情绪。更细致的区分将涉及积极情绪的种类（如快乐、兴奋等）和消极情绪的种类（如愤怒、沮丧等）。这些是强度与效价的区别。

消极情绪的影响

众所周知，消极情绪会缩小注意力焦点，降低认知灵活性。此处需说明，"情绪"指的是当前的情绪状态，而不是抑郁症等情绪障碍，情绪障碍也会影响思维。此处指的只是处于消极、抑郁的情绪中，是一种暂时的状态。处于消极情绪状态往往与关注细节有关——可能是那些令你心情不佳的细节。这意味着你不容易被无关紧要的刺激分散注意力，在感知中可以看到这一点。2002年，加斯帕和克洛尔的一项研究要求受试者对由三组简单形状组成的图片做出判断。这三组形状中，有一个是目标图形。研究人员要求受试者从另外两个图形中选择与目标图形最匹配的形状。这就是所谓的"强迫选择三元组"任务，强迫从三个物品中选择两个归为一类。[1]例如，如果

---

[1] 前文概念章节讨论里普斯的研究时，列举了一个例子：三英寸的圆形物体要么与25美分硬币归为一类，要么与比萨归为一类。

目标形状是由较小的三角形组成的三角形，其中一项刺激将与局部特征匹配（可能是由小三角形组成的正方形），而另一项刺激将与整体特征匹配（可能是由小正方形组成的三角形），示例见图10.1。如果消极情绪会缩小注意力焦点，那么处于消极情绪中的受试者就更有可能进行局部特征匹配，并选择由三角形组成的正方形。这就好比只见树木不见森林。

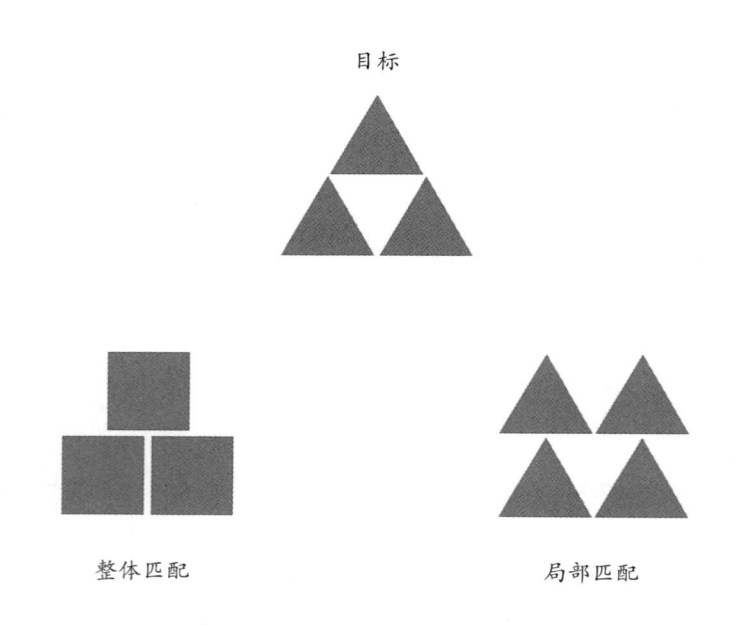

图 10.1 加斯帕和克洛尔研究中的整体匹配和局部匹配示例

这基本上就是加斯帕和克洛尔的研究发现。他们要求受试者写一篇有关快乐或悲伤事件的故事，让他们处于快乐或消极的情绪中。处于消极情绪的受试者更倾向于根据局部特征选择匹配，其他研究也发现了类似的模式。但并非所有关于消极情绪的研究都发现这种情绪会缩小注意力焦点，具体影响可能取决于消极情绪的实际强度。换句话说，愤怒的情绪可能会缩小你的注意力焦点，而悲伤或沮丧的情绪实际上可能会扩大你的注意力焦点。此一说法似乎很直观。人们感到特别悲伤时，可能很难专注于任何一件事，总体上感觉注意力不集中。我个人确实也有同感。

心理学研究的结果似乎支持这种直觉。2010年，盖博和哈蒙琼斯进行的一项认知实验通过操纵受试者的悲伤情绪发现，实验中的整体-局部反应时间任务与上述任务类似，但不完全相同。这意味着，相对于中性情绪条件，悲伤情绪会导致受试者注意力范围扩大。这意味着消极、抑郁的情绪会对任何依赖认知灵活性的事物产生轻微的影响。事实上，1999年的威斯康星卡片分类测验等认知测试的结果似乎也是如此。威斯康星卡片分类测验是一项标准化的评估，要求受试者学习一条规则，接着放弃这条规则，抑制注意力，尽量不关注与之相关的特征，并切换到另一条规则。前额叶受损的受试者很难完成这项任务，儿童有时也是如此。有抑郁症状的人在这项任务中也会感到吃力，因为完成任务需要一定程度的灵活性和认知抑制。

消极情绪会以多种方式影响思维，需要更多相关研究来探明其中缘由。一般的消极情绪或愤怒的消极情绪可能会缩小注意力焦点，这很容易让人联想到进化的原因。倘若一个人处于愤怒的情绪中，他就想把注意力集中在导致这种不愉快状态的事情上。但若一个人处于抑郁的消极情绪中，研究人员往往会发现情况恰恰相反。抑郁情绪似乎会扩大注意力范围，干扰选择性关注单一刺激的能力，并抑制对竞争性刺激的注意力。这也与一般的抑郁思维有直观联系。一种可能是，抑郁症患者难以抑制消极认知。这可能是一种整体认知风格。

积极情绪

积极情绪又是什么呢？我想到听一首欢快的歌曲时心头涌出的那种积极的感觉。披头士的《太阳出来了》(*Here Comes the Sun*)就是一个很好的例子。每次听到这首歌，我就会想到冬天过去、太阳出来的感觉，于是心情大好，想把这种好心情传播出去。人情绪积极或心情愉悦时，事情就会变得不一样。一项在正常情况下看起来具有挑战性的任务，在你心情好的时候可能会显得相当容易。从隐喻的角度看，这与我们心情愉悦时就能专注于手头之事的概念有关，而且我们不会心不在焉地看时间。考虑到积极情绪这些通俗、普遍的益处，积极情绪和思维值得研究一番。

积极情绪与一系列认知技能的提升有关，包括创造性地解决问题、回忆信息、流畅表达和转换任务。积极情绪也与认知灵活性有关。2010年，我和我的一些研究生研究了情绪对类别学习任务的影响。我们的实验要求受试者学习两个不同类别问题当中的一个。其中一个问题需要一定程度的灵活性，可通过测试假设来寻找规则，而另一个问题则不需要，因为其中没有规则可寻。受试者必须学习刺激-反应联想。换一种说法，一部分受试者的学习任务需要借助系统二（灵活性任务），而另一部分受试者的学习任务则依赖系统一（联想任务）。

不过，在受试者学习解决问题之前，我们操控了他们的情绪。实验诱导受试者产生积极、中性或消极的情绪，然后要求他们学习规则定义或非规则定义的类别集。为了让受试者处于积极情绪中，我们会让他们听一些欢快的音乐（本例中为莫扎特），然后观看一段婴儿开心大笑的视频（也许你现在还能在YouTube上找到这段视频）。我们对消极情绪和中性模式也使用了类似的方法，只不过使用的是与这两种情绪对应的音乐和视频。我们发现，处于积极情绪状态的受试者在需要灵活性的任务中表现得更好，但积极情绪似乎对联想任务的表现没有影响。在一个无须灵活性的问题上，心情好也没有任何益处。换言之，好心情似乎能增强受试者的认知灵活性，增强他们的系统二思维，并提高他们的表现，但只有在任务需要灵活性时才有助益。

认知资源

本章开头,我举了一个在环境恶劣的情况下开车,然后尝试进行复杂思考的例子。我认为思考很难完成,因为经历困难驾驶之后,认知资源会被消耗甚至耗尽。换句话说,当你的大脑疲惫不堪,认知资源耗尽时,执行其他任务的表现可能会受到影响。

"认知资源有限"的观点催生了目前颇受争议的一个观点:自我损耗。自我损耗的观点出自1998年罗伊·鲍迈斯特(Roy Baumeister)及其同事的研究。该理论认为,自我调节是一种有限的资源。如同物质资源一样,自我调节资源也会用尽。鲍迈斯特认为,认知资源和自我调节类似体力。经过剧烈锻炼或长途跋涉后,你的肌肉会感到疲劳。根据自我损耗理论,自我调节资源也是如此。也就是说,资源会疲劳。如果这些资源出现疲劳,你的表现就会受到影响。

在一些认知任务中保持良好表现会耗尽资源,而资源耗尽会对依赖这些资源的后续任务产生不利影响。鲍迈斯特及其同事最初采用"自我损耗"一词是为了向弗洛伊德致敬,因为弗洛伊德的理论强调自我调节资源的概念。然而,鲍迈斯特及其同事强调,他们的理论与弗洛伊德的理论并不相似。

在一项关于自我损耗的早期研究中,鲍迈斯特发现,按要求执行一项具有挑战性的自我调节行为会影响随后执行功能任务的表现,这表明两类任务共享资源。例如,鲍迈斯特及其同事发现,如果受试者强迫自己吃萝卜而不吃巧克力,那么与没有对进食进行自我控制的受试者相比,他们在随后的解谜任务中表现出的毅力更低。在其他任务中,受试者需按要求观看通常会引起强烈情绪反应的电影。在自我损耗操控实验中,这些受试者被要求抑制任何情绪反应或痛苦。在随后的字谜游戏中,受试者的表现受到影响。

最近的一项研究表明,按要求参与一项耗尽认知调节资源的任务,如调节情绪、控制注意力或进行工作记忆测试后,受试者在随后的工作记忆广度和抑制控制测试中表现更差。这表明自我损耗与系统二思维之间存在对应关系，因为这两种执行功能都属于系统二的范畴。事实上，自我损耗也会影响决策能力。资源耗尽的受试者往往会做出较差的决策，并且无法像对照受试者那样考虑决策的替代方案。自我损耗的受试者往往更依赖启发式，且不能仔细权衡所有选项。

需要注意的是，自我损耗现象与一般疲劳不同。换句话说，自我损耗是指一个人的自我调节资源处于耗竭状态。这是局限于认知控制的疲劳，与整体疲倦或疲劳不同。这两者的区分得益于一项设计巧妙的任务，该任务将剥夺睡眠与自我损耗进行对比。如果自我损耗与一般疲劳相同，那么自我损耗受试者的表现应该与睡眠不足的受试者相同。然而，研究结果并不支持这一结论。睡眠不足的受试者会感到疲劳，但并未表现出自我损耗效应。作者认为，与一般的疲劳不同，自我损耗是指"用于调节不必要反应的内在能量耗尽"。

谨慎与担忧

自我损耗这一观点最初是一个非常有影响力的理论，该理论也很直观。当做完一件需要集中精力的事情后，比如考试或报税，我们确实会感到精神疲惫。但一些关于自我损耗的研究受到了质疑。许多心理学家认为，这种影响可能不稳定，作用有限。实际上，它可能根本没什么作用。原因在于，许多核心影响并未反复验证。也就是说，一些实验室能够找到自我损耗的证据，但其他实验室却无法使用相同的技术和方法复制这些效应。可复制性或可再现性对科学至关重要。要确定结论和解释是否可信，一种方法就是确保某种影响并非偶然。因此，对一项研究进行复制可以验证实验的效果是否与原作者声称的一致。就像食谱一样，只要遵循公布的方法，大多数情况下都能得到相似的结果。①

一些研究人员曾尝试复制，但结果并不明显。例如，一项大型的多实验室研究试图复制自我损耗的一个特定影响，即集中精力画掉文本中的字母会干扰随后需要抑制控制的任务。全球多个心理学实验室都使用了相同的任务、相同的材料，试图取得相同的实验结果。2014年，斯里帕达等人虽然在原始论文发现了自我损耗的预期影响，但对复制尝试的分析却没有发现这些影响。总体而言，自我损耗没有影响。这是否意味着这种影响并不存在？这一问题的答案目前尚不清楚，因为即便是对照更严格、样本量更大的近期研究，也证明了自我损耗的影响仍然存在，并批评称，早期的重复研究从方法学的角度来看并不可靠。

我希望论及自我损耗问题时能够更果断，但我认为，这一问题未有定论。这是心理学作为一门科学的一个极佳例子。随着获取的数据增加，我们需要更新理论和模型。在一些额外的限制条件下，我们也许可证明自我损耗影响稳定，又或是，我们能对这一现象做出更好的解释。

本章的主题涵盖了不同情境下的思维，但究其根本，这些情境揭示了人类思维可能由两个不同的系统负责。系统一参与做出快速、本能和直觉的决策；与此同时，系统二参与做出慢速、更理性的决策。有时，环境或认知因素会干扰其中一个系统，从而对认知产生有利或有害的影响。

需注意的是，目前该领域对某些研究结果仍存疑。许多有关自我损耗的意外论证，还有关于社会启动研究的大量文献，都无法对原始研究进行完满的复制。这是否意味着自我损耗理论现已失去作用？也许是的。但这也可能意味着，对于情境、动机和情绪等对思维的影响，我们的理解仍在不断发

---

① 但并非时时如此。就像有假阳性一样，偶尔也会有假阴性。

展。试图解释某种影响的理论若是没有坚实稳定的结构基础,那么我们要对其进行更新和修改以解释新影响时,就会碰壁。然而,新数据和更严格的方法论将提高我们对人类行为的理解。

第十一章

预测未来

正是因为我们能够预测未来，我们才能存活于世。预测未来的能力意味着你可以通过思考发现新事物和产生新想法。

到目前为止，本书介绍了大量认知心理学、认知科学和神经科学的内容。我相信大家已充分了解了这些领域是如何发展起来的，以及它们为何重要。你应该已经知道自己的视觉系统如何从外部世界获取信息，大脑如何处理这些信息，你如何将注意力从一件事切换到另一件事，如何利用记忆为世界建立结构，以及如何将这些与语言和概念协调起来。这是一个巧妙的系统——信息从外部世界流向你的感官和运动系统，但只有在与记忆内容相融合时，这些信息才对你有意义——你只能感知自己有概念的事物。

这个系统的巧妙之处在于大多数情况下，系统可以被动地进行计算——上文讨论的大部分内容均通过神经元的连接网络完成；其巧妙之处在于我们可以想象制造一台计算机，以同样的方式做大量相同的事情；其巧妙之处还在于系统经过进化，可帮助我们实现目标。而且系统的许多基本原理也可见于其他物种：老鼠学习联想的基本方式，鸟类记住食物存放地点的基本方法都与我们的方法相同。系统十分精巧，但其要义是信息处理。

上文已描述支撑思考的系统和架构，但还未描述思考。你可能会觉得本书不够好，因为这是一本关于"如何思考"的书，但对什么是思考以及如何思考仅作了初步探索。想要促进思考，我们需要了解人如何思考；想要了解人如何思考，我们需要知道大脑如何处理信息；想要了解大脑如何处理信息，我们需要了解认知结构、认知心理学和神经科学等相关知识。而上文已经介绍了这些基础知识，现在我们便谈谈思考。

我将一如既往，用一个故事开始本节的讨论。有时这些故事记录的是真实情节，有时则是将许多经历整合成一个事件或抽象概念。此处的故事属于后者。故事细节是真实的，但故事的背景可能不止一个事件。正如第五章和第七章讨论的那样，这是记忆组织方式和记忆提取方式不可避免的一部分。

你去过农贸市场购物吗？或者，若是没去过农贸市场，你想象一下在食品店、杂货店、蔬菜摊或农产品摊贩那里购物时的情景。在加拿大和美国，家庭所需的大部分食物都是在杂货店购买的，而我们吃的很多食品来自世界其他地方。柠檬和酸橙来自墨西哥，黄瓜来自美国，西红柿来自加拿大安大略的温室。但在很多地方，夏末秋初人们能吃到很多本地种植的食物。

请记住，我住在安大略省南部，位于北半球。按照加拿大的标准，当地的植物生长期很长，但按照世界标准，生长期却很短。这里夏季温度可高达30摄氏度，冬季可低至零下20摄氏度。但在夏末和秋季，也就是8月至10月，人们通常会重点购买当地的传统农产品。7月份的甜玉米、浆果和桃子十分抢手，而苹果、冬南瓜和夏末番茄则在初秋和晚秋大量上市。我们的感恩节假期是10月的第一个星期一，正值收获的高峰期，我们都会去买冬南瓜。

几年前，我在当地的一个市场上看到了各种各样的冬南瓜，当时我对它们的外观和种类非常着迷。这里有奶油南瓜、橡子南瓜等。这些冬南瓜还与装饰用的非食用瓜果一起出售。我买了一些奶油南瓜准备烤南瓜派，就在这时，我看到了我见过的最大、最丑的南瓜。它比足球还大，更像一个大橄榄球。①它的颜色也很难看，比任何其他可食用的东西都要难看。那是一种恶心的灰绿色，颜色并不深，几乎是浅色。它的表皮长满了疣，我不知道为什么会长这些。那个南瓜看起来令人没有食欲，似乎太大了，不适合放进烤

---

① 顺便说一下，此处促使你思考一个相关的概念（足球或橄榄球），并用你的记忆填补细节。这应该是一个熟悉的技巧，跟第九章的讨论一样，这是一个类比。你可能从未见过我描述的这种南瓜，但你可能见过足球或橄榄球，所以你可以利用自己所知去想象一个从未见过的东西。

箱里；但它又太丑，不适合做装饰南瓜。它和五颜六色的冬南瓜和其他瓜果摆在一起，看起来有点可怜。谁会买这种南瓜？

"这是什么南瓜？"我问道。但此时我已根据看到的特征和周围环境推断出了它可能是什么。它摆在冬南瓜附近，所以当然也是一种南瓜，不然还能是什么？

卖家回答说："这是哈伯德南瓜。"

"哈伯德南瓜是什么？"我回问道，"用来做什么？是食用南瓜还是用于摆设？"

"老实说，买的人不多，我们种得也不多。"卖家回答。"但它们应该非常好吃，你可以用它做南瓜派，就像普通南瓜（冬南瓜）那样做。"

现在，一方面我在想：我为什么要买这个南瓜？如果它和普通南瓜差不多，我何必买它呢？我买个普通南瓜不就行了？但另一方面，这南瓜看起来很有趣。

于是，我买下了这个南瓜。当时也没有具体的计划，但我对于它是什么（冬南瓜）和它能做成什么样子（像普通南瓜一样）有一些大致的了解。有了这些储存概念（详见第八章）中的一般知识，我决定做一些预测，我要预测未来。当然，这不是那种令人激动的预测未来，不像预测选举结果、流行病的传播过程或我下注的体育赛事那样，这仅是一个简单的预测。正如我们接下来看到的那样，它确实跟普通南瓜没什么区别。

我的预测很简单。当我切开这个从未见过的南瓜时，我预测会发现里面有黄色或橙色的果肉、丝状的纤维和扁椭圆形的种子。此外，我预测只要把种子去净，就能把这个丑陋的哈伯德南瓜块烤熟，吃起来像冬南瓜比如橡子南瓜。如果我以后用这种南瓜做南瓜派，味道可能跟普通的南瓜派差不多。不出所料，预言得到了验证。哈伯德南瓜与同类南瓜一样，有黄色的丝状纤维，味道也很像其他冬南瓜。此外，哈伯德南瓜还能做成非常好吃的南瓜派，这也跟其他冬南瓜一样。我的预测能得以验证确实令人欣喜，但重要的是，我竟能做出这些预测。

我把这称为"预测未来"，你可能会感到不屑，但这确实是预测未来。我可以依靠到目前为止讨论过的所有认知过程——感知、记忆、扩散激活、概念和语言——对我的行动结果做出清晰而直接的预测。我以此来制订计划，并决定采取什么行动。这一过程发生得很快，一切自动发生。它依赖系统一或系统二的输出，正是因为我们能够预测未来，我们才能存活于世。预测未来的能力意味着你可以通过思考发现新事物和新想法。这一能力十分强大。

作为心理学家，我们通常称之为"推理"。概念和记忆被激活，属性——无论是否自动存在——也被激活了。存在的属性可以让我们确认，不存在的属性也可以让我们进行推断。这可能是一个相当被动的联想过程。非人类动物和机器一直都在进行预测和推断，我们在第一章论述行为主义时讨论过这个问题，后来在第七章关于记忆和第八章关于概念的论述中也开展过讨论。刺激泛化是大脑进化的功能之一。人类具有创造概念的能力和语言能力，可以做出推论，并评估推论，从而制订行动计划。我们称之为"归纳推理"，这是一种基本的思维方式，亦是我们生存的基础。

我想介绍一些关于归纳的基本观点及其在认知科学中的地位，然后再讨论一些具体的理论，这些理论重点关注归纳如何受概念和类别的引导。

基于观察的结论

归纳又称归纳推理，是人类和许多非人类动物赖以生存的一种基本认知过程。了解接下来发生之事至关重要。最重要的是，我们利用归纳过程进行推理。推论是根据现有或可观察到的证据（众所周知，这些证据很容易出现偏差）做出的预测和结论。这些结论可用于预测某一具体事件或某一大类事物。举个例子，多年来，我经常在下午四点到晚上七点之间接到很多推销电话。如今，接到推销电话的频率没有以前那样高了，主要原因是我不再使用老式座机电话。我现在依然会接到此类电话，但号码更容易被忽略，也更容易被屏蔽。电话那头有时是真人，有时是录音，那人可能是想推销什么东西或说服我购买额外的服务。

那么，推销人员为什么要在这个时间段打电话呢？很简单：虽不是人人如此，但很多人下午四点至晚上七点这段时间会下班或放学回家，做晚饭或吃晚饭，下午和晚上都在家。每当电话在这个时间段响起时，我通常会推断或预测来电者只是想推销什么东西，所以我很少接听电话。我的预测基于对过去发生之事的记忆。因为同样的事情过去发生过很多次，我做了足够的观察，由此做出一个关于谁会打来电话的合理结论。我利用过去预测未来，于是做出不接电话的决定。做这种推断的不只有我一人。另外，电话推销公司根据他们的证据做出归纳推理，认为人们下午四点至晚上七点之间在家，适合打电话。我们都在进行归纳推理，依靠过去的观察来做出具体的预测。

但我们做的不限于具体的预测，我们还依靠归纳进行概括。概括也是一种归纳结论，但与上一个例子不同，概括不是具体的预测，而是对整个类别或群体事物的广泛性结论。概括为我们做出结论提供依据，而这些结论会影响我们的行为。如果你连续几次在某家咖啡馆喝到非常好喝的浓缩咖啡，你很可能就会开始对这家咖啡馆做出概括，这种概括将影响你的预期。这不仅仅是预测下一杯浓缩咖啡好喝（具体的推论），而是对这家咖啡馆做出一个总体结论：这家咖啡馆的浓缩咖啡很好喝。相反，如果你在一家餐厅吃了一顿糟糕的晚餐，你可能就会对它糟糕的菜品质量形成一个总体印象，这会影响你对未来菜品的预测，并降低你去该餐厅吃饭的可能性。你正利用过去的经验形成一种心理表征——概括，并用它来指导行为。

我们也会根据与一个或多个个体交往的经验，对人进行概括。第八章讨论了记忆和概念，其中考虑了这样一种可能性：人们会根据自己的直接和间接经验形成对警察的印象和概念。互动、图像、新闻和故事都有助于形成这一概念。如果在你的所见和经验中，警察友好且乐于助人，你会相应地丰富你的概念。这种概念可助你做出预测和概括。你如果注意到特征和属性相互关联并同时出现，即使不是每次都看到所有的特征或属性，你也能知道它们的存在。换句话说，如果你的概念已经形成概括，你就不需要看到警察助人行为的证据。概念会自动激活这些属性，而你也会期待它们的出现。当然，你的概念如果建立在警察的负面、暴力或攻击性形象之上，也会发生同样的情况。概念是用来支持这些推论的抽象概念。

我们对待和预判他人的方式，由从经验中抽象出来的概念描述，并受概念支配。这并不总是一件好事。它通常对自身有害，对他人有害，对公众也有害。这是刻板印象、成见、偏执和种族主义的基础。要避免这种现象并非易事。大脑的作用就是观察、感知、匹配和预测等，这些推论和概括是思维组织方式的自然结果。当然，知道自己有这样的倾向可能令人失望。前文讨论过记忆，也提到错误来自获取成功的同一机制，同理，这种进行推理的倾向几乎总是有益的。这是思维（或一般思维）进化的方式，也是生存的必要条件。我们的大多数推论都是良性的，我们甚至从未注意到这些推论。

我们之所以注意不到这些推论，是因为我们时时刻刻都在推理。你如果打电话到餐馆订餐，要求打包并自取，就会做出一个基本推论：你订的食物会被准备好，等着你取餐。前车司机打转向灯时，你会推断他即将左转或右转。我们依靠归纳来推断他人的行为和对我们所说之话的反应，或者推断做晚餐时如何使用新的食材。幼儿拿起一个物体并学习根据物体大小预测其重量时，依靠的就是归纳；父母预测孩子小睡或睡一阵之后的行为时，也在归纳。

归纳是思维心理学的一个重要方面，因此例子非常广泛。总之，我们依靠归纳推理进行预测、概括，以减少不确定性，并通过思考发现新事物。

归纳的工作原理

归纳是我们思维的核心。因此，几个世纪以来，哲学家和心理学家一直在思考和研究归纳。让我们简单回顾一下归纳的研究历史。这段历史引人入胜，因为它充满了悖论和难题，其中许多观点至今仍然适用。

苏格兰启蒙运动是17和18世纪苏格兰的一个思想活跃时期。在这一时期，哲学家大卫·休谟认为归纳是哲学家要解决的最重大问题之一。下一章将讨论演绎逻辑，许多哲学家认为演绎逻辑可以用规范的数学运算来解释。在休谟看来，归纳与演绎逻辑不同，它无法用逻辑来解释。如上文所述，归纳本质上是依靠过去的经验对未来做出推断、预测和结论的行为。这听起来非常基础、简单，这就是我们学习的方式。我们确实会推理，动物也会做出推断，这一点人人皆知。休谟也知道这一点。那么，问题是什么？休谟担心，试图解释归纳最终会成为一种循环论证。所谓循环论证，就是试图用还未解释清楚的概念来解释同一概念。休谟的问题如下：归纳之所以有效，是因为我们假设未来在某些方面与过去相似。昨天太阳从东方升起，前一天也是如此，我假设明天也会如此。我们要确保归纳对自己有用，就必须相信自己对未来的判断。休谟声称，这之所以行得通，是因为在过去，未来总是与过去相似。"在过去，未来总是与过去相似"一说，你可能会觉得很明显，也可能会感到困惑。但这意味着，在过去，你的归纳和结论可能正确。你也许能回忆起昨天、两周前或两个月前做出的归纳和结论，而事实证明这些归纳和结论是正确的。举个具体的例子，假设你昨天在农贸市场推测了哈伯德南瓜内部的模样，而你的预测后来得到证实。那么你可以说：昨天，未来与过去相似。因此，根据过去的观察，我们的经验是：未来往往与过去相似。

根据休谟的观点，问题在于我们无法利用这些过去的归纳成功经验来预测未来的归纳成功。我们根本无法知道未来是否会与过去相似。如果不诉诸归纳的循环论证，就不可能知道归纳未来是否会像过去一样有效。仅仅因为你的归纳推理昨天、两周前或两个月前有效，并不能保证它们现在、明天或两周后也有效。归纳的基础是未来将与过去相似，但我们掌握的信息只是过去归纳的结果如何。做出这一假设需要接受一个循环前提。实质上，我们是在利用归纳来解释归纳。休谟认为，这并不好，全无益处。

思考过去的未来、过去的过去、曾经是过去将来的现在，以及未来的过去，你可能会头疼。你是对的，这确实令人困惑。休谟的结论是，从严格规范的角度来看，归纳行不通。或者说，它无法用逻辑来描述。然而，它确实有效，人类确实依赖归纳。这也是休谟认为归纳本身是个问题的原因：归纳在逻辑上是行不通的，但我们却一直在这么做。我们依赖归纳，因为我们需要它。休谟认为，我们之所以依赖归纳，是因为我们有一种假设未来与过去相似的"习惯"。在现代背景下，我们可能不会使用"习惯"一词，而会辩论说我们的认知系统旨在记录世界的规律，然后我们根据这些规律做出结论和预测。接下来让我们思考归纳的一些基本工作机制。这并不能完全解决休谟的归纳问题，但能满足我们了解归纳的神经认知基础这一需要。

基本学习机制

所有认知系统、智能系统和非人类动物都依赖联想学习的基本过程。这一说法并无争议。经典条件反射的基本过程在第一章讨论行为主义心理学时曾有提及，它为归纳的工作提供了一个简单的机制。在经典条件反射中，生物体学会了经常同时出现的两个刺激之间的联系。后来，在第八章讨论概念时，我写到我的猫Pep以及它如何学习在打开罐头的声音与随后它最喜欢的食物之间建立联系。Pep知道，罐头打开的声音之后总是会有食物出现。它还学会了形成一个概念，用于代表罐头的声音。虽然行为主义者倾向于将其称为"条件反射"，但将其描述为简单的归纳推理同样合理。Pep无须考虑未来与过去相似是否合理，它只需做出推断，并根据条件反射采取行动。换句话说，Pep做出预测并产生预期。这就是休谟所说的"习惯"的基础。

除了将归纳理解为一种习惯，将归纳与基本学习理论联系起来的另一个好处是，我们还可以讨论相似性和刺激泛化的作用。请看一个操作性条件反射的简单例子（同样可见于第一章）。操作性条件反射与经典条件反射有些不同，其特点是生物体学习刺激与反应之间的联系。想象一下，一只老鼠[①]在斯金纳箱或操作性条件反射箱内学习看到彩灯即做出反应，按下拉杆。假设有红灯和蓝灯：若红灯亮起，老鼠按下拉杆后便会获得食物，以此作为强化；但若蓝灯亮起，老鼠按下拉杆，就得不到任何强化。不出意料，老鼠很快便学会只有在红灯亮起时才按下拉杆。我们可以认为，老鼠已经学会对不同灯光亮起后食物的出现情况进行归纳推理。

然而，老鼠能做的不仅仅是简单的推理，它还能进行概括。如果你给这只老鼠亮起一盏红灯，而这盏红灯与它最初接受训练时亮起的红灯略有不同，它很可能仍然会按下拉杆。不过，老鼠的按杆率可能会降低。你还会发现，按杆率与当前灯光和初始灯光的相似程度呈现正相关。新灯光与训练灯光越相似，按杆率就越高。这就是所谓的"反应梯度"，其中反应（按下拉杆）与相似度呈指数函数（一条曲线）关系。如果灯光相似度非常高，老鼠就会频繁按动拉杆，但按杆率会随着相似度的降低而急剧下降。这种下降被称为"泛化梯度"。这种泛化梯度在行为中非常普遍，因此心理学先驱罗杰·谢泼德（Roger Shepherd）将其称为"刺激泛化的普遍规律"。谢泼德观察到人类和动物对几乎所有刺激都会产生这种效应。他写道：

[①] 此处用老鼠举例，一是因为这是行为主义中常见的例子，二是我不愿将我的猫放进操作性条件反射箱。

我初步认为，由于这些规律反映了自然种类和概率几何的普遍原则，有知觉的生物体无论进化到什么程度，自然选择可能会越来越倾向于接近这些规律。

我们可以看出，将新事物归纳为已知刺激物的功能，这一过程具有某种基本性和普遍性。这对理解归纳具有重要意义。首先，它强烈表明休谟是正确的：我们确实有认为未来总是与过去相似的习惯，这种倾向可见于许多生物体。其次，我们倾向于根据与过去事件的相似性来预测未来，这一倾向应该也遵守刺激泛化的普遍规律。谢泼德通过对概括习惯的描述，有效解决了休谟的归纳问题。如果一个人过去的经历与当前情况非常相似，则他的推断很可能是准确的。若当前情况与过去的经历之间的相似性降低，我们可以预期这些预测的准确性也会随之降低。

古德曼的"新归纳之谜"

尽管刺激联想和概括似乎可以解释归纳如何在最基本的层面上发挥作用，但归纳仍然存在一些概念上的问题。休谟认为（谢泼德也间接地认为），归纳可能是一种习惯，但若不诉诸某种循环论证，仍然很难用逻辑术语加以解释。休谟关心的并不是归纳如何工作，而是归纳似乎很难从哲学的角度进行描述。20世纪哲学家纳尔逊·古德曼（Nelson Goodman）提出了一个高度类似的问题，这个例子更有说服力，但问题可能也更难被解决。

古德曼的例子，即他所谓的"新归纳之谜"如下：假设你是一名翡翠鉴定师，整天都在鉴定翡翠。迄今为止，你见过的每一块翡翠都是绿色的。因此，根据过去的知识预测未来，你可能会说"所有的翡翠都是绿色的"。通过赋予翡翠绿色的属性，我们真正表达的是，所有过去见过的翡翠都是绿色的，所有尚未见过的翡翠也都是绿色的。我们这样进行概括。因此，"翡翠是绿色的"预示着你拿到的下一颗翡翠也是绿色的。我们对这一归纳推理有信心，是因为我们已经看到了一致的证据，证明该结论正确。这一点显而易见，很难看出归纳之谜是什么。

但此处有一个问题。我们可以考虑另一种属性，即古德曼所说的绿蓝色（grue）①。如果你说"所有的翡翠都是绿蓝色的"，这意味着你目前看到的所有翡翠都是绿色的，而所有尚未看到的翡翠都是蓝色的：过去的翡翠是绿色的，但从某一刻开始，翡翠是蓝色的。没错，这听起来很荒谬，但古德曼的言下之意为：任何时候，绿蓝色的这一属性都是正确的。事实上，从绿色翡翠的证据来看，这两个属性都正确。你过去的经验（绿色翡翠）对这两个属性来说是相同的。古德曼的归纳之谜是，根据现有证据，绿色和绿蓝色这两种属性可以同时为真。可能所有的翡翠都是绿色的，也有可能所有的翡翠都是绿蓝色的——而且你只见过绿色的翡翠，还未见过蓝色的翡翠。但根据这些属性，你可以对你拿到的下一颗翡翠的颜色做出相反的预测。若绿色正确，下一颗翡翠就是绿色的；若绿蓝色正确，则下一颗翡翠是蓝色的。既然两者都正确，就无法做出明确的预测。当然，我们都预测下一颗翡翠会是绿色的。为什么？这就是归纳的问题所在。从这个角度来看，归纳之所以是个问题，是因为现有证据可以支持许多不同的、相互矛盾的结论。

对于休谟定义的早期归纳问题，解决方法很简单。休谟指出，人有进行归纳的习惯。我们目前对学习理论的理解表明，人会自然而然地进行概括。古德曼的归纳问题更为微妙，因为它假设我们确实有这种习惯。如果我们有归纳的习惯，那么在翡翠的例子中，面对两种可能的归纳，我们如何选择？

---

① 根据学者梁贤华的论文《绿蓝悖论和证据定义的困境》，他对古德曼关于"绿蓝"的解释为："绿蓝"是一个指涉时间的谓词——在时间T前是绿色的，而在T之后则是蓝色的。——编者注

一种可能的解决方案是，一些观点、描述和概念在我们的语言和概念中根深蒂固，因此成为归纳来源的可能性更高。根深蒂固是指一个术语或属性在某种文化或语言中已使用多年。正如第九章讨论的那样，有大量证据表明，语言可以影响和引导思想。在翡翠的例子中，绿色是一个根深蒂固的术语。绿色可以用于描述许多事物。它是英语中的一个基本颜色术语，在我们的语言中已有一定的使用历史，一直被用来描述许多不同类别的事物。因此，绿色是进行预测的一个有用属性。如果说一类事物（翡翠）是绿色的，我们就可以描述该类别的所有事物。相反，绿蓝色并不是一个根深蒂固的术语。除了昨天是绿蓝色、明天是蓝色的翡翠，该术语没有任何使用历史，也不存在绿蓝色的一般属性。与绿色不同，绿蓝色不是一个基本的颜色术语，也不适用于整个类别。古德曼认为，我们只能从根深蒂固的术语、一致的类别和自然种类中做出可靠的归纳。

"自然种类"一词也来自哲学，特别是奎因的著作。奎因认为，这些自然种类是具有相似属性的实体的自然分组，就像前文提到的家族相似性概念。奎因认为，只有当事物具有可以投射到其他成员身上的属性时，它们才会形成一个"种类"。例如，苹果就是一个自然种类。这是一种自然分组，我们对苹果的了解可以投射到其他苹果上。而"非苹果"不是一个自然种类，因为这个类别太过宽泛，无法投射。这个分类包括宇宙中除苹果以外的所有事物。奎因认为，所有人类都在使用自然种类。我们的概念是围绕自然种类形成的；我们的观点反映了自然种类；可靠的归纳来自自然种类。

澳洲青苹果和嘎啦苹果非常相似，属于同一自然种类概念。你对澳洲青苹果的大部分了解可以放心地投射到嘎啦苹果上，反之亦然。嘎啦苹果和一个红球之间的情况则不同。诚然，从表面上看，二者有相似之处，但它们不会构成一个天然种类。你无论对嘎啦苹果了解多少，都不能可靠地投射到红球上。请注意，这也与本章开头的例子有关，在该例子中，我将哈伯德南瓜比作橄榄球。它们的大小和形状可能相同，但仅此而已。哈伯德南瓜和其他南瓜同属一个自然种类。我们了解这一点，便用它来做出合理、可靠、可信的推论。但是，哈伯德南瓜和橄榄球并非一个自然种类。我们能注意到二者表面的相似性，但无法推断出任何其他相似属性。

奎因的自然种类思想为古德曼的归纳问题提出了解决方案。事实上，这正是他文章的重点。奎因指出，绿色是一种自然属性，绿色的翡翠是一个自然种类。正因如此，绿色的属性可以投射到所有可能的翡翠上。而绿蓝色具有任意性和不稳定性，它不是一个自然种类，不能延伸到所有可能的成员身上。换句话说，绿色的翡翠通过相似性形成一个种类，而绿蓝色的翡翠则不然。绿色的翡翠是一致的类别，而绿蓝色的翡翠则不是。从严格意义上看，绿色和绿蓝色可能都正确，但两者之中只有一个是一致的类别，是自然种类，是具有一致感知特征的群体。因此，我们可以对绿色的翡翠进行归纳，而不考虑对绿蓝色的翡翠进行归纳。

类别归纳

根据上述研究和哲学理念，我们可以得出以下结论：首先，大多数（也许是所有）生物都有表现出刺激泛化的倾向。这既可以是简单的基本条件反射，也可以是对一群人的概括。其次，基本刺激泛化具有普遍性，并且对当前刺激与先前经历刺激的心理表征之间的相似性非常敏感。最后，第七章和第八章讨论的研究表明，概念和类别往往是通过相似性联系在一起的。因此，研究归纳推理的一个有效方法是设想归纳通常基于概念和类别。文献将其称为"类别归纳"。通过假定归纳有类别之分，我们可以做出以下假设：过去以一种系统方式影响着未来的行为。过去影响着现在和我们对未来的判断，这是我们概念结构的功能。这就是概念的神奇预测能力。

我们将类别归纳定义为：人们在得知一个或多个前提类别具有某种特征或谓词后，得出结论或确信结论类别是否具有该特征或谓词的过程。这就像我们正在讨论的南瓜例子一样。如果你知道冬南瓜内部有纤维和大颗种子，又了解到哈伯德南瓜也是冬南瓜，你就会利用关于冬南瓜类别的知识以及该类别的典型特征来进行归纳推理。这样，过去知识的概念结构就会影响你关于哈伯德南瓜也有种子的预测。

在下文讨论的许多例子中，归纳都是以论证的形式进行的。这并非人与人之间的争论，也不是观点之间的争论，而是以一个或多个前提陈述来支持结论（即归纳推理）的论证。前提是关于某事、某人或整个类别的事实陈述；前提包含谓词，可以是事物，也可以是属性。在大多数示例中，谓词是类别成员共有的属性或特征。归纳论证也包含结论陈述。结论即真正的归纳推理，通常涉及谓词对某些结论对象或类别的潜在投射。在归纳论证中，受试者需要决定是否同意结论，可能还需要按要求考虑两种论证，并决定哪一种说服力更强。例如，请思考以下归纳论证，该论证由斯洛曼和拉格纳多在2005年首次提出。

前提：男孩使用γ-氨基丁酸（GABA）作为神经递质。
结论：因此，女孩使用γ-氨基丁酸作为神经递质。

关于男孩使用γ-氨基丁酸作为神经递质的第一个陈述是前提。男孩是一个类别，而"使用γ-氨基丁酸作为神经递质"是关于男孩的谓词或事实。你认为这一结论的说服力有多强？你对这一结论说服力的评估，部分取决于你是否认为女孩和男孩足够相似。在这个例子中，你可能认同两者在神经生物学方面非常相似，因此赞同这个结论。

在回答这个问题时，你可能想了解γ-氨基丁酸除了是一种神经递质，还会是什么物质。你可能根本不知道它是何物，也可能不知道男孩和女孩体内是否存在这种物质。这个结论是否有说服力，最初是未知的，该陈述这样设计有其原因。类别归纳陈述之所以有效，是因为它要求你根据类别相似性来判断属性,而不是从语义记忆中检索属性。因此,在上面的例子中,γ-氨基丁酸是一个空白谓词。它是谓词,因为这是我们想要投射的属性;但它是空白谓词,因为我们并未假设知道答案。结论似乎合理,但目前尚未清楚。因为你不能依靠γ-氨基丁酸作为神经递质的事实知识,必须根据你对类别(本例中类别为男孩和女孩)的知识进行归纳推理。这种安排迫使受试者完全依赖类别知识和归纳,而非从语义记忆中检索事实。

以这一基本范式为例,我们可以探讨类别归纳的部分一般现象,接下来且看看其中的几种。请记住,这些现象表明归纳的工作方式,进而揭示概念、类别和相似性如何影响思维和行为。

相似性效应

例如,如果前提和结论中的事实和特征彼此相似,属于相似的类别,或者属于同一类别,那么就可以有把握地进行归纳推理。这就是所谓的前提-结论相似性。20世纪90年代,丹尼尔·奥舍森(Daniel Osherson)及其同事定义了一种名为"相似性-覆盖理论"的归纳理论。他们认为,前提中的类别与结论中的类别相似时,论证才有说服力。我们更倾向于在相似的前提和结论类别之间进行归纳推理。这一点至关重要,与谢泼德、休谟、古德曼等人的观点不谋而合。例如,请思考以下两个论证:

论证一
前提:知更鸟的骨骼中含有大量的钾。
结论:麻雀的骨骼中含有大量的钾。

论证二
前提:鸵鸟的骨骼中含有大量的钾。

结论：麻雀的骨骼中含有大量的钾。

在这个例子中，"骨骼中含有大量的钾"是一个空白谓词。哪一种才是较佳论证？哪个结论更有说服力？此处不存在"正确"答案，但论证一似乎更有力，而且在奥舍森的实证研究中，受试者也认为这个论证说服力更强。这是因为知更鸟和麻雀彼此相似，而鸵鸟和麻雀并不很相似。鸵鸟和麻雀的相似性低是显而易见的，知更鸟和麻雀的相似性高同样明显。假设知更鸟和麻雀具有可观察的共同特征，则两者也可能具有不可观察的共同特征，比如骨骼中钾的含量。我们很可能注意到知更鸟和麻雀属于同一自然种类，而我们也知道鸵鸟和麻雀属于同一类别。①

典型性

上面的例子强调了前提和结论之间相似性的作用。但在相似性强的情况下，你可能也注意到知更鸟是一个非常典型的类别成员，知更鸟是所有种类鸟中最典型的一种。请记住，典型范例与其他类别成员有许多共同特征；典型的类别成员与其他类别成员之间也有很强的家族相似性。也可以说，典型成员覆盖了类别空间的广阔领域。知更鸟的情况也适用于很多其他种类鸟范例。

前提的典型性会影响对整个类别的归纳。例如，请看下面一组论证：

论证一
前提：知更鸟的骨骼中含有大量的钾。

---

① 这似乎否定了第八章所述概念的典型观点。知更鸟、麻雀和鸵鸟都属于同一类别，但知更鸟-麻雀论证的特征重叠和更强的家族相似性会让人觉得该论证更好。

结论：所有种类鸟的骨骼中都含有大量的钾。

论证二
前提：企鹅的骨骼中含有大量的钾。
结论：所有种类鸟的骨骼中都含有大量的钾。

在这种情况下，你可能会认为第一个论点说服力更强。比起从企鹅这样的非典型种类鸟进行推理，从知更鸟这样的典型种类鸟推理更容易得出关于所有种类鸟的结论，因为知更鸟可覆盖大部分的种类鸟，而企鹅并不能覆盖大部分种类鸟。我们知道企鹅并不是十分典型种类的鸟——它们拥有许多独有的特征，且在鸟类中的覆盖面并不广，我们就不太可能将企鹅的其他特征投射到其他种类鸟身上。我们知道，企鹅的许多特征无法转移到其他种类鸟身上。

多样性

前面的例子表明，典型性具有很强的作用，因为典型范例覆盖了广泛的类别范例。然而，还有其他一些因素也会影响覆盖范围。例如，几个前提互不相同时，就会产生多样性效应。当然，这些前提并非完全无关，它们只是不相似，但仍属于同一类别。当出现两个来自同一类别的不同前提时，它可以增强该类别的覆盖范围。例如，请看以下的两个论证（同样来自奥舍森）：

论证一
前提：狮子和仓鼠的骨骼中含有大量的钾。
结论：因此，所有哺乳动物的骨骼中都含有大量的钾。

论证二

前提：狮子和老虎的骨骼中含有大量的钾。

结论：因此，所有哺乳动物的骨骼中都含有大量的钾。

纵观这两个论证，似乎论证一更为有力。事实上，受试者也往往认为此类论证更有说服力。原因在于，狮子和仓鼠彼此差异很大，但两者仍然属于哺乳动物这个上位类别。如果像狮子和仓鼠这样截然不同的动物都有共同之处，那么我们很可能会推断：哺乳动物这个上位类别的所有成员都具有相同的属性。相反，狮子和老虎非常相似，两者都是大型猫科动物，两者之间的差别并不大。正因如此，我们不太可能把骨骼中含钾的属性投射到所有哺乳动物身上，更可能认为这是大型猫科动物或一般猫科动物的属性，而不是所有哺乳动物的属性。多样性效应的产生是因为不同的前提涵盖了上级类别中的很大一部分。

包含谬误

有时，归纳推理中依赖相似性的倾向甚至会带来谬误结论，其中一个例子就是所谓的"包含谬误"。一般来说，我们倾向于选择前提和结论类别之间存在较强相似性关系的结论。如果前提和结论之间不存在很强的相似性关系，我们倾向于忽略这些结论。通常，这种倾向会带来正确的归纳，但偶尔也会导致错误的归纳。请看以下陈述，想想哪一个论证说服力更强：

论证一

前提：知更鸟有籽骨。

结论：因此，所有种类鸟都有籽骨。

论证二

前提：知更鸟有籽骨。

结论：因此，鸵鸟有籽骨。

哪个论证看起来更有说服力？很明显，第一个论点似乎更有力。知更鸟是种类鸟中非常典型的成员，我们知道知更鸟与种类鸟中的其他成员有许多共同的属性。因此，我们可以合理地推断：如果知更鸟有籽骨，那么其他种类鸟也是如此。大多数人认为第二种陈述说服力没有那么强。因为知更鸟是典型的种类鸟，而鸵鸟不是。我们知道，知更鸟和鸵鸟在很多方面都不一样，因此不太可能把知更鸟的籽骨这一属性投射到鸵鸟身上。我们认为这种论证合情合理，不是谬论。但这确实是一个谬误，也是我们的直觉如何引导我们做出看似明显却未必正确的推论的又一个例子。

我之所以说这是谬误，是因为"所有种类鸟"的陈述中包含了所有鸵鸟。换言之，我们如果愿意认同论证一，即知更鸟身上的属性也存在于所有种类鸟身上，那么这个推论就已经包含了鸵鸟。"所有种类鸟"中的单个成员（如鸵鸟）不可能比所有种类鸟的说服力更弱。我们如果将这一属性投射到整个类别，假设整个类别中的特定成员不具备该属性，这一做法就不正确。否则，我们就不应该接受第一种论证。

大多数人认为第一种论证说服力更强，因为知更鸟与其他种类鸟之间的相似性很强，知更鸟具有许多其他种类鸟共有的特征。我们认识到这种相似性，并据此判断推论适用于所有种类鸟。鸵鸟的非典型性削弱了这一论证。人们进行此类论证时，很可能借助相似性关系，而非类别包含关系，因为利用相似性进行预测似乎更有利于推断。类别成员关系固然重要，但特征重叠可能更为重要。与之前的例子一样，这也削弱了概念的典型观点，更支持概率观点和家族相似性观点。

类别一致性

我们可以根据前提和结论之间的相似性，对概念和类别进行归纳，但概念的属性也起着重要作用。此处可考虑类别一致性的作用。某个类别的一致性与该类别中各实体之间的相似程度有关。例如，消防员这个类别一致性似乎很高。我们预期，加入消防部门的人都具有很高的相似性，并预期他们会有共同的特征、性格和行为。一听说某人是消防员，我们就会对自己关于此人行为举止的预测充满信心。

但并不是所有类别都具有一致性。例如，餐厅服务员可能看起来就不一致。与消防员相比，这个类别可能多样性更加丰富，人们从事这份工作的原因可能也更多。也许该类别成员外表和行为的差异更大，较难预测人们作为服务员的行为。换句话说，在类别归纳中可能存在一致性效应，即倾向于从一致性最高的类别进行推理。

2006年安德里亚·帕塔拉诺（Andrea Patalano）及其同事对此进行了直接研究。在研究中，他们探究了一致性较高或较低的社会职业类别。为了做出一致性判断，他们首先要求一组研究参与者根据"实体性"对类别进行评分，实体性是一种衡量标准，用于考虑类别成员之间的相似程度、了解某物是一个类别成员的信息量大小，以及类别成员是否具有内在本质。实体性高的类别被视为具有高度的一致性。

帕塔拉诺等人发现，士兵、女权支持者和部长等类别的一致性都很高，而纸板火柴收集者、县法院书记官和豪华轿车司机等类别的一致性则较低。然后，研究者开展了一项归纳任务，要求受试者对属于多个类别的人进行预测。例如，假设以下信息属实：

前提：80%的女权支持者更喜欢可口可乐，而不是百事可乐。
前提：80%的服务员更喜欢百事可乐，而不是可口可乐。

前提：克里斯（Chris）既是女权支持者，也是服务员。

结论：克里斯更喜欢哪种饮料，可口可乐还是百事可乐？

研究要求受试者做出归纳决定，并对自己的信心进行评分。研究者发现，在实验中，受试者倾向于对一致性更高的类别进行归纳。也就是说，在上面的例子中，受试者认为克里斯可能更喜欢可口可乐，因为他们认为女权支持者类别的一致性更高，所以倾向于根据这一类别进行归纳。

归纳是一种至关重要的认知行为。没有归纳，我们就会迷失在新事物和新属性的汪洋大海中，无法利用过去，无法依靠记忆。我在一开始就指出，尽管这些归纳既可能是系统一的输出，也可能是系统二的输出，但它们往往是自动发生、不可避免的。归纳往往由系统一的联想和扩散激活驱动。你无法不利用自己所知来预测未见的属性和未知的特征。消除不确定性对我们的生存非常重要。只要能够在预测接下来可能发生之事时增加确定性，降低偶然性，哪怕能够获得最小的优势，任何一个物种都会依靠这种能力，并因此而繁荣发展。这就是我们以这种方式进行归纳和预测的原因。归纳是我们生存的必要条件。

对于我们的归纳本能，我们有一些事项需注意。这些注意事项彼此关联。第一，我们有时会犯错误。有时，我们的推论无法证明是否真实，或者推断出一种实际上并不存在的属性。归纳本质上是概率性的。例如，大多数苹果是甜的，但有时是酸的。从本质上看，我们的归纳并不确定；然而，我们却认为归纳具有确定性。这就是我们面临的风险，是一场赌博。有时出错会让我们获益，因为它能提升思考的速度。第二，由于归纳有时会出错，我们需要确保错误归纳不干扰我们的互动、计划和行为。人很可能天生就倾向于概括、归纳、对人或事抱有刻板印象和偏见，但我们不需要偏执以及种族主义和仇恨的倾向。根据所处的环境，我们可能需要克服这些冲动，认识并纠正偏差，更多地依赖系统二，而不是系统一。因为这也是我们生存的必要条件。

　　提高确定性的方法很多，其中之一就是我们需要依靠构思更缜密的论证。我们确实有这样的论证系统——演绎。适当地进行演绎，可以让我们以能够得出真实有效结论的方式进行思考。归纳让我们从概率层面快速地预测未来，而演绎引导我们找出真相。

　　看到这一段的结尾，你便可以预测，接下来要讨论的是演绎。

第十二章

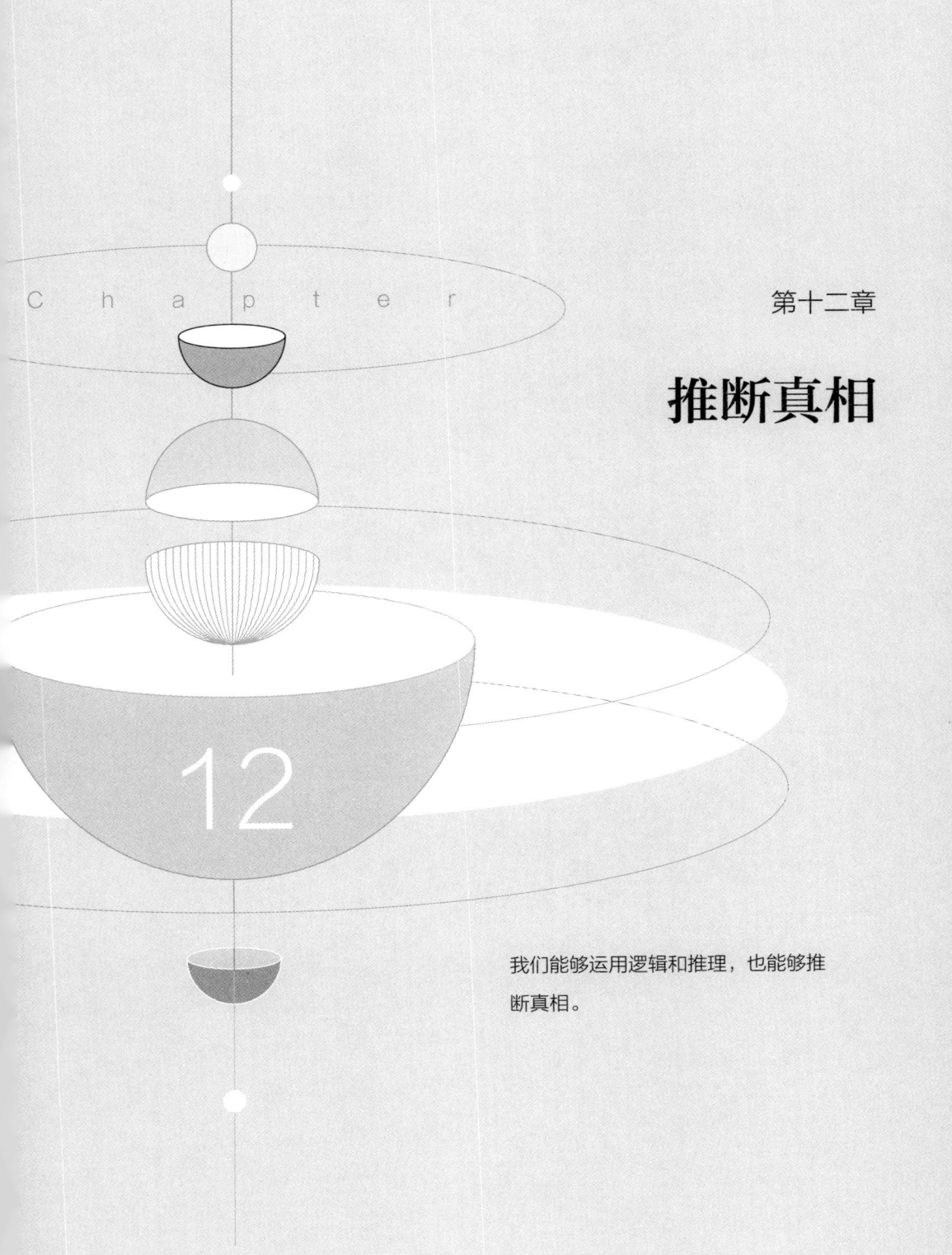

推断真相

我们能够运用逻辑和推理，也能够推断真相。

我的孩子们在小时候，时不时会弄丢一些贵重物品，或者乱扔外套、书、手机等。有时，他们放学回家后会对我说："我找不到我的夹克衫了。"我抱怨两句，问他们："你最后一次看到夹克衫的地方在哪儿？"之后我们一边回忆当天发生的事，一边想在哪些地方看到过夹克衫，试着回忆起它最后一次出现的地方。我可能会说："如果夹克衫不在家里，那肯定落在学校了。"家长经常这样说，但我这样说，实质上是希望将这句话视为演绎逻辑。它的前提是"夹克衫一定在某个地方"，接下来设法验证。夹克衫只会出现在一个地方，我们可以通过排除选项缩小搜索范围。我们若找遍了家中各处，都未找到这件夹克衫，便可断定它落在学校了。即使我们并未亲眼看到它在学校，我们依然可以如此断定，第二天便可进行验证。孩子们可能没有意识到他们正在解决一个基本的演绎问题，但事实确实如此。有时演绎过程能帮助我们找到丢失的物品。

演绎与归纳

　　归纳推理指的是观察事物，预测推论。它由具体事实（对事物的观察）推出一般原理（基于证据的结论），所以我们称其为"自下而上"的推理。通过归纳推理，我们得出可能正确、大概率正确，或者我们有一定自信的结论。换言之，这些结论基于概率。归纳推理和演绎推理均指超越已知证据，通过思考发现新知。但是通过演绎推理，我们常常得出具体结论，并试图确认其是否有效。演绎推理通常以概括陈述（"我的夹克衫要么在家里，要么落在学校"）为出发点，接着提供能够增加新信息且更为具体的陈述（"夹克衫不在家里"），以支持或推翻最初陈述，最终推出结论（"我的夹克衫一定落在学校"）。

演绎推理与归纳推理相互关联。我们的日常思维活动既依赖归纳，也离不开演绎，且常常混用二者，故而难以区分正在使用的是哪一种。例如，假设我在一家星巴克门店买了杯咖啡，喝了一小口，发现咖啡很烫，我便可以得出结论——星巴克的咖啡很烫。这是我对事物的观察与概括。通过归纳推理，我推断出其他星巴克门店售卖的咖啡也很烫。如果通过类别归纳推理，我甚至可以预测其他类似餐厅、店铺的咖啡也具有"烫"的性质。在这两个案例中，我通过自己对事物的观察、已有经验及归纳推理预测未来。

演绎逻辑与归纳过程有何不同？演绎逻辑与两个性质——结论的性质、前提和结论关系的性质密切相关。我们看看这些正式陈述。假设我运用所有的经验，对星巴克咖啡形成了一般观点。我们称这种观点为前提，可表述为如下形式：

前提：星巴克所有的咖啡都很烫。

这个前提陈述了我已知、曾经学过或可证明的事实。虽然前提有时可能来自归纳推理，但这并非结论。前提没有归纳推理的精妙，它仅仅是一个陈述。这个例子的前提是关于星巴克咖啡的事实，它可与其他前提组合，推出精准结论。由此，多个前提和一个结论便组成了"三段论"。例如：

前提一：星巴克所有的咖啡都很烫。
前提二：这杯咖啡是星巴克咖啡。
结论：因此，这杯咖啡很烫。

在这个三段论中，我们假设上述前提均正确，或者相信陈述正确。该例子的结论是前提推出的唯一可能结论，所以结论有效，这便是有效演绎。有效结论指的是结论必然来自前提，且没有其他可能的结论。若上述正确前提可以推出其他结论，则演绎无效。多个前提推出单一结论就像国际象棋中的将死，或是像解出了谜题的最后一步。一切恰到好处，进展顺利，我们对结论的有效性也充满信心。运用演绎推理，我们可以通过思考发现新事物。

但如果其中一个或多个前提并不正确，会是什么情形呢？这就像是在摇摇欲坠的地基上建造房屋。我们可能得出有效结论，但最终该结论可能与现存的其他事实相矛盾。除有效性外，我们也需要注意三段论及演绎论证的可靠性。可靠论证指的是有效论证（因为多个前提只能得出唯一结论），且在此论证中，已知多个前提正确。有效性和可靠性这两点对于推出演绎结论非常重要。我们的演绎可能有效但并不可靠。上述例子中，只有"星巴克所有咖啡都很烫"是正确前提，论证才可靠。如果有证据证明该前提错误，那么论证在结构上仍然有效，但并不可靠，因此结论可能也并不可信。

我们既已了解演绎逻辑的定义、其与归纳推理的差异，以及有效性、可靠性的定义，那么便需要更加细致地研究逻辑结构。逻辑结构是一种任务结构，决定了任务的有效性，因而在演绎推理中发挥着重要作用。下文将举例讨论常用语境下应当如何使用演绎推理，并展示一些更为复杂的例子。此外，我还将讨论逻辑推理的失败过程及其原因。逻辑作用重大、影响深远，且很有可能实现。但我们常常无法证明论证的可靠性和有效性，反而依赖一般知识以及对情况的熟悉程度进行判断。换言之，我们借助了启发式、偏差，以及快思考的系统一进行判断。系统一速度更快，而且是思维活动的普遍特征。

逻辑任务的结构

上述内容表明，可运用演绎逻辑推出某一类别成员（星巴克的烫咖啡）的结论。如果论证可靠，我们便可推出有效结论，而且我们也可以运用演绎推理预测不同的选项和结果。例如，假设你打算和朋友一起去购物中心。朋友给你发短信，表示将在星巴克或冰激凌店等你。你面临两个选择，要么去星巴克，要么去冰激凌店。但这两个选择不可能同时正确。同样它们也不可能同时错误。按照朋友的说法，他们会在其中一个地方等你。那么一个地方肯定正确，另一个地方肯定错误。更确切地说，他们只会在其中一个地方等你。我们如何运用逻辑预测他们到底在哪里呢？首先，我们列一个三段论：

前提一：你的朋友正在星巴克或冰激凌店等你。

前提二：你的朋友不在星巴克。

结论：因此，你的朋友在冰激凌店。

这个演绎论证由多个部分组成。论证的陈述与前面几个例子一样，均由多个前提和一个结论组成。前提点明了其他前提能够证明（或无法证明）的基本事实。除非我们有其他证据，否则我们假设这些前提是正确的。这一点在演绎逻辑中十分重要，因为在很多层面上，演绎逻辑面临的挑战是评价任务的有效性结构。

前提如何形成？前提包括事实和运算符（operator）两大部分。事实即对事物为正或误的陈述，是对物体性质的描述。运算符指的是不同事实之间的关系，它在演绎任务中发挥着重要作用，而且能够区分演绎推理和归纳推理。上述例子中，运算符"或"为陈述增加了一层含义，这为我们思考两个选择附加了条件。你的朋友在这里或者那里。运算符有助于处理已知信息，帮助我们从形式层面进行思考。上述例子有两个前提，其中一个一定正确，但二者不可能同时正确。你如果知道其中一个错误（不在星巴克），便可推出另一个一定正确（在冰激凌店）。前提二中的"不"也是运算符，从中我们知道前提一的前半句错误。

当然，演绎问题也能推出结论，这是我们运用演绎推理的主要原因。演绎问题的结论通常与"因此""那么"等表达同时出现。假设前提正确，结论要么有效，要么无效。如果多个前提均正确，且能够推出唯一可能结论，那么结论有效。如果同一组前提可以推出一个以上结论，那么结论无效。有效演绎论证不容置疑，我们可以运用其蕴含的思维方式得出确凿结论。

演绎推理和演绎逻辑发挥着重要作用。我们能在适当的环境中进行逻辑思考，但常常无法进行逻辑推理，反而倾向于依赖记忆和启发式，这一点贯穿全书。启发式思考速度更快，准确率更高，所以我们常常依赖它。系统一更为简单有效，适应性强，所以我们也依赖这种思维方式。但如同许多偏差一样，只要进一步了解二者的工作方式和原理，我们便能进行识别；如果二者导致我们做出错误推论、决定或得出错误结论，我们还可以进行规避。

我们能够运用逻辑和推理，也能够推断真相。但推理耗时耗力，它很难确保一直毫无差错。接下来，我们将深入了解演绎推理的工作原理及正确推理的方式，列举一些推理偏差的例子，并探讨规避方式。

类别推理

本章开头举例说明我们可能注意到星巴克咖啡很烫。我们可以运用这一信息推断一杯星巴克咖啡的性质。尽管这个例子最后得出的是关于一杯咖啡的结论，但因为我们对星巴克所有咖啡都进行了假设，所以该论证成立。我们以前提"星巴克所有的咖啡都很烫"为出发点。此陈述非常重要，因为如此陈述，我们便可以假设该类别中的所有成员都具有这种性质。这便是类别推理，类别推理基于前文所述的类别和知识。

类别推理是一种演绎逻辑。我们通过某一类成员推出结论时，这种演绎逻辑便会显现。因为这是对某一类事物的推理，所以类别推理有时也可称为"典型推理"，两个术语可相互替换。事实上，我们甚至可以将"所有典型推理都是类别推理"这句话当作前提。如果某事物属于某一类别，我们便可对其做出类别陈述。顺便说一句，我刚才用的陈述方式是"如果或那么"，它是另一种逻辑陈述，接下来将加以讨论。我们可以对事物做出各种前提陈述：所有的咖啡都很烫，所有的咖啡都是液态的，这杯咖啡很烫，有些咖啡很难喝。类别推理中前提陈述相当简单，难点在于如何组合不同的前提，得出有效结论。

上一章讨论归纳推理时，我也强调了类别的重要性。上一章的例子强调的是前提和结论的相似性。前提之间相似性越强，归纳的说服力就越强。演绎推理强调的是某一类别的成员，而非相似性。我们来看看另一个与"星巴克咖啡烫"形式相同的例子。

前提一：人终有一死。
前提二：苏格拉底是人。
结论：因此，苏格拉底终有一死。

在这个典型三段论中，前提一是一种概括陈述，是对类别的陈述。在这个例子中，我们认为前提一中的类别（人）属于或等同于另一类别（终有一死之物），两个类别之间存在重叠。可从前提一得知二者关系，因此可以将一个类别的属性转移到另一类别身上。前提二的陈述提供了两个类别成员的具体信息。因为人终有一死，苏格拉底是"人"这一类别的成员，而且前提一已经点明了两个类别之间的关系，那么可以得出结论，即苏格拉底也是"终有一死之物"这一类的成员。需注意，这些陈述中相似性或特征重叠发挥的作用微乎其微。这个论证中，苏格拉底与人这一类别成员的相似性有多高（或多低）并不重要，最为重要的是他是一个人，属于人这一类别。

这个例子非常简单。它对这两个类别的关系做了普遍陈述，但并未明确指出这种关系的性质。我们并不知道"人"是否为"终有一死之物"的子类别，也不知道二者是否完全等同。这一点是否重要？在某些情况下，这一点非常重要。为了言明其中关系，接下来讨论表达不同类别之间关系的四种方法。

全称肯定命题是对两个类别之间肯定关系的陈述，适用于两个类别的所有成员。"所有的猫都是哺乳动物"这句话体现了全称肯定命题的形式，适用于猫（包括所有的猫），而且肯定了猫是哺乳动物。接下来的例子已经出现过多次："星巴克所有的咖啡都很烫"，"人终有一死"。将例子中的概念替换为可更换的内容，即"所有的A都是B"，更易于讨论陈述的形式。上述所有例子展示的是全称肯定命题的形式，即A类别中的所有成员也属于B类别。

全称肯定命题形式的有趣之处在于它不具有自反性，可以两种方式进行解释。第一种解释是所有的A都是B，所有的B也都是A。这一解释确有例子可循，但不好举例，此处列举一些通常包含同义词的例子："所有的人都是人类"，"所有的乘用车都是汽车"或"所有的猫都是猫科动物"。这些例子并未真正提供有用信息，而且除同义词例子外，很难想到其他例子。你能想到什么好例子吗？我是想不出了。

第二种解释是A类别的所有成员也是B类别的成员，但A是B的子类别。由此可见，B类别可能是上位类别，这与"所有的猫都是动物"或"所有的乘用车都是交通工具"类似。我们从这些例子中了解概念一的大量信息以及概念二的部分信息。概念一依然是全称肯定命题的形式，A类别中的所有成员也是B类别的一部分，具有B类的某些属性。但从这些例子的前提中无法得知概念二的所有成员。结合例子分析，即我们认同所有的猫都是动物，但并非所有动物都是猫。

我们继续讨论更为复杂的前提之前，先看一张图。无论何时思考演绎逻辑，我都喜欢将各种概念和类别想象成圆图。下图中，我画了全称肯定命题两种不同但可能的组合方式（图 12.1）。我通常称这些图为"圆图"，但更准确的名称应该是"欧拉图"。你也可以称它们为"文氏图"，但这种叫法并不正确。文氏图同样运用颜色或阴影展现重叠的程度。为了操作讨论，下文将继续称这些图为"圆图"。

全称肯定命题的图中，左侧画了A是B的子类别，或者"所有的A都是B"的情况。A的所有成员都属于B，但并非所有B的成员都属于A。可以想象一下，这些圆圈包括了宇宙中所有可能的情况。这表明A类别的所有成员都属于更大的B类别。B是更大的类别，A是其子类别，二者具有等级关系。这种情况下，A的所有成员都属于B正确，反之则错误，即B的所有成员都属于

全称肯定命题　　　A 都是 B

特称肯定命题　　　一些 A 也是 B

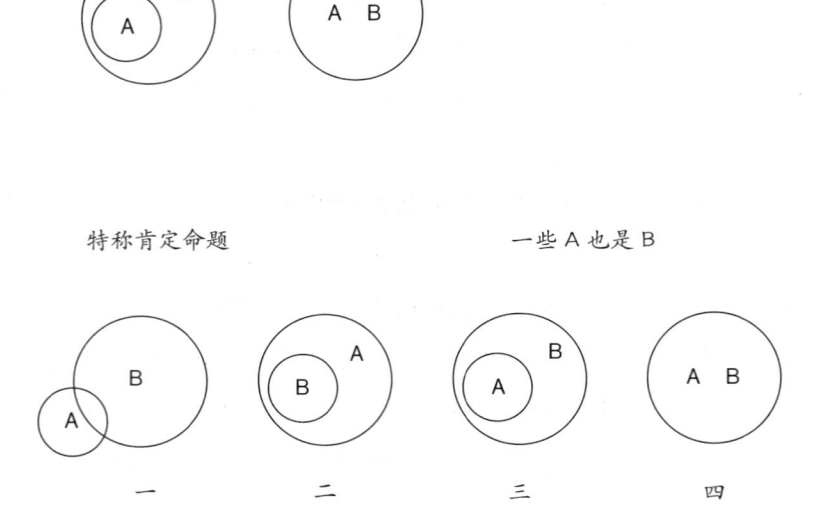

一　　　二　　　三　　　四

图 12.1　两个展示全称肯定命题的圆图以及四个展示特称肯定命题的圆图

A错误。右侧画的是"所有的A都是B"的另一种形式。这种情况下，存在一种自反关系A类别的所有成员与B类别的成员相同。

特称肯定命题

"一些猫很友好"使用了特称肯定命题的表达方式。这句话的含义是猫类别中的某些成员也是友好事物类别的成员。特称肯定命题指的是一个类别的某些成员也是另一类别的成员。如图12.1所示，特称肯定命题有四种可能的说法。一种抽象说法是"一些A也是B"，圆图一中A与B部分重叠，证明"一些A也是B"正确。第二种说法（圆图二）是A为上位类别，B为下位类别，此时"一些A也是B"正确，因为所有的B都是A，但并非所有的A都是B。这一陈述在全集中也正确。

接下来两个圆图的概念理解起来有些难度。听到"一些A也是B"时，我们需要意识到"一些"指的是至少一个，也可能是全部，这一点非常重要。因为只要A类别中的一个成员也是B类别的成员，那么这个陈述便正确。即使所有A都是B类别的成员，"一些A也是B"依然正确。或者想想猫的例子，如果证明所有的猫都很友好，那么我对你说"一些猫很友好"，我说的便是事实。这是一个正确的陈述，因为"一些"并不排除"所有"。

第三、四张圆图展示了所有A也是B中成员的两种方式。在这两个案例中，"一些A也是B"依然正确。虽然图片展示的是关于A的全称肯定命题例子，但也可以将其应用到特称肯定命题中。诚然，这个例子的陈述并不完整。但若A类别的所有成员等同于B类别的所有成员，"一些A也是B"也并无错误。

这意味着特称肯定命题陈述更难评价。特称肯定命题提供了A类别至少一个成员，或者可能所有成员情形的可靠信息，但基本未提供关于B类别的情形以及A、B两个类别的整体关系的信息。评价一系列陈述时，若是遇到特称肯定，必须非常谨慎，避免推出无效结论。

全称否定命题

"猫全不是狗"这句话可指代全称否定命题。全称否定命题指的是两个完全没有重叠的概念（A和B）之间的关系。与全称肯定命题和特称肯定命题相比，全称否定命题只有一种表现形式，而且它也具有自反性。全称否定除了表明A类别和B类别完全不重叠，并未指出A类和B类的其他关系（见图12.2，全称否定命题部分）。

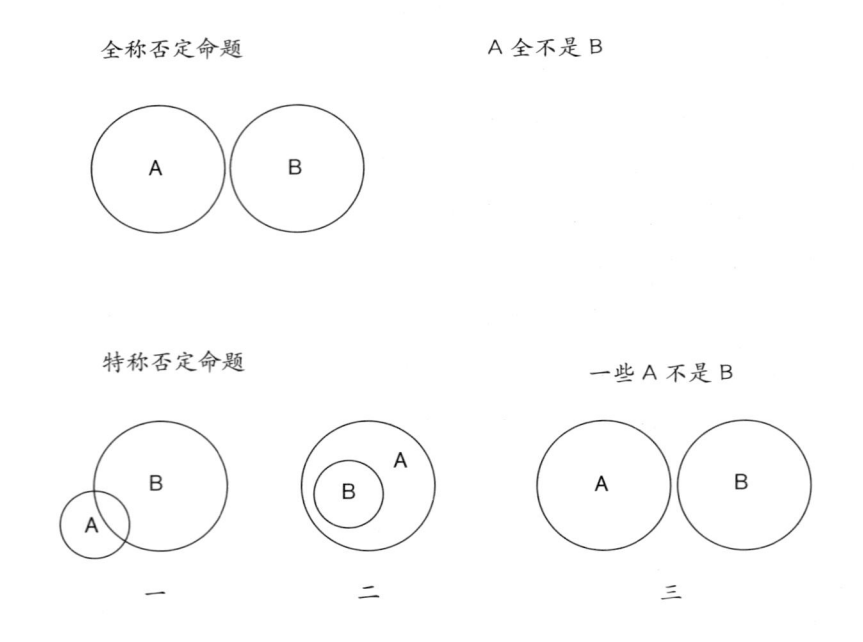

图12.2　一个展示全称否定命题的圆图和三个展示特称否定命题的圆图

特称否定命题

"一些猫不友好"体现的是特称否定命题。这句话表达的含义是一个类别中的某些成员不属于另一类别。这种"一些A不是B"的陈述同许多其他例子一样，有几种证明自身正确性的方式。在图12.2特称否定命题部分，我们可看到三种不同的证明方式。圆图一展示的是A与B部分重叠。因为有一些A类别的成员不在B类别内，因此"一些A不是B"正确。圆图二展示B是A的子类别。因为A类别的许多成员不在B子类别内，因此该陈述正确。圆图三展示了A和B完全不重叠。虽然此圆图表示的是全称否定命题关系，但严格来说，"一些A不是B"在这种情况下依然正确。如果到处都找不到友好的猫（我的猫Pep可轻易驳倒这一点），则"一些猫不友好"的陈述依然正确。

类别推理的错误

对类别和概念进行推理相当普遍，但考虑到二者偶尔产生歧义且这些典型关系错综复杂，人们常常会犯错误。此外，我们犯的许多错误都是将个人信念、知识与逻辑有效性的概念混为一谈导致的。避免这些错误的方法便是使用图12.1和图12.2所示的简单圆图，证明结论是否有效。如果一种以上的组合可证明前提正确，但得出不同的结论，那便不是有效演绎。请看以下三段论：

前提一：所有的医生都是专业人士。
前提二：一些专业人士很富有。
结论：因此，一些医生很富有。

前提一表明医生与专业人士之间的关系，即每位医生都是专业人士这一类别的成员。但这并不排除两个类别完全重叠或专业人士类别的范围更广，包括教师、工程师、律师等的可能。前提二提供了专业人士的一些信息，即其中一些人（指至少一个，也可能是全部）是富人。这两个前提表达的事实与我们的信念一致。我们知道医生是专业人士，也知道专业人士中至少有一些人很富有。

此处想说服我们接受的结论是"一些医生也很富有"。这种演绎的问题在于它符合我们的信念，但这些信念会干扰逻辑推理能力。若演绎与熟悉的信念一致，我们倾向于依赖系统一和知识，而不是运用系统二和逻辑。我们可能认识一位富有的医生，或者亲友就是富有的医生。这也算得上合理，因为尽管并非所有的医生都富有，但人人都知道有些医生可能很富有。我们的亲身经历印证了这一点，但这种认识无法确保演绎有效。只有明确结论是能从陈述的前提推出唯一结论时，它才有效。前文讨论过"信念偏差"的例子，其中，人们更容易将可信陈述视为有效，将不可信陈述视为无效。在这种情况下，结论虽然无效，但却可信。

类别的潜在组合方式有几种，图12.3展示了其中两种。每一种组合方式中，前提均正确，但最终结论各不相同。左图中，医生是专业人士的子类

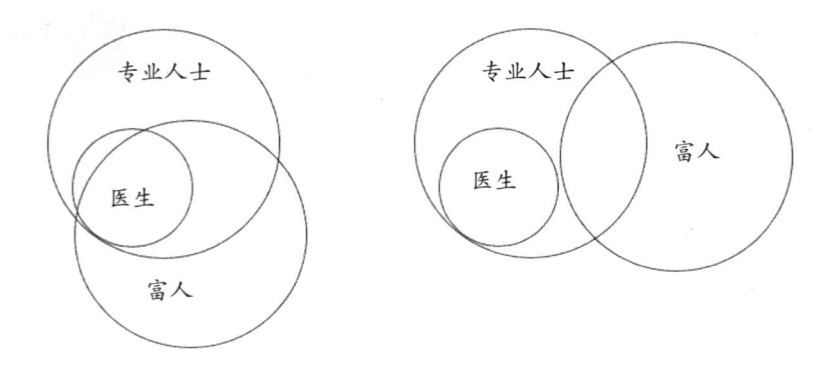

图 12.3 无效类别陈述和信念偏差效应的例子。两组圆圈中前提均正确，但结论却相互矛盾

别，富人与专业人士重叠，与医生也有重叠。在全集中，所有的医生都是专业人士，因此前提一正确。富人与专业人员部分重叠，因此前提二正确。最后，富人与专业人士部分重叠，且与医生重叠，因此结论正确。这种情况与我们对医生普遍富有的理解一致。

此处问题在于，有多种可能的类别组合方式可确保前提正确，这只是其中一种。右图是另一种组合方式。这种情况下，医生的类别仍然完全属于专业人士，前提一正确。富人类别与专业人士类别部分重叠，前提二正确。但是，富人与专业人士重叠，而重叠处与医生并不相交。这种组合方式中，两个前提仍然正确，但结论"因此，一些医生很富有"错误。在这一组合方式中，医生都不是富人。这两种组合方式的前提均正确，但对于结论的预测各有不同，表明这并非一个有效的三段论。

当然，因为"医生都不是富人"一说并不正确，你可能会反对这个无效结论。你肯定认识或至少听说过一两位富有的医生。于是，你会表现出信念偏差，这也正是演绎逻辑面临的挑战之一。这个论证虽然无效，但其结论依然可能正确。在演绎逻辑中，通常很难区分真相和有效性。

我们有这样一种倾向或者偏见：认为结论与自己所信一致则有效；结论与自己所信不一致则无效。我们虽然不断对事物进行推理、得出结论并做出预测，但如果演绎逻辑与我们认定的事实不符，我们往往认为该逻辑违反直觉。即便某个结论实际无效，我们也会表示认同，认为其有效。我们也许会否认有效结论，这体现了我们的偏见，原因在于有效性由逻辑任务的结构决定，并非由可信度决定。但这也可以理解，因为我们倾向于依赖概念和记忆推出结论。也就是说，我们倾向于运用快思考的系统一做决定。第十章已探讨过这种思维方式，它在帮助我们迅速决策、推理方面大有裨益，但也可能会导致偏差。

条件推理

上一节中,我讨论了事物类别的推理,但我们也会进行条件推理和因果推理。这类推理通常是在"如果/那么"的陈述语境中展开。例如,"如果你复习了考试,那么你会取得好成绩。"这句话反映了行为(学习)和结果(取得好成绩)之间的关系,但只反映了一个方向,可能还存在影响你取得好成绩的其他因素。条件推理与类别推理一样,形式多样。这些形式组合起来,可用于表达和评价有效或无效陈述。

在展示条件推理的不同示例之前,先讨论条件推理陈述的组成部分:

前提一:如果A,那么B。
前提二:A正确。
结论:因此,B也正确。

前提一中,"A"指前件,是先发生的事情或事实;"B"指后件,是A正确的结果。虽然二者似乎存在因果关系,但这一点并不确定。也就是说,我们不需要假设A导致B,仅需假设若A正确,则B也正确。前提二提供了前提中前件的信息。这个例子中,前提二提供的信息是:前件正确。

肯定前件式

常见的条件论证是论证前件和后件的关系,前件信息正确。请看下面的例子:

前提一:如果我的猫饿了,那么它会进食。
前提二:我的猫饿了。

结论：因此，它会进食。

从例子中，我们得知如果猫饿了（前件），那么它会进食（后件）。前提二表明猫饿了，肯定了前件信息，故可以得出结论：它会进食。若认同这些前提，你就知道如果猫饿了，那么它就会进食。这种关系十分简单明了，有时也可称其为"肯定前件"[①]，这一拉丁语含义为"肯定真实事物的方式"。这一演绎推理有效，对大多数人而言也易于理解，因为它与我们寻找确凿证据的偏差一致。同时该推论体现了事物的因果关系。虽然条件推理并不需要因果关系，但我们仍倾向于从因果关系的角度思考问题。本章稍后将讨论确认偏差。

否定后件式

上个例子的陈述肯定了前件，进行了有效演绎。但假设前提一保持不变，前提二否定后件：

前提一：如果我的猫饿了，那么它会进食。
前提二：它没有进食。
结论：因此，我的猫不饿。

这个例子的后件是它会进食。如果用"它没有进食"否定后件，那么可推断出前件并未发生。前提一说明了前件和后件的关系。如果前件发生了，那么后件一定会发生。后件如果没有发生，那么可得出有效演绎，即前件也

[①] 这是一种推理方式，根据假设命题，如果前提被肯定，那么结论也被肯定。——译者注

没有发生。大多数人难以理解其中的关系。这种演绎虽然依然有效，但却违背寻找确凿证据的倾向。这种演绎的拉丁语名为否定后件式，意为"否定方式"。

否定前件式

肯定前件或否定后件时，我们便是在逻辑层面进行有效条件推理。二者均允许前提推出独一无二的结论。但是其他前提会推出无效结论。例如，以下陈述展示的是否定前件：

前提一：如果我的猫饿了，那么它会进食。
前提二：我的猫不饿。
结论：因此，它没有进食。

这个例子的前提一与上一个例子相同，但前提二已知猫不饿，否定了前件。通过这些信息，你可能认为后件也不会发生。毕竟已知猫饿了便会进食，你发现猫不饿，自然而然认为它不会进食。然而你并不能推出这样的结论，原因是前提一只提供了前件正确和后件满足的信息，但并未提供前件错误时的信息。换言之，前提一并未排除猫出于其他原因进食的可能性。它即使不饿，也可以进食。无论饿不饿，猫都可以一直进食，每时每刻都可以进食，前提一仍然正确。不饿也进食并不能证明前提一错误。因此，你发现猫不饿，并不能得出它不进食的结论。你可以对这一点持怀疑态度，也可以推断这种情况可能会发生。但你无法得出排他性的结论。

肯定后件式

最后的例子后件正确。与上述例子一样，这个例子看似直观，但逻辑无效。例子如下：

> 前提一：如果我的猫饿了，那么它会进食。
> 前提二：我的猫进食了。
> 结论：因此，我的猫饿了。

前提一与前面的例子相同，指出了猫饿了和猫进食之间的关系。前提二肯定了后件，即你得知它确实吃了东西。你可能会反推猫一定饿了。但是像前面的例子一样，前提一指出了猫饿了和猫进食之间的定向关系，却并未提出猫进食的其他可能前件。因此，你知道猫吃了食物（肯定后件）并不能得出猫饿了（前件）的正确、排他性结论，这也属于无效演绎。

确认偏差

我讨论过的所有偏差中，确认偏差最令人头痛。你肯定遇到过这种偏差。我们只要对自己不认同的证据不予考虑，就会出现确认偏差；我们寻找与自己所信内容一致的证据时，也会出现确认偏差。这种偏差十分普遍、无处不在。上文讨论过一个关于某些医生是富人的无效类别三段论。你如果相信医生是富人，仅仅寻找有关富有医生的证据，可能就会产生确认偏差。如果你不重视或不考虑那些与个人信念不一致、证明个人信念错误的信息，那么确认偏差也会显现。换言之，即使你遇到过一个并不富有的医生，你也可能并不重视这一证据，还将其视为反常现象，或者认为他只是还未富裕起来。

我们经常能在大众媒体上看到确认偏差的例子。20世纪90年代，饮食建议强调，健康饮食和减轻体重的最佳方法是减少摄入脂肪。那时人们非常重视低脂食物，也非常重视食用高碳水化合物：清淡的意面是不错的选择，黄油和食用油有碍健康。虽然现在我们知道这种建议并不合理，但当时它却对个人健康产生了长久影响。一个可能的原因在于人们避免摄入脂肪，也避免摄入多种热量较高的食物。这可能会让人觉得是脂肪引起了饮食问题。但事实上，这可能只是简单的整体消费问题。人们发现改换任何一种严格的饮食习惯，如换成纯素食、生酮饮食或所谓的"原始人"饮食，都会带来许多积极影响。你如果坚持这样的饮食习惯，发现体重有所减轻，往往会将体重减轻归结于饮食习惯的具体细节，而非饮食选择更为严格的普遍趋势，这便是确认偏差。你认为吃高蛋白食物可以减重，就可能忽略另一种解释——严控各类饮食也可以减重。20世纪90年代的低脂饮食热潮之所以难以持续，是因为人们认为膳食脂肪等同于体脂，这种看法说服力很强，但并不正确。从表面来看，这两种脂肪十分相似，人们便可能误以为二者一致，但事实并非如此。

　　确认偏差的研究通常会借助一种名为"卡片选择任务"的心理测试。在这些任务中，受试者通常将对一个或多个规则进行评价。规则指的是双面卡片上的符号、字母、数字或事实之间的关系。为了确定规则是否有效，受试者需指出应翻转检验哪些卡片。从这个角度来看，卡片选择任务在如何运用演绎推理思考方面可能具有一定的生态效度[①]。卡片任务尝试回答下列问题：你如果已知一系列事实，如何验证这些事实是否正确？

　　沃森（Wason）于20世纪60年代开发了最为著名的卡片选择任务。在这个任务中，受试者面前的桌上将放置四张卡片，卡片的每一面均有数字或字母。接下来，受试者根据既定规则或前提进行评价，并按要求翻转最小数量的卡片以验证规则是否有效。例如，受试者面前有四张标有 [A] [7] [4] [D] 的

---

① 生态效度是评判一项研究的变量和结论是否足够与其研究对象相关的标准。——译者注

卡片，规则可能是：

前提：如果一张卡片的一面是元音，那么另一面是偶数。

你若是受试者，看到[A] [7] [4] [D]四张卡片，会翻转哪张卡片以评价这条规则？绝大多数人认为应当先翻卡片[A]。如果翻开这张卡片，发现另一面没有偶数，那么这条规则错误。这一点非常简单明了，因为这个例子肯定了前件"如果一张卡片的一面是元音"，之后便可以翻转卡片[A]验证前件是否正确。最初研究时，沃森还发现除了翻卡片[A]，受试者往往希望翻转卡片[4]来验证另一面是否为元音。

寻找元音便是确认偏差的一个例子，实际上你是在寻找证据来证实陈述。这也是肯定后件的例子，而这是无效的条件推理形式。规则没有明确指定偶数卡片的全部可能性，只是指出了偶数会出现在元音卡片的背面，但并未排除偶数出现在其他卡片背面的可能性。事实上，即使偶数出现在所有卡片的背面，规则也是正确的。若每一张这样排列的卡片背面都是偶数，规则也是正确的。

沃森认为解决这一问题的正确方法是同时翻开[A]和[7]。[7]似乎可以证明这条规则错误，属于否定后件。如果[7]的背面是元音，那么规则错误。

这种偏差是如何产生的？一个可能的原因是人们的注意力和工作记忆能力有限，以及依赖系统一思维的倾向。基于这些陈述，选取两张最符合假设的卡片可能并不困难，但翻开一张卡片，检验否定后件是否成立，则需要认真思考并未明确陈述的前提。为了找到这个暗中表明的前提，受试者必须拥有足够的工作记忆资源，牢记已陈述前提及未陈述前提。做到这一点不无可能，但估计并不简单。所以，人们更倾向于选择验证性的证据。

在某些方面，确认偏差普遍存在可能与第十一章讨论的根深蒂固的概念有关。文化和语言层面，用"某物是"来描述事物的思维方式根深蒂固。因此，证明假设时，人们会寻找证据证明某事正确。这便导致检索空间变小，十分受限。假设和证据之间也存在直接的对应关系。寻找证明假设不成立的证据时，人们寻找"某物不是"的事物，检索空间更大。1983年古德曼等人认为，"不是"并非可投射的谓词。当我们思考类别时，思考"某物是"相比于"某物不是"更有意义。我们可以将某个动物描述为狗类别的一员，但认为其不属于叉子或不属于饮料类别，意义不大。不包括动物的类别本质上是无穷无尽的。因此，人们在类别成员及推理方面表现出确认偏差是可以理解的。验证性证据可操控，而证明假设不成立的证据可能很难掌控。

设置任务的方式不同，结果便不同，而且这些方式能够消除确认偏差。沃森的卡片选择任务体现的标准确认偏差并不总是会出现。这种任务有不同版本，虽然表面形式相同，但受试者需要从不同角度思考问题，例如卡片上允许出现哪些内容，而非限于"如果-那么"的陈述。多数情况下，许可图式更利于受试者思考。提到许可，人们常常会想到能做什么，不能做什么。许可指的是你被允许才能做的事，但我们常常将其理解为不受任何限制的自由。车速限制表明的是许可行驶速度，但我们思考的往往是超速的后果。十字路口的绿灯允许通行，但人们更关注的是红灯亮起，他们必须停车。

沃森的卡片选择任务可重构为一种需要许可的任务，即道义选择任务。这个例子中，卡片的正反面分别写了年龄和饮料。

想象一下分别写着[21] [啤酒] [可乐] [17]的四张卡片。

与标准版本一样，受试者需要评价既定规则，并按要求翻转最小数量的卡片以评价该规则。本例中，规则可能是：

前提：如果一个人喝酒，那么他肯定已经年满18岁。

不同国家最低饮酒年龄不同，只需将例子中的"18"替换为所在国家的最低饮酒年龄即可。受试者基本能完成这一项任务。显然，人们常常遇到检查饮酒者年龄的情况。即便从未遇到这种情况，大多数人也知道合法饮酒的含义。在这项任务中，几乎没有受试者表现出确认偏差。

其原因在于这项任务借助了许可图式，从根本上限制了需要思考的假设数量。需要注意的是，这项任务之所以能够成功产生逻辑行为，并不是因为它促使逻辑行为更为具体或更加现实，而是因为许可图式减少了选项，使人们更易于思考违反规则的内容。

演绎推理的许多方面都非常简单。演绎任务通常遵循严格的逻辑形式。有效演绎和无效演绎的案例明确，可靠演绎和不可靠演绎的定义也相当清晰。但是大多数人进行演绎推理时都会遇到困难，这似乎超出了很多人的能力范围。但正如本章讨论的那样，很多人运用演绎逻辑的方式进行推理、做出决策、解决问题，并且顺利完成目标。这便引出了一个重要问题，即演绎逻辑在思维心理学中发挥的作用。

下一章将讨论决策和概率估计的心理学。许多影响演绎推理的认知偏差会导致我们决策不合理。但证据表明，尽管存在认知偏差，许多人仍能做出适应性强的明智决策，就像演绎推理的过程一样。

第十三章

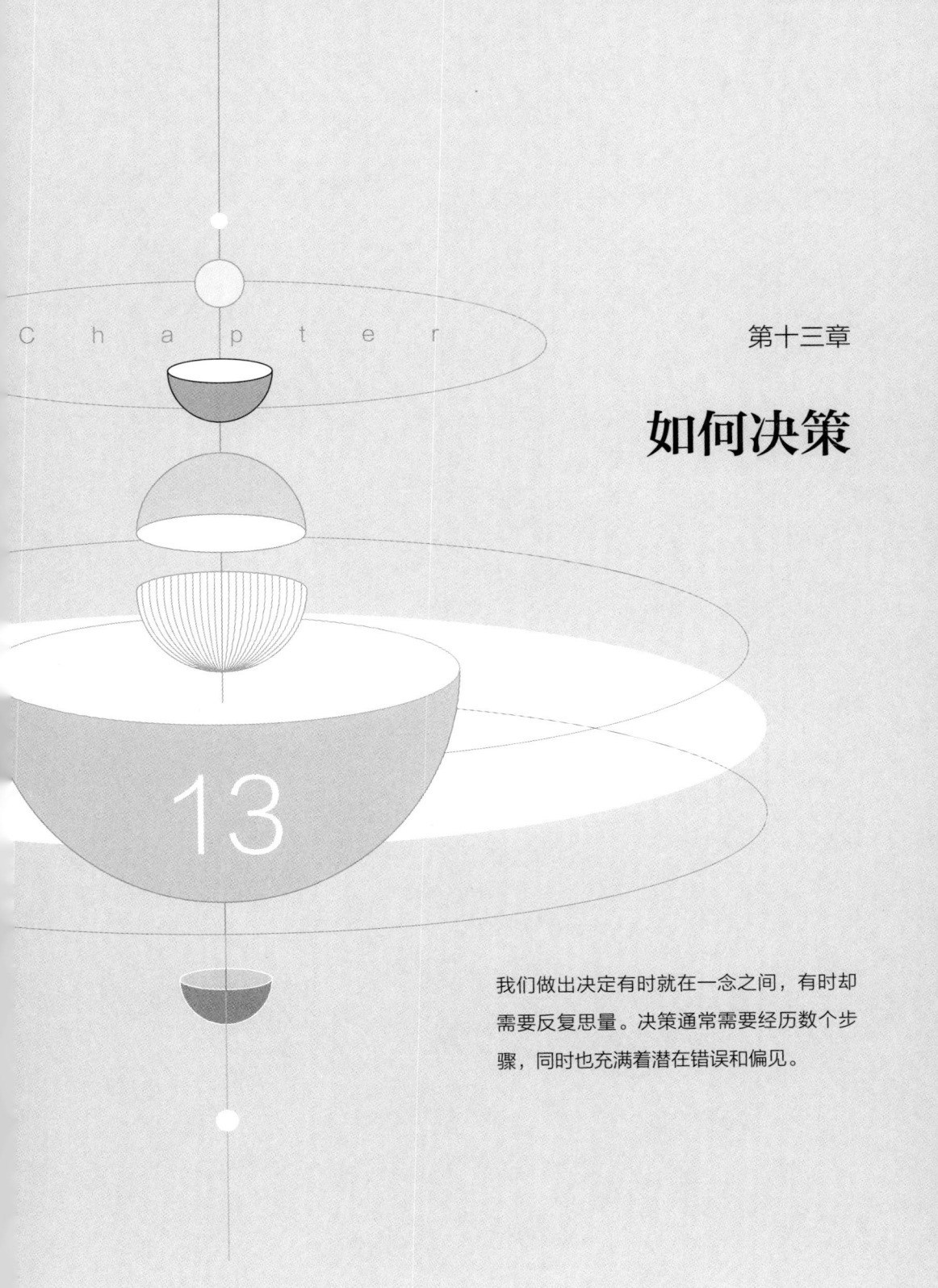

如何决策

我们做出决定有时就在一念之间,有时却需要反复思量。决策通常需要经历数个步骤,同时也充满着潜在错误和偏见。

2020年伊始，各地学校、企业、政府和个人不得不面对新型冠状病毒疫情。多数领导人和公共卫生领域的官员们也达成共识——必须采取更严格的措施控制事态，防止医疗体系崩溃。一旦医疗体系崩溃，新型冠状病毒患者和其他疾病的患者都无法获得治疗。对此，许多地区考虑并采取的措施之一是实行停工或封锁政策，而且各地政策的落实大同小异。总的来说，在一座城市甚至一个国家封锁期间，绝大多数购物活动将会停止，大型购物中心和影院会被关闭，演唱会和体育赛事也会被延期，学校也将停学或转为线上教学。换言之，当大多数非必要活动停止时，人们将闭门不出，同时尽量不与他人接触。这将可能延缓病毒扩散。没错，只是"可能"，这才是关键。新型冠状病毒疫情前所未见，关于它的许多事情都无法确定。

这并非首次全球多个地区同时面临同样的重大危机。比如20世纪爆发了世界战争，人类也同样遭受过瘟疫的侵袭。但对大多数人来说，他们首次面对如此重大的突发事件。在如今这个信息传播速度比病毒传播速度更快、更激进的时代，首次暴发了全球性疫情。且由于新型冠状病毒前所未见，这一威胁也带来了极大的不确定性。我回想起疫情早期阶段，可以说我此前从未经历过类似事件。我想，对大多数读者来说亦是如此。

我目睹了不同国家的政府、医疗体系官员和学者们在封闭经济和民生的决策中权衡利弊。无一例外的是，每个政府（地方、州/省或国家级）都不得不考虑许多问题，包括一些既定事实、未知事实、风险、可能性和最终结果。本地共有多少病例？病毒传播的速度如何？住院的风险是什么？确诊后的病死率有多高？这些问题仅仅只是复杂决策过程的第一环。其他问题就更棘手了。本地可以坚持停工多久？停止经济运行的短期代价、长期代价是什么？人们遵守封闭政策的可能性有多大？需要考虑的因素极多。人们需要确定性，需要获得保障，但这场危机恰恰缺少确定性。此外，危机给人们带来的时间压力也很大，人们不得不在有限的时间里权衡，做出各种选择，而不同的选择最终产生的结果也可能大相径庭。

一些政府很早就选择执行封闭和停工政策。中国、意大利、加拿大、德国、新西兰和许多国家都选择了大范围停工以延缓病毒扩散。有些地区选择观望事态发展，并未采取行动。英国最初选择放任病毒传播以实现某种程度的群体免疫。瑞典没有明确方案倾向，而是保留了尽可能多的选择余地。其他国家，如韩国，并未严格采取封锁或停工政策，而是将防疫的重点落在了隔离感染者及追踪密接者上。还有一部分国家，如美国和巴西，采取的方案东拼西凑，不成体系，有时甚至抵消了本国已取得的防疫成果。

关于新型冠状病毒仍有许多未解之谜。人们围绕它所做的各种抉择最终效果如何，或许需要数月甚至数年时间才能显现。但对许多政府和个人而言，需要在如此之多的风险和未知中做出众多选择，这毫无疑问是前所未有的。我们的决策大多可以参考以往的决策结果。过去成功或失败的决策总能为我们当前的决策提供引导。我们既依赖快速节俭启发式的简单决策方式（系统一），也会在时间充裕且代价更高的情况下，进行更慢、更理性的决策（系统二）。但新型冠状病毒疫情并不适用现有的任何方案，且我在第五章也指出，一些领导人采取基于记忆的启发式决策方式造成了极端恶劣的灾难性后果。尤其在疫情早期阶段，他们并未限制人们出行和聚集，反而告诉人们一切照旧。美国有些州政府后来过早决定重新开放或许也是一个错误决定。人们自发做出的，或停止或继续享受悠闲假日的决定也会产生意料之外的后果。所有这些决策产生的影响都将在未来数年持续回响。在未知中做出的决定，无论大小，都将产生不可预见的后果。这一点令人非常不安。

决策就是要减少不确定性，确保风险最小化、收益最大化。在本章开篇中，我谈论了关于新型冠状病毒疫情的种种决策问题，但它并不常见。日常生活中，我们会做很多几乎习以为常的决定。早餐吃吐司饼还是面包圈也属于一种决策，但与之相关的不确定性却很小或几乎没有。无论最后你吃什么，风险都可以忽略不计，收益也不值一提。但我们也会面临一些重大的抉择。我们在决定大学主修哪个专业或制订怎样的学习计划时，对最终会收获什么一无所知。是学习工程学还是流行病学？一旦做出选择，前路将充满未知。五年以后这两个专业的就业行情如何？两个专业各自的风险是什么？课程的难易程度如何？两个专业的学生完课率分别是多少？我们会在班级中名列前茅还是止步中游？这些对我们的未来又会产生怎样的影响？

我们不喜欢不确定性，动物也不喜欢不确定性。不确定性使事件后果难以预料，让决策变得更难，也给认知系统带来压力。不确定性也会带来焦虑。因此，大多数生物都会尽可能减少不确定性，并倾向于维持现状。毕竟，确保自己对一切了然于胸的最好方式就是一直重复做同样的事，尽可能地维持现状——即便现状不尽如人意。甚至，我们只要熟知情况，即使情况十分糟糕，也比一个未知和不确定的未来让人安心。

减少不确定性、规避风险和维持现状这三大观念，是了解人类如何决策的关键。你如果已经读到本章，且愿意继续阅读，我很乐意告诉你接下来将讨论的内容，减少你对下文的不确定感。首先，我将讨论决策的步骤及其各个阶段。之后，我将开始对可能性的探讨，这对理解我们如何决策至关重要。接下来我将介绍一些从减少不确定性和最大化收益角度，解释人类如何决策的理论。最后，我将探讨对待不确定情境的最好方式，并思考能帮助你良好决策、满意决策的方式。

决策

我们每天都会做许多决定。我们决定早餐吃什么，走哪一条路上班；我们决定如何分配时间、金钱和资源；我们或许要决定一段浪漫关系的去留，又或者要决定是继续忍受一份糟心的工作，抑或辞职另谋他就。这些抉择有些是琐碎小事，有些是人生大事。我们做出决定有时就在一念之间，有时却需要反复思量。决定或对或错，有些也可能谈不上对错。我们极力减少不确定感，但生活中却处处受这种不确定感的影响。

三步决策法

有些决策是我们殚精竭虑的结果，通常需要经历数个步骤。在做决定时，这些步骤并非每一步都是我们有意进行的，也并非每一个决策都需要完成所有步骤。第一步是确认是否需要做出决定。这有时非常简单，比如在餐厅点菜时我们当然需要做出决定。但有时，这一步也会十分复杂，比如决定如何将部分资金投资在特斯拉公司的股票上。在这些时刻到来之前，我们并不需要做出什么决定，但一旦这些"确认阶段"到来，我们自然而然会明白，该做出选择了。更重要的是，决策本身是有框架的。制订一个决策包括根据已知的成本和收益，或既定的得失结果来做出陈述。一个决策的框架能影响最终决策的方式。比如，你正在决定是否学习大学的某个课程，或者在职场上是否参加某项培训，将这一决定当作完成某个要求所必须的和将其当作一个简单的选项，最后做出的决定可能大不相同。前者认为决定不得不做，后者则出于自愿。

第二步是制订几种替代方案。比如，如果你需要做一个关于约会地点的决定，你首先会想到几个方案：看电影，去酒吧，吃晚餐，打高尔夫球，去沙滩，等等。和"确认阶段"类似，"生成"阶段也会受一些因素的影响。

个人因素，如个人学识和经验在决策时将起到制约或促进的作用。认知因素，如工作记忆容量，可能增多或减少可供选择的方案数量，对决策产生影响。环境因素，如决策时间，同样也能影响可供选择的方案数量；时间压力会减少选择方案的数量。启发式和系统一通常有助于我们快速决策，但正如前文所述的关于新型冠状病毒疫情的例子，2020年初加速蔓延的疫情给决策者们增加了额外的压力。

方案制订后将在判断阶段进行评估。判断要基于可能性、成本、收益和各个方案的价值做出评估，可以是对真实存在或可能发生的风险的评估。多数情况下，判断容易受到偏差的影响（本书第十章和其他相关论述部分均有提及）。但可用性和代表性对方案的评估均有影响。例如，那些依靠第一反应得出的方案通常更易获得青睐，但这是"可用性启发式"的直接结果。在某些情况下，一些与众不同的方案令人印象深刻，也因此能在我们需要时被快速提出作为备选。但这也会导致偏差的产生，且如果此类方案并非优选，它们也将导致我们做出错误决策。当然，此类快速方案和启发式方案也并非全然无益。

选择众多时如何抉择

通常来说，我们会做出尽可能好的决策。当然，不好的决策也难以避免，但大多数决策并不涉及太多的风险或不确定性。我们偶尔也有难以抉择的时候，因为有时可供选择的方案实在太多了。过多的选择方案会在方案生成和判断阶段消耗更多精力，使我们决策更加困难。我年轻时做着每一个同龄人都会做的事——考虑想要购买的音乐产品。20世纪80年代，市面上销售的音乐产品还是盒式磁带，稍晚一些又出现了光盘。由于每次购买的花费很大，我总会花时间到唱片店看每张专辑，浏览评论并和朋友讨论。在购买唱片这件事上，做决定是件快乐的事，因为音乐使人愉悦。从家到大学再到后来的研究生院，这些磁带和光盘陪伴着我。到了21世纪，数字音乐的形式诞生了，看起来似乎不是什么大变化。我只需要购买和下载一个个音乐文件。然而，尽管这些音乐似乎都可以在线上轻松获得，但我购买音乐产品时更难做决定，因为同时可供选择的音乐比以往多得多，而且表面上也看不出任何差异。随着流媒体成为消费音乐的主要形式，一切都失控了。可供挑选的音乐一夜之间多了许多。对我这样一个习惯于挑选专辑的人来说，流媒体让挑选音乐这件事失去了意义。音乐服务平台Spotify等公司不仅提供专辑，还提供重制版、豪华版和单曲版音乐。这让我失去了很多挑选音乐的乐趣。现在我更多是靠Spotify的算法推荐挑选音乐。在选择如此之多的情况下，让别人帮忙做决定总比自己做决定容易得多。过去曾有一个东西叫收音机，收听免费。如今我们会说播放列表，付费收听。除了音乐，我们也可以看看视频资源的例子。今天我们可以接触到众多的视频资源。但在过去，人们也仅能在一台小小的电视机上观看不超过10个电视频道。而在21世纪20年代，流媒体资源数不胜数（比如，网飞、Hulu、Disney+、亚马逊Prime等流媒体播放平台），人们似乎有无限的选择。面对如此众多的选择，我们只能依靠启发式或其他类似的策略缩小选择范围，否则将很难做出决定。

斯沃斯莫尔学院的心理学家巴里·施瓦茨（Barry Schwartz）在他2004年的著作《选择的悖论》（*Paradox of Choice*）中也提到了这一点。他指出，过多的选择会给我们的认知系统造成负担，降低幸福感和良好决策的能力。选择越多，错误决策的可能性也越大。此外，过多的选择也可能让我们更容易怀疑自己的决策，使人产生消极情绪。比如，某家餐厅的菜单很厚，菜品很多，你会感到很难点菜吗？我会。我女儿还小时，七岁左右，她经常会面对厚厚的菜单叹息。菜单上的菜品她几乎都喜欢，所以她也决定不了最后要吃什么。最后她采用的是启发式的方法——点一份标准的菜品。比如，她会点一份加拿大家庭餐厅和酒吧的标准美食——凯撒鸡肉卷饼。在某些菜单很厚的餐厅里，我也经常这么做。我会在菜单上挑选自己喜欢吃的菜下单。施瓦茨将这种选择方式称为满意度，意思是选择一些能满足特定标准的选项，可能不是最优解选项，但一定是一个好选项。这类选择方式就是让人们去选择自己一定会喜欢的选项，同样也能减少不确定性。

满意度的概念起源于认知科学和1972年赫伯特·西蒙（Herbert Simon）在人类问题解决方面的开创性研究成果。西蒙对"满意度"的定义是，设定一个标准或期望水平，并根据这一标准确定一个满意的选项。满意度有时也被称为"满意即可"法则，因为在多数情况下，使用这个方法就是为了选择一个足够好的方案，但这个方案未必就是最佳方案。因此，这一决策方式也明显是一种次优策略。

我们习惯认为追求最优解是最佳做法。换句话说，最优决策在心理和行为上都受到人们的青睐。这是因为我们理解的最优解是为了"确保最佳结果"，因此很难对这一"最优解"说不。设想一下，你当下正身处机场，且还未用餐。你即将开始一段三小时的飞行，在接下来的30分钟内，你需要马上用餐。你可能有数百种选择，而你想要尽可能地找到最物美价廉的餐食。出餐必须够快，不能太辣，味道还要足够好，还要足够健康。你可以进入每一家餐馆或小店看看他们的菜单，在社交软件和评论网站上看看这些店铺的评论，仔细比较一番后再决定去哪家用餐。但如此一来，这个过程就会让你筋疲力尽，而且这样货比三家也非常耗时，30分钟可能远远不够。

事实上，你可能会就近比较两到三家餐馆，并选择一家最接近心仪标准的餐馆用餐。如此一来，最好的解决方案似乎是设定一个灵活且易达成的门槛，之后选择一个可以满足这一基本门槛的选项。你可能为了选出最好的用餐地点而去比较评估所有餐馆，成本不小，收益也没有想象中高。此外，你如果选择一家比最佳用餐地稍微差一些的餐馆，在我们假设的这一情景中似乎也没多大损失。在这个例子中，你最终可能会花不到15美元吃一顿不辣的饭，比如你路过的店铺中看到的第一份三明治、汉堡或者寿司拼盘。

了解概率

要想了解决策的过程，我们可以先了解概率如何在决策中发挥作用，以及人们通常是如何评估一件事发生的概率的。许多决定要么是在参考各种后果的可能性后做出的，要么是在对可能的后果一无所知的情况下做出的。当我们不了解各种后果发生的概率时，我们只能依靠最普通的启发式决策方式，但却有错误决策的风险。人类（某种程度上也包括非人类动物）有很多方式追踪和解释这类概率。2008年，宾夕法尼亚大学的心理学家乔纳森·巴伦描述了人们理解概率的三种主要方式，即频率跟踪、逻辑概率和个人理论。

频率跟踪指的是人们在了解过往事件发生频率的基础上做出的可能性判断。比如，如果你在考虑自己今年感染传染性疾病（季节性流感）的概率，你可能会参考自己以往患流感的概率。如果你此前从未感染流感，你就可能认为自己今年感染流感的概率很低。如果你去年曾感染流感，那么你就可能认为自己今年感染流感的概率很高。而真正的概率可能会介于两者之间。关于频率跟踪，需要指出的是，这一方法需要投入足够的关注度以分析事件，并需要有事件相关的记忆以做出判断。正如第五章指出的那样，记忆极易受到偏差的影响。我们倾向于记住那些不同寻常的事件，并根据这些记忆做出判断，这就产生了可用性启发式。倘若一些低频事件因其显著性或由于是近期发生的事而让人印象深刻，那么这种可用性启发式就会导致偏差和错误决策。

人们也可以使用逻辑概率。这需要了解实际概率及某件特定事件发生的基本概率。实践中，运用逻辑概率非常难，因为概率受多种因素的影响。然而，人们可以利用逻辑理论来处理所谓的可交换事件。可交换事件是指某个事件的发生概率已知，且发生概率不受其表现形式、发生时间和表现特征的影响。标准扑克牌是可交换事件的一个例子。从一副标准牌中抽到梅花A

的概率对所有标准牌都是一样的。每个人从标准牌中抽出梅花A的概率也一样。无论是今天还是明天，从一副标准牌里抽到这张牌的概率都不会改变。此时，概率是可交换的，因为抽到梅花A的概率不会受环境因素的影响。此外，这件事发生的概率也不会因频率和可获得性的变化而变化。从一副标准牌中抽出梅花A的概率不会因为你过去有或没有抽到过这张牌而改变。即便你此前从未从一副标准牌中抽出过梅花A，概率也不会因你个人对抽到这张牌的频率的记忆而改变。

巴伦认为，纯粹的可交换事件很难甚至几乎不可能找到。即便是在那些真正可交换的事件能被考虑的情况下，它们也可能受个人认知偏见的影响。例如，你连续多次抽到梅花A（或连续多次没有抽到），你对抽到梅花A这件事发生的逻辑概率认识将与你从自己的经验总结出的概率互相矛盾，从而导致你对抽到梅花A这件事的期望发生转变。这就是所谓的"赌徒谬误"。下文将详细讨论这一理论。

巴伦还指出，人们也会使用个人理论。个人理论可以包含有关事件频率的信息和逻辑概率的信息，也可以包括其他一些补充信息。尤其需要指出的是，个人理论包含的信息还有事件发生的场景、专业知识、预计发生事件和预期发生事件。个人观点非常灵活，因为个人观点受个人的信念和知识储备的影响。由于每个人掌握的知识是不同的，人与人之间会有不同的信念，因此我们可以合理地预期两个人对概率的评估也会有所不同。一名行业专家和一名初出茅庐的新人也会有不同的个人理论。比如，咨询性医疗网站给出的那些浅薄的医疗诊断和有经验的医生给出的诊断可能天差地别，因为有经验的医生具有更加专业和全面的医疗诊断知识。另外，个人观点的缺点之一是它假设人们会使用特殊和非理性的信息。对命运、魔法和神明的迷信会影响我们有关概率的个人理论。这些方面的因素很难被客观地评价，但它们确实会影响人们的决策。

如何计算概率

本质上，概率是指某个事件在长期内发生的可能性。如果一件事永远不会发生，那么它发生的概率就是0。如果一件事总是发生，那么它发生的概率就是1。多数事件发生的可能性介于0和1之间。如果一件事发生的概率是0.25，就意味着在所有可能发生的事件中，这件事有25%的可能性会发生，有75%的可能性不会发生。概率也可以描述为事件发生的机会，如1/4，意义是一样的，但这样的表达方式可能也会导致细微的偏差。假设我有1/4的机会获胜，我会期望自己每四次就能获胜一次。但我们都知道，情况可能并非如此。

我们要想根据最简单的逻辑理论计算事件发生的概率，需要将期望结果的数量除以所有可能出现的结果数量。比如简单的抛硬币，所有可能出现的结果是两个：正面或者反面。那么，抛一次硬币抛得正面的概率是一除以二，等于0.5。这和我们的直觉相符，即一枚硬币在任何时候被抛掷都有0.5的概率抛得正面，0.5的概率抛得反面。实际上，这意味着你如果连续抛硬币，就会期待正面和反面都会抛得一些。你不会期待抛得正面和反面的结果总是维持相同的比例，但你会相信，随着抛掷次数的增多（或无限次地抛掷），抛得正面和反面的概率会趋于平衡。我们也会认为这类概率在长期内将保持不变，但也会允许少量的样本变化。

综合考虑多种概率

我们在计算多个事件发生的概率时，需要将各个事件发生的概率结合起来。也就是说，我们需要将这些概率相乘或相加，这时我们会发现一些问题。记住这一计算方法最简单的方式是，当多个事件以"和"的形式出现（即多个事件可能同时发生）时，我们要将概率相乘；而当这些事件以

"或"的形式出现（即多个事件不会同时发生）时，我们要将概率相加。

例如，要计算抛掷硬币时连续两次抛得正面的概率，我们需要将抛得一次正面的概率（0.5）乘以抛得一次正面的概率（0.5）。按照这一原则可以得出，连续两次抛得正面的概率是0.25，连续三次抛得正面的概率是0.125，以此类推。这意味着连续多次抛得正面的概率会因乘法因子而降低（即次数越多，概率越低）。而对于连续抛得两次正面或两次反面的概率，则需要将概率相加。根据前文我们已经知道，连续两次抛得正面的概率是0.25，连续两次抛得反面的概率是0.25，因此两者相加获得概率为0.5。而所有抛掷结果（即连续两次正面或连续两次反面或一正一反或一反一正）的概率总和即为1，因为这是所有可能出现的抛掷结果。这些结果都假定了事件发生的独立性。即第一次抛掷结果对第二次抛掷的结果没有影响。尽管连续两次抛得正面的概率是0.25，单次抛得正面的概率仍然是0.5。也就是说，你即使连续20次抛硬币都得到正面，第21次抛硬币得到正面的概率仍然是0.5。这些事件是完全独立的。

赌徒谬论

将独立性与代表随机性的事件混为一谈是赌徒谬论的体现。当个人理论和信仰影响了逻辑理论时，就会出现赌徒谬论。有时，代表性启发式的思维方式也会导致赌徒谬论。假设你抛掷10次硬币并记下每次抛掷的结果。假设抛掷10次的结果有以下三种情况。注意，根据上文提到的多事件概率计算方式，这三种顺序结果有相同的发生概率。

结果一：正-反-反-正-反-正-正-反-正-反

结果二：正-反-正-反-正-反-正-反-正-反

结果三：正-正-正-正-正-正-正-正-正-正

这些结果一样吗？尽管每一种顺序结果都有0.000976的发生概率，但结果一似乎是最能代表随机性的结果，而结果三都为正面，随机性很小。如果让你猜下一次抛硬币，也就是第11次抛的结果，你会怎么猜？对于结果一乃至结果二而言，多数人对第11次的结果可能都没有太大把握，但对于结果三，多数人可能会认为，第11次的结果一定是反面，毕竟前面已经连续抛出10次正面了，该轮到反面了。

这就是赌徒谬论。即在连续10次抛得正面后对第11次抛出反面结果概率的系统性高估。因为抛硬币获得正反面的概率均为0.5，这是众所周知的，因此连续10次抛出正面似乎是不同寻常的非随机的结果，即便这一结果确实是随机发生的。如果人们认为第11次抛出反面的概率大于0.5，那么他们就是陷入了赌徒谬论中。人们很难不受赌徒谬论的影响。即便我们知道抛掷硬币获得正面或反面的概率均为0.5，大多数人也都会认为，在连续抛出10次正面后，第11次的结果很可能是反面。

不难看出，独立性和多事件概率规则是如何在简单事件，如抛硬币等事件上发挥作用的，但这些效果在更复杂、语义更丰富的情况下发挥的作用更大，因为我们的知识会让我们忽略概率。甚至在某件事的概率已经给定的情况下，我们仍会忽略这一概率。关于这一点，最常用的例子由卡尼曼和特沃斯基在1983年提出。他们向受试者描述了一个人，之后要求受试者指出这个人属于某个或某些群体的可能性。最出名的例子是"琳达"案例。

琳达31岁，直言不讳，聪明伶俐。她主修哲学，作为一名学生，她关注社会正义和歧视问题，还参加了许多示威活动。

在阅读了以下描述后，受试者们被要求给出琳达属于下列群体的概率。

琳达是一名小学教师。

琳达在一家书店工作，还上瑜伽课。

琳达是女权主义运动的活跃分子。

琳达是一名精神病学社会工作者。

琳达是妇女选民联盟的成员。

琳达是一名银行柜员。

琳达是一名保险销售员。

琳达是一名银行柜员，活跃于女权主义运动。

他们发现，受试者认为琳达是女权主义者的概率很高，因为给出的描述符合人们对女权主义者的刻板印象[①]。受试者还认为，琳达是银行柜员的可能性相对较低。尽管受试者没有理由认为琳达不能成为银行柜员，但是在对她的描述中，也没有任何暗示她是银行柜员的描述。此外，银行柜员是一个宽泛的类别，属性不太明确。关键是，受试者认为她同时是银行柜员和女权主义者的可能性大于她只是银行柜员的可能性。从逻辑上讲，两个类别同时符合的可能性不可能高于任何一个单一类别的可能性。但在这一实验中，对琳达的描述与对女权主义者的刻板印象之间的强烈语义联系导致了这个错误的发生。受试者忽略了描述中的连词"和"，仅关注到了琳达代表女权主义者这个描述。换句话说，在这个实验中，代表性启发式比我们已知的逻辑概率对我们的影响更大。

风险累积

人们在将概率相加的规则应用于累积风险方面也会犯错。例如，人们开

---

① 第一，这项研究是在20世纪80年代进行的，我们大多数人可能仍然会对琳达产生一种和当时的人们类似的刻板印象。我们对"女权主义者"的看法可能与20世纪80年代的人不同，但大部分积极参与社会公共领域活动的人的特征是可以类比的。第二，银行柜员的例子可能不像最初进行这项研究时那样有意义。虽然大多数人可以从银行的自动取款机上取钱(或者用借记卡甚至手机支付)，但人们过去取钱是在银行业务处理窗口。在美国，在银行前台工作的人被称为柜员，他们能够处理基本的交易。没有特定类型的人适合做柜员。柜员这一职业如今仍然存在，但现在大多数人在网上、在手机上或在自动取款机上处理日常银行业务。第三，妇女选民联盟(League of Women Voters)不太为人所知，它是一个无党派的美国组织，最初仅为妇女服务，是在妇女获得投票权后成立的。

车上班时发生车祸的可能性。在任何一天，这件事发生的可能性都极低。但是，在几年的日常驾驶中，累积的风险会增加。这是因为在这件事上，累积风险的概率是通过相加来计算的。即，在10年中，第一天或第二天或第三天或其后的某一天，上班路上发生车祸的概率。要计算在数年时间里，任何一天发生车祸的累积风险，我们基本会将每一天发生这件事的概率相加。概率是变化和波动的。在任何一天发生事故的风险都很小，但从长远来看，累积起来的风险就会更大。

再说另一个例子，你想象一下许多人在开车时通过智能手机发送或接收短信或者私信的行为。在大多数地方这是违法的，会被罚款。大多数人都知道这样做干扰驾驶。考虑到风险是已知的，罚款也很高，人们仍然在开车时使用智能手机，这令人惊讶和沮丧。一种可能是人们并没有真正理解累积风险。如果司机的决定是基于频率理论，这一点尤其正确。除非你发生了事故或被罚款，否则你自己对概率的看法和解释是，每次你在开车时使用智能手机都不会发生事故。多年来一直使用智能手机的司机也可能从未发生过事故。这并不意味着智能手机没有干扰，这只是意味着干扰没有导致事故。因此，我们可以想象，基于对使用智能手机相关风险的频率了解而做出的短期决定，会让司机相信智能手机没有危险，即便这种认知与司机对真实风险的了解相冲突。由于事前没有人在开车使用智能手机时发生事故，大多数人都淡化了这种风险。这样的认知虽然在短期内没错，但从长期来看显然是危险的。

计算长期概率，无论是计算规范值还是累积风险，通常来说都是困难的。在很多方面，对长时间发生的事情进行判断是违反直觉的。从长远来看，一枚硬币抛得正面朝上概率可能是0.5，但这也假设了你需要抛无数次的硬币。多次抛硬币最终会得到接近的概率，但只抛几次的话则实际得到的概率可能会有差别。当我们决策是为了最大化短期收益而非长期收益时，问题就会产生。从进化的角度来看，这是有道理的。注重短期概率也有一些优势。假设一个人或动物今天需要进食，他或它可能不会考虑未来几个月、几年或20年后发生的事。

基础概率

一个事件发生的概率（即长期可能性）被称为"基础概率"。对于许多可交换事件，如抽卡片来说，基础概率是已知的。但对大多数事件来说，基础概率可能并不是明确的。有时，基础概率也可以根据事件发生的频率推测得出。比如，我们几乎无法得出公交车延误这件事的基础概率。发生车祸的基础概率也是同理。此外，即便你对某件事的基础概率有一些了解，比如上班乘坐的公交车抛锚的可能性，这件事可能也是一件概率极低的事件。基础概率低意味着事件不会经常发生，以至于让人忽略这件事发生的可能性。这是很自然的。

理解和使用基础概率并非易事，因此，人们即使知道基础概率，且知道它对我们有帮助，也会经常忽略基础概率。这就是所谓的"基础概率忽视"。一个典型的例子是有关医学检测和诊断的事件。2007年，格尔德·吉格伦泽（Gerd Gigerenzer）等人进行了一系列研究，探讨了医生、护士和非医学人员如何对医学检测的有效性做出决定。实验中，大多数受试者被告知了一种疾病的已知基础概率，即这种疾病在一般人群中发生的比率。之后，受试者获得了关于医学检测的信息。

在这个实验中，受试者被告知有一种严重疾病，这一疾病倘若早期能确诊，对后期的治疗将非常有益。这种疾病的患病基础概率是1%。这意味着每10000人中有100人会患这种疾病。早期诊断需要进行一项检查，而这项检查的准确率很高。如果疾病存在，检查结果98%是阳性；如果疾病不存在，则只有1%的概率会显示阳性结果。换句话说，这项检查有很高的准确率和很低的假阳率。表面上看，这似乎是一项非常好的检查，能可靠地对疾病做出诊断。在这一前提下，如果给你一份阳性检查结果，你会如何评估这名患者实际患病的可能性？

　　为了理解如何做出这个决定，首先需要解释如何计算相关概率。我绘制了一个包含四个概率单元格的表格，使用10000的人口基数（可根据需要增加或减少基数）。1%的基础概率，即假设每10000人中有100人会患上这种疾病。在有病患存在的数据栏中，100个患病的人中有98人的检查结果呈现阳性，两人结果为阴性（尽管他们实际上也患有该疾病）。检查情况似乎还不错，只有两位的结果出错了。

　　但问题出在实际上没有患病的人上。有9900人没有患病，而测试是对所有10000人进行的。在没有患病的数据一栏，1%的错误警报率意味着9900人中有99人在没有患该疾病的情况下仍被检测出阳性结果，有9801人的检测结果为阴性，而事实上，这9900人都没有患该疾病。因此，尽管这项检测是一项不错的检查项目，但由于参加检测的人中很多都没患病，最终有99人被误诊。这样一来，这项检查还能称得上是好的检查项目吗？

　　我们需要确认阳性检查结果的真正含义。毕竟，我们并不知道到底谁患有这个疾病，这也是为什么我们需要给他们做检查。要计算一名检查结果为阳性P（疾病|阳性）的人真正患病的概率，我们需要用检查结果为阳性且实际患病的人数除以检测结果为阳性的总人数。用硬币的例子来看，这就相当于P(正面)=正面/（正面+反面）。我们可以得到下面这个公式——贝叶斯定理的简化版：

$$P(疾病|阳性) = \frac{实际患病且测得阳性的人数}{测得阳性的总人数}$$

　　将表格中的数字代入公式中，即可得出：

$$P(疾病|阳性) = \frac{98}{197} \approx 0.497$$

假设基本比率为1%，即每10000人中有100人患病，那么在检测结果为阳性的情况下，一个人实际患病的概率为0.497。现在再看这个结论，这个看起来很可靠的检查项目，并不比抛硬币好多少。基本率如果很低，即使是非常具有诊断性的测试，其条件概率也可能很低。

表 13-1 假设疾病和诊断测试的概率

检查结果	患病数	未患病数	总人数
阳性数	98	99	197
阴性数	2	9,801	9,803
总人数	100	9,900	10,000

假阳性的人数是一个经常被忽视的关键信息。虽然假阳性的概率很低，但患上这种疾病本身基础概率也很低。这意味着大多数人实际上并没有患病。因此一小部分没有患病的人即使检查出假阳性的结果，假阳性的绝对数量也会高于预期水平。换句话说，尽管一项检查有很高的准确率和很低的误诊率，但患病本身的低基础概率使得一个检查结果为阳性的人真正患有该疾病的概率也很低。在吉格伦泽的许多研究中，有经验的医生也会高估阳性检测结果的可靠性。

这就引发了一个有趣的问题。倘若连医生都会犯这个错误，他们会如何避免让这个错误影响日常行医的诊断呢？一种方法是采取措施提高基础概率，使得检测的阳性结果更具诊断性。具体做法是只对那些更有可能患病的人进行检测。也就是说，不对每一个人都进行疾病的筛查检测，而是为那些有其他症状和已存在风险因素的患者进行检查。这能有效地提高基础概率。当疾病的发病率很低时，每个人都要进行检查，即使是做一种高准确率的检查，都不是一个好的决策。但如果只对那些更有可能患病的人进行检测，我们就能确保检测结果更具参考价值。

理性决策与相对非理性决策

决策涉及对结果、成本、收益和概率的综合了解。前一节介绍了理解概率和可能发生的错误。本节将介绍几种解释和理解人们如何决策的理论方法。

理性决策的一种方法是设定一个规范的标准，我们可以根据这个标准研究偏离情况。一方面，这个方法的很多特征和相关方面都来源于经济理论，可能无法像我们将提到的其他理论方法那样很好地描述决策背后的认知过程。另一方面，这种理性方法描述了我们如何才能实现最优决策。而人们偏离最优决策的程度，则需要借助其他理论方法、经验、知识和认知限制等加以理解。

理性决策的一个基本点是，假设人们可以做出最优决策。为了做出最优决策，理性决策理论假设人们会权衡各种选择方案，设定一个期望值或确定所有选项的期望效用，之后从一个长远的眼光挑选最优价值的选择方案。也就是说，最优决策是能最大化期望值的决策。

期望值可以视为是一个与给定结果相关的物理、金钱或心理价值。期望值是通过将成本和收益的已知信息与实现期望结果的概率相结合进行计算的。下面的公式是一个简单的计算期望值的方法：

$$EV = (价值_{收益} \times P[期望结果]) - (价值_{损失} \times P[非期望结果])$$

在这个公式中，期望值（EV）是通过将收益和实现该收益的概率乘积减去成本和产生成本的概率乘积算得的。以简单的金钱问题为例。选项一可以让你获得40美元的概率为0.2，不获任何金额的概率为0.8。选项二则让你有0.25的概率可以获得35美元，0.75的概率不获得任何金额。第一个选择的收益更高但概率更低。为了决定两个选项中的长期最优选项，我们可以将这些代入到下列的公式中：

$$选项一：EV=(\$40 \times 0.2)-(0 \times 0.8)=\$8.00$$

$$选项二：EV=(\$35 \times 0.25)-(0 \times 0.75)=\$8.75$$

可以看出，尽管选项一的收益更高，但长期来看，其期望价值更低。这是收益和获得收益的概率二者综合作用的结果。这也意味着不同的因素会影响长期期望值。在最终结果将超出实际价值的情况下，可以通过增加收益或降低无法获得收益的成本影响最终决策。例如，尽管赌博和买彩票的期望值是负值，但仍然有许多人赌博和买彩票。大多数人认为，赌场游戏有一种额外的心理效用。在赌场赌博或许会很有趣，它或许被当作一种愉快的社交活动，或许是人们度假活动的一部分。这些情况实际上都会减少最终不获得任何收益的影响。

框架效应与损失厌恶

如前文所述，理性决策方式非常有效地描述了最优的决策模式，但往往无法描述人们实际是如何决策的。人们经常做出与期望值和最优决策相反的决策，比如前文提到的关于赌博的例子，这就是所谓的"确定性效应"。在其他条件相同的情况下，人类和其他许多动物都会抵触不确定性。但有时，关于一个决策的语境会触发人们的某些记忆，即所谓的"框架"，使得某些选择方案比实际上更具有确定性。框架效应最初是由特沃斯基和卡尼曼在1981年提出的，它说明了决策的上下文和语义如何影响人们对选项的偏好。

最著名的例子是给定一个场景描述和两个选项：

前提：假设美国正在准备应对一种不同寻常的疾病的暴发，这种疾病将可能导致600人死亡。有两种对抗疫情的方案。这两种方案有以下两种准确的科学估计：

方案一：如果采纳方案一，我们可以挽救200人的生命。

方案二：如果采纳方案二，我们有1/3的概率可以救下600人的生命，有2/3的概率导致600人死亡。

在这个场景中，大多数受试者（72%）选择了方案一。尽管方案一救下200人的表述也暗指有400人将失去生命，但这方案一的表述方式是从"能被挽救的生命"角度出发的。两种方案讨论的都是被救下的生命。当选择方案从可以挽救或可以收益等角度进行描述时，人们通常会表现出规避风险的行为，并倾向于选择有确定结果的方案。

然而，通常的场景也可以从另一个角度表述，比如，在同样的场景下，想象以下两个从死亡人数的角度表述的方案：

方案三：如果采纳方案三，这里有400人会死亡。

方案四：如果采纳方案四，我们有1/3的概率无人死亡，有2/3的概率导致600人死亡。

在这一场景下，多数受试者（78%）选择了方案四。事实上，方案一和三、二和四的死亡人数是一样的。方案三和四是从损失（死亡人数）的角度来表述的。当可选择的方案是从损失的角度表示时，人们通常会表现出规避损失的行为，更倾向于选择风险更大的方案。方案三、四的表述很有趣，这种表述将风险规避和损失规避对立起来。尽管人们通常会选择同时规避风险和损失,但规避损失才是头等重要的。规避损失的心理对人类行为有更大的影响。奇怪的是,不管是规避风险还是规避损失,两者都可能源于人们避免不确定性的心理。人们倾向于避免风险,以减少不确定性,但人们也倾向于避免损失,以避免不确定性和保持现状。

助推理论

许多零售场所和商店在广告中利用了人们对确定性的偏好以及对损失和风险的厌恶心理。比如,我每个夏天都会带孩子们去购买新的棒球运动装备,冬天则会去买冰上运动装备。有一年,我们去了当地一家体育用品店,店里有广告称所有的商品参与打折,最高可打五折。当时我10岁左右的大女儿说:"我们今天来真是太好了,因为他们正在大甩卖。"她这么想确实不错。我不想打破她的幻想,但我指出这家商店一直挂着那个牌子。商品标明的销售价其实就是实际价格,这在其他零售场所很常见。商品标签上可能标有一个建议的价格,但商品永远不会以这个价格出售。这类定价策略表现出一种框架效应,即广告打出的价格看起来很便宜。

1985年,理查德·泰勒(Richard Thaler)对这一观点进行了更系统的研究。比如以下对两个具有不同定价策略的加油站的描述。在泰勒的一项研究中,受试者被告知了以下信息:

> 你正在路上开车,突然,你注意到油即将用尽。你看到两个加油站,都在打加油广告。加油站A的价格为每升1美元;加油站B的价格是每升0.95美元。加油站A的指示牌上还写着,现金支付每升享5美分优惠!加油站B站的指示牌上写着,信用卡支付每升加收5美分。在其他因素相同的情况下(例如,加油站的清洁度、汽油品牌、需等候的汽车数量等),你会选择去哪个加油站?

在没有其他背景的情况下，受试者倾向于选择加油站A。其实，无论受试者被要求用现金支付还是用信用卡支付，费用都是相同的。但是，加油站A宣传的是"现金支付优惠"。这属于一种更有利的定价策略，因此该加油站是受试者的首选。

泰勒的研究使他获得了2017年诺贝尔经济学奖。在他的著作《助推：改善关于健康、财富和幸福的决策》（*Nudge: Improving Decisions About Health, Wealth, and Happiness*）中，泰勒概述了他的这项研究。在这本书中，他与另一位作者卡斯·桑斯坦（Cass Sunstein）认为，政府和企业可以采取将人们推向最佳方向的政策帮助改善决策，并最终改善社会。他们将助推定义为：

> 我们将使用"助推"这个术语，它涵盖了选项架构的方方面面。它以可预测的方式改变人们的行为，不禁止任何选择或显著改变人们的经济动力。轻微的助推必须仅包含简单和廉价的干预，但助推不是命令。把水果放在与眼睛平齐的地方算是助推，禁止垃圾食品则不然。

助推理论背后的观点是，我们可以利用我们的偏见做出更好的决定。

损失厌恶

前面的几个例子涉及损失厌恶心理。损失厌恶心理之所以产生，是因为我们放弃或失去某样东西的心理价值大于获得同样东西的相应心理价值。我们不愿意失去已经拥有的东西。我们往往更抗拒未知。许多人会一直使用自己最喜欢的钢笔品牌，保留自己喜欢的旧书，或者保留自己最喜欢的杯子。甚至，许多人因为害怕失去而维系着并不理想的关系。作为人类，我们的决定往往受到损失厌恶心理的支配。这种避免损失的心理倾向反而会导致一种偏见，使得人们更喜欢维持现状，即所谓的"现状偏见"。人们维持现状是为了避免损失。但这种心理会在很多方面影响人们的决策。

损失厌恶和现状偏见有几种表现形式。在前文的几个有关选项表述框架的例子中，相比于面对死亡人数看起来更多的选项，受试者们更愿意选择风险更大的选项，这就是损失厌恶心理的表现。从更私人的角度看，和小事有关的损失厌恶心理通常也被称为"禀赋效应"。1991年，卡尼曼等人的一项研究对大学本科生进行了调查。参与者被分成几个小组。一组是卖家，他们拿到了大学书店的咖啡杯，并被问及是否愿意以0.25美元到9.25美元不等的价格出售这些咖啡杯。买家则被问及他们是否愿意以同样的价格购买咖啡杯。买家们没有分得杯子，而是被要求在得到一个杯子和得到与杯子对应的一笔钱之间做出选择。换句话说，他们没有分得杯子，需要决定愿意为杯子付出多少钱。值得注意的是，每个人在研究结束时手头剩余的金钱价值是一样的。但有趣的是，卖家对杯子的定价几乎是买家愿意付出的两倍。卖家仅仅是因为拥有了咖啡杯，就决定要赋予这些杯子更大的价值。

倾向于维持现状的心理也体现在沉没成本偏差中，这种效应被称为"陷阱"。在销售环境中，这是一个非常有效的技巧。从本质上讲，人们之所以不愿意放弃不理想的现状，主要是因为他们已经为之投入了时间或金钱。举个例子，假设你和朋友去看电影。在我居住的加拿大，电影的平均价格是13.5美元。你支付了13.5美元，希望能看到一部好电影，但如果电影真的很糟糕，你会怎么做？你会留下来看到最后，还是起身离开？当我在课堂上向学生提出这个问题时，大多数学生表示他们会留下来。最常见的原因是他们已经付过钱了。换句话说，你已经为这部电影支付了钱（即沉没成本），它已经很糟糕了，但放弃这部电影并不会让它变得更好。而且，没准这部电影后面有机会变好看呢？而你如果选择不看了，就会错过这个机会。简而言之，一旦你在某件事上投入了一些成本，你就会希望看到这些成本带来相应的收益。

这种效应在其他场景中也有出现。比如在拨打技术求助电话或需要收费的远程支持电话时，我们需要等待转接人工服务，这时我们通常会听到"您的电话对我们很重要，请保持在线，您的电话将按照接到的顺序接听"。这可能非常破坏好心情，因为我们不确定电话将在多长时间后接通。当我遇到这种情况时，我经常感觉要等待的时间越长就越不愿意挂断电话。我不愿意放弃"沉没"的时间。但这种行为偏离了最优模型，因为成本早已产生。

前景理论

上面讨论的例子表明，人们经常做出偏离理性的决定。但这并不意味着它们是糟糕的决定。只能说明，人们做出次优决策的背后有心理原因。1979年，卡尼曼和特沃斯基提出了一种替代标准经济理性模型的理论，并将其称为"前景理论"。前景理论认为，人们根据心理预期做出决定。此外，这一理论还考虑到了大多数人在正确判断概率和可能性方面存在的困难。前景理论认为，客观概率可以被心理概率或信念取代。前景理论有一个关键观点，即它认为损失厌恶和风险厌恶是主要的决策激励因素。这一理论尤其强调损失厌恶心理。

图13.1是诠释前景理论的最佳图示，体现了前景理论的价值功能。x轴表示实际价值的损失和收益，y轴表示这些损失和收益对心理的影响。关于这个图有几点需要注意。首先，损耗和增益曲线都是凹的。也就是说，实际收益与收益的心理影响之间并没有线性关系。如图所示，你获得100美元可能会有一些心理价值，但获得200美元（实际美元的两倍）可能不会在心理上达到两倍的期望值。

前景理论的价值函数曲线是不对称的，显然损耗曲线比增益曲线陡峭。

价值

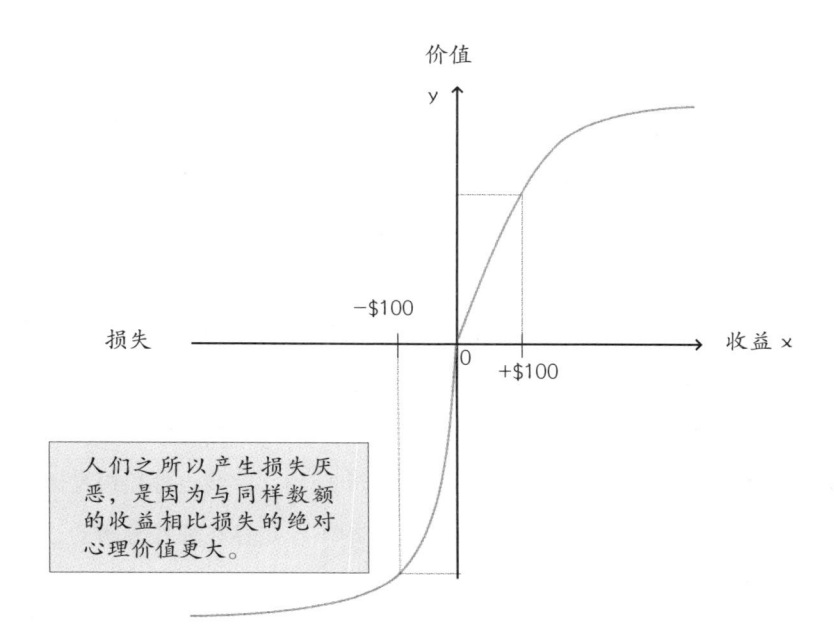

人们之所以产生损失厌恶，是因为与同样数额的收益相比损失的绝对心理价值更大。

图 13.1 该图表示前景理论的价值函数。y 轴表示与损失和收益相关的心理价值，x 轴表示损失和收益的实际价值。在前景理论中，损失曲线比收益曲线更陡峭

这反映了人对损失的厌恶，也体现了人们有时更看重现状，而不是收益的前景。就绝对值而言，100美元的收益与100美元的亏损并不等同。尽管我们可能会对额外的100美元感到欣喜，但我们更可能会采取措施避免100美元的损失。根据前景理论，亏损带来的影响是大于收益的。

这解释了许多人偏离最优选择的情况。卡尼曼和特沃斯基认为，前景理论更准确地描述了人类决策背后的心理过程。我们的行为不是最优的，因为我们重视现状，我们寻求避免损失或最小化损失，以减少不确定性。这种心理驱动力有时并不能带来最优结果。

知识影响决策

理性决策的方法不依赖个人概念性知识或语义记忆，而是假设决策是根据对概率以及每个结果的成本和收益的理解产生的计算期望值做出的。前景理论分别考虑了风险厌恶和损失厌恶的心理，并基于此考虑个人和认知偏见。但除了这些，事实上人们决策的能力有时还会受更特殊的因素影响。

在很多情况中，影响决策的因素之一是为决策说理的能力。在面对多个选择的时候，最有吸引力的决定可能是具有最佳理由的决定，即使这一决定可能不会带来更好的结果。例如，在餐厅点菜，因为其中一道符合你的喜好（海鲜），你就可以为点这道菜找出一个理由："我点虾烩饭是因为我喜欢虾。"这是点这道菜的重要理由，但其中不一定存在理性分析的过程。在某种程度上，如果你希望避免与其他菜相关的风险，那么前景分析的决策方式可以解释你的选择。但如果你此前从未吃过烩饭，那么这个决定可以说明，在有充分的理由点某道菜（我喜欢虾）的情况下，我们对风险（烩饭）的预期也会减少。

人们做决定通常是为了避免因为一个没有达到理想结果的决定而后悔，这是一种损失厌恶心理。我在课堂上教授这个话题时，经常向学生们举出下面的例子。假设班上的每个人都收到一张价值100美元的抽奖券（这是一个思维实验，不是实际抽奖）。没有成本，这些票是免费的。因为是抽奖，所以每张彩票都有相同的中奖概率。在开奖之前，任何彩票都不能被视为中奖彩票。所以，当你收到彩票时，你的彩票和班里其他同学的彩票有相同的中奖概率。我问学生是否愿意和旁边的同学交换自己的彩票。大多数学生表示，在这种情况下，他们不愿意交换，因为所有彩票的中奖概率是一样的，这时与他人交换没有任何好处。然而，大多数学生也表示，如果他们交换了，而最终旁边的人中了奖，他们会后悔做了交换的决定。换句话说，学生们不愿意交换是为了避免以后产生后悔的情绪。这种情况下，你很难不感到后悔，也很难不觉得自己放弃了一张中了奖的彩票，尽管在开奖之前并不能确定是哪张彩票中奖。

结语

决策为认知的许多重要结果奠定了基础。在前面的章节中，相似性、概念和归纳法等结构反映了人们决策时的内部状态和行为。在决策过程中，这些内部状态与外部结果相互作用。与前面章节中讨论的许多思维方式不同，我们做出好的和坏的决定都会产生真实的后果。

第九章讨论了语言和思维之间的相互作用。我想提出的一个观点是，你用语言描述事物的方式会影响你对它的看法。在本章中，关于框架效应的描述已经非常明确了。与带来收益的决策相比，带来损失的决策会使人们产生不同的期望和结果。在最典型的例子中，给定的场景和结果是相同的；唯一不同的是选项的表述语言和语义内容。

尽管人们做的大多数决定并非针对大事，通常来说这些也都属于正确（或差不多正确）的决定，但也有很多时候，人们会做出错误的决定。有时我们会选择采取错误的行动，有时我们会选择某些结果未知的选项，或不按计划的行动方案。本章讨论的研究和观点清楚地指出，决策是一个快速且看似毫不费力的过程，同时也是一个充满潜在错误和偏见的过程。这些偏见的产生是我们使用启发式方法决策的结果。认知偏见和启发式方法在许多不同的场景中以多种方式发挥作用，但它们也并不总是错误的根源，有时也可以帮助我们快速有效决策。

第十四章

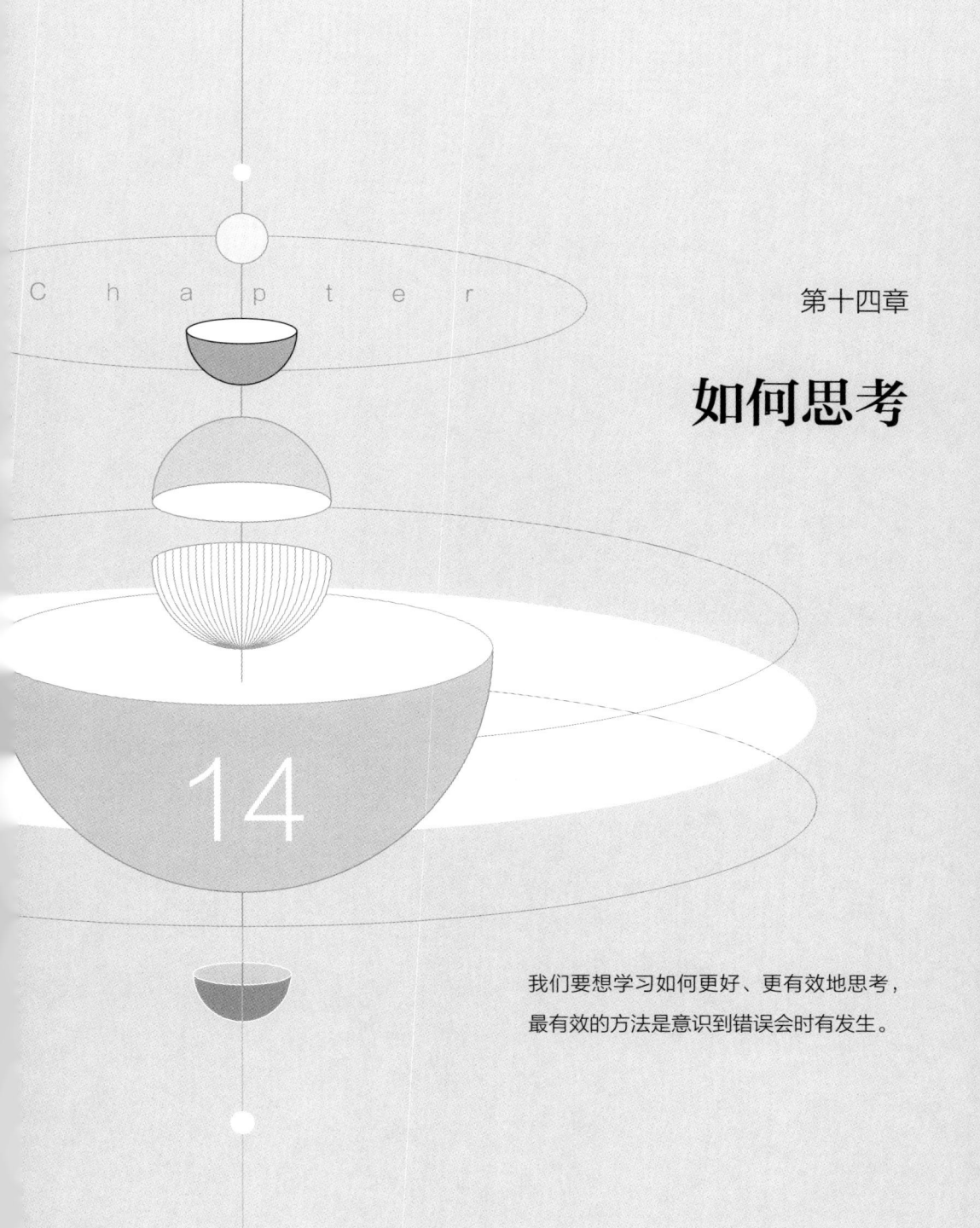

如何思考

我们要想学习如何更好、更有效地思考，最有效的方法是意识到错误会时有发生。

2020年，很多人学会了居家办公。新型冠状病毒疫情也颠覆了许多人的工作方式。在全世界，教师、技术工人、专家、金融从业者和企业家们开始居家办公和在线上会议平台——如Zoom（视频会议）、Skype（网络电话）或Microsoft Teams（微软团队）等举行线上会议。对于我们中的大多数人来说，即便工作内容大体上没有发生变化，这也在很大程度上改变了我们的工作方式。作为一名教授和研究者，我也不得不面临这一变化。

在学术界，视频会议并非新鲜事物，但学术交流几乎完全依赖视频会议却是前所未有的。正如我在前面关于记忆和归纳的章节中所讨论的，过去的知识指导我们在面对新情况时采取什么样的行为。但在视频会议方面，我几乎没有相关的经验或记忆可供参考。我的日常行为还是依循着每天的日常工作，比如每周的实验室会议及每周与学生的咨询会议。我按照这样的习惯安排我的网络生活，然而这和我在疫情前的生活没什么差别，只不过是用视频会议代替了面对面的会议。我开始使用Zoom进行在线教学，并开始录制讲座视频。我每周都会在Zoom上举办与研究生的线上会议。我们在Zoom上举行了研究实验室会议、部门会议以及博士考试。此外，我们还有正式的Zoom讲座以及较为轻松的茶歇时间，还有一些研究小组会举办Zoom欢乐聚会。即使是传统上一直需要来自不同地点的研究人员、学生等人聚集在一起举办的学术会议也转为在线形式。很快，我就开始在同一个屏幕、同一台电脑、同一个房间里完成教学、研究、委员会工作和其他工作。

虽然我的很多工作都可以在家中和网上轻松完成，但我开始注意到自己能力的一些小变化。我变得越来越健忘，开始犯简单的记忆错误。例如，我可能会就一个错误的项目和学生讨论10分钟。或者，我可能会把一个会议与另一个会议混淆。这些错误很多是记忆来源问题导致的记忆错误。我对那些错误的来源或错误的事件记忆深刻。我在第五章中描述过这些错误归因。当你记得读过或看过一些东西，但你不确定在哪里，或者你混淆了记忆的来源时，这些错误就会发生。我比以前犯了更多的记忆来源错误，觉得自己比以前更符合人们对"心不在焉的教授"的刻板印象了。

这时，我意识到了问题的根源：所有事情看起来都一样。我在同一个房间里，在同一台电脑上看同一个屏幕，这并不常发生。在我的整个学术生涯中，我总是在不同的地方进行不同的活动。我会在演讲厅或教室里讲课，在一间小研讨室里举办研讨会，或者在办公室里与学生见面；有时，我会在校园的咖啡馆里和同事们见面，在会议室或董事会会议室参加委员会会议；有时，偶尔我会在办公室里做数据分析，在家里或本地的咖啡馆写作。我在不同的地方完成不同的任务。但现在，所有的工作都在一个地方进行。教学、研究、写作和咨询等工作都是在线进行的。更糟糕的是，这一切看起来都一样，都在同一个屏幕上，在Zoom上，在一个名为"家"的办公室里。我无法再借助各种空间、时间、地点和背景来创造各种记忆线索。

我为什么要提起这件事呢？因为当我注意到这个问题时，我同时也想到了自己对认知心理学的理解，并思考了自己为什么会犯这些简单的错误。正如我在第五章中所写的，记忆是灵活的，它依赖扩散激活来自预测线索的类似记忆。在某些情况下，局部语境可以是一个强大而有用的记忆线索。我们如果在一个语境中对某些信息进行编码，则在同一语境中通常会更好地记住该信息。记忆检索取决于编码时存在的线索与检索时存在的线索之间的联系。这就是我们知道如何在不同情况下调整行为的方式。

我们时时刻刻都会对地点做出反应。当你走进餐饮场所时，你可能会做一些只在餐饮场所会做的事。如果你回到几年前去过的餐厅，你就会记得以前去过那里。学生在课堂上和课外的行为不同：在课堂上时，学生在教室里的记忆会被激活，他们会相应地调整自己的行为；在课外时，他们就可能会想起上周在同一堂课上讨论的内容。即使你不再是学生，你也可能会做同样的事情：当你在办公室时，你可能不会考虑家里的事情；当你在家时，你可能不会考虑工作上的事。我在第七章描述了当我们回到车库时，我的女儿如何想起汽车的例子。她经历了一个事件，之后继续过完她的一天，而当她回到事件发生的地方时，她似乎重新体验了这件事。语境提示对我们的记忆有所帮助。一个特定的地方可以帮助你记住自己与那个地方相关的事情。这是我们倾向于在事情最可能重要的地点和时间中记住它们的自然表现。

但现在，这种自然倾向似乎给我带来了困扰。我的每一天都是在家里的办公桌开始的。每天我都在同一个地方教学、写作、开会和研究。但这里同时也是我晚上看新闻、浏览推特消息和网购的地方。以前从没出现过的健忘现象被我注意到，我正在受一些事情的干扰。所有的事情开始变得一样。原本应该有助于我记忆的语境信息不再能发挥记忆线索的功能，因为现在对每个人来说，所有事的线索都变得一样了。事实上，它们反而对我的记忆产生了干扰作用，因为位置和语境信息——我的办公室、我的办公桌、我的电脑屏幕和Zoom会议平台——在不同的会议场合中都是相同的，而这也增加了我犯混淆错误的概率。当一切看起来都一样时，语境就不再是一个有用的记忆线索。如果你在完全相同的地方工作、开会、阅读、写作、网购和看新闻，你的记忆混乱的可能性就会增加。

当然，这不是一个容易解决的问题，因为只要新型冠状病毒疫情继续肆虐，我就仍然必须居家办公。但我由于已经理解了记忆和认知心理学，至少能稍微解释正发生在我身上的事情以及这些事情为什么会发生。有了这些信息，我也许可以通过改变自己的工作环境来改善情况。例如，一个简单的解决办法是改变视频会议的方式。我们可以选择在不同的线上会议平台举办不同的会议，比如在Microsoft Teams平台与某个团队开会，在Zoom平台与另一个团队开会。虽然这样的区别不像在不同的房间开会那样大，但这仍然属于开会地点的改变。另一个办法是，每次和不同的人开会时，都更改计算机的设置，使用不同的线上会议背景。这些都是很小的改变，可能无法完全解决问题，但或许能为改善现状发挥一点作用。更重要的是，这些方法都是直接根据我们对大脑的理解而给出的建议。如果你尝试了这些建议之一，比如在不同的会议上使用不同的在线会议平台，你就会用心理学理论对结果（记忆是否得到改善）做出预测，然后用实验（通过观察自己的行为）来验证这个预测。这就是我希望你从这本书中学到的东西。

日常情境中的思维与认知心理学

现在，你已经对什么是认知心理学以及它发挥作用的方式有了一定的了解。在日常生活中，我们也可以看到认知心理学的例子。比如，你可能留意到了你的注意力在两个任务之间切换的方式，且当你切换注意力时，你的反应总是有短暂的延迟。如果你对认知心理学有所了解，你或许就能认识到这个问题，并能应用认知心理学的相关知识帮助自己避免反应延迟的问题。比如，你可以调整自己的行为方式，学会避免注意力切换，从根本上避免反应延迟的问题。比如我们在之前关于视觉注意力的讨论中提到，看到自己放在桌子上的手机是否对你产生视觉刺激的影响，分散了你的注意力。一个解决方案是把手机放在你的视线范围之外。如果你的视线中没有手机，你就能更长时间地把注意力集中在其他事情上。

我们再看一个例子。也许你注意到你倾向于加工自己的记忆，详细描述自己记忆中的某件事，并在其中填补细节；也许你喜欢讲述一个故事，你会在其中添加一些稍微夸张的细节，使其听起来更有趣；也许你会为了让听众能记住某件事而将其尽可能详细地讲述给听众。根据你对记忆和阐述倾向的了解，你认为从长远来看这样的做法会带来什么结果？比起平铺直叙不加修饰，你或许能通过为事件补充细节而更好地记住这件事，但与此同时，那些夸张的细节也会跟原本的事实一起成为记忆，而这会令你将来更难分辨——关于这件事哪些是虚构的，哪些是真实的。

类似的例子有很多。你是否也曾面临过下面这些问题？你认为可以怎样解释这些问题？如何使用本书中提供的观点避免这些问题？

你是否发现自己在推理或决策时依赖刻板印象？

你是否每次在解决相似问题的时候都会犯同样的错误？

你是否曾因为一个人外表看起来和另一个人相似而无法分清他们？

你是否每天都很难记住一些同样的简单的事情？

你是否会记住一些像广告词之类的看似无用的事情，并且想知道为什么这些记忆仍然鲜活？

上述这些问题以及其他许多相似问题都可以在认知心理学中找到解释。本书许多章节都能让读者直接或间接地对思维过程有更好的理解，进而获得上述问题的答案。在我看来，你要想更好地学习、更有效地思考，最有效的方法是意识到错误时有发生。而你要想发现思维和判断中的错误，最好的办法是更多地了解一般思维。我认为对认知、认知心理学和大脑的理解对我们所有人都是有帮助的。

如何思考自己的想法

从标题中的"如何思考"可以看出，本章将告诉你应该如何思考。这是一个合乎语言逻辑的推论。事实上，我并非想要建议你去思考什么，也不是想说我们只有一种思考方式。我认为，认知心理学可以帮助你理解思维，进而在理解思维的基础上弄清如何思考。

我无法真正建议你去思考什么。我无法告诉你过去的哪一段经历是你决策时可以依赖和借鉴的。我只能说，你可以借鉴那些和当下面临的情景相似的、过去的经历。每个人的经历、背景都各有不同，甚至语言也不同，有些人可能会说多种语言。我们的记忆、经历、语言和观念都会影响我们理解世界的方式，也会影响我们决策和解决问题的方式。这些不同的背景和经历意味着我们思考问题的方式是不同的，但认知心理学告诉我们，我们的思维过程和思维机制是一样的。我们都在构建世界的表象，都会选择性地关注某些特征，同时忽略其他特征。我们都依靠记忆来填补细节，凭借经验指引未来。

因此，思维的方式并不是唯一的，而是有多种。认知心理学指出了我们处理信息的不同方式，告诉了我们人类是如何理解世界的。

本书对心理学和认知科学的背景知识做了介绍。在介绍人类科学史的章节中，我描述了这些理论的来源以及这些理论可能是人类这一物种特有的自省能力的论述。在关于注意力和感知的章节中，我介绍了人类的生理机能如何进化，它使得我们快速、轻松地将框架结构带入一个不断变化的感官输入的世界。在关于记忆的章节中，我介绍了记忆对我们理解当下起到稳定的作用，同时也能帮助我们对未来做出预测。在关于推理和决策的章节中，我指出记忆和经历会让我们做出适应现状的决定，因此可能导致我们做出错误的决策。从感知到注意力，从记忆到概念，从语言到复杂的行为，我们的大脑和思想为我们创造与再创造经验。我们相信我们的感知、判断和决定。因为我们似乎生来就懂得信任。事实上，对自己的想法缺乏系统性的信任是有问题的，不断地怀疑自己的想法是病态的。

我们所想、所见、所记、所信的很多东西都是一种再创造。我们怎样才能接受这一点呢？

接受这些不确定性，学着去理解记忆的不准确性。记忆有时并不能准确地反映发生在你身上的事情或你所经历的事情。记忆可能会遗漏某些细节，与真实发生的情况相比可能有差距，也可能存在扭曲。事实上，记忆通常反映了我们生存、学习和发展所需要了解的事情。我们的大脑填补了必要的细节，这样我们就能对现状做出适应性的反应，并做出正确的预测。但记忆偶尔也可能会遭遇干扰和被夸大。你的记忆和思维可能并不准确，但思维总能适应新情况。真理的延伸使我们能关注新的情况；记忆的扭曲使我们能够预测新特征和新事物。这就是思考的全部内容：学会适应和行动，学会决定和解决问题。思维，就是我们的行为方式；对思维和行为的理解，就是对我们自己的理解。